수학적 문제해결 방법론

| 실제적인 문제 해결과 실습을 중심으로 |

심성아 지음

KM 경문사

머리말

이 책은 수학 여러 분야의 이론을 통합적으로 사용하여 다양한 실제 문제를 해결하는 방법을 다루고 있습니다. 집합과 논리, 이산수학, 도형, 미적분, 행렬 등에 관한 수학적 지식을 이용하여, 수학 내적, 외직인 여러 문제와 상황을 분석하고 타당한 해를 구하여 실제적인 문제에 활용하는 방법을 구체적으로 알아봅니다.

문제의 해결에 필요한 수학적 이론은 쉽게 풀어서 설명하고, 구체적인 예를 통하여 이해를 도우며, 문제에 대한 연습문제, 실습문제를 풍부하게 담고자 하였습니다. 실습문제는 수학 실험, 컴퓨터 소프트웨어 활용, 작품 제작, 조사 발표 등의 실제 활동을 개인별, 모둠별로 다양하게 시행할 수 있는 내용입니다.

여기에서는 사용하는 컴퓨터 소프트웨어는 일반적인 개인 컴퓨터에 내장된 프로그램이거나 무료로 다운로드하여 사용할 수 있는 것으로, GSP(The Geometer's Sketchpad)의 체험판. Wolfram Cloud의 Mathematica, Excel Spreadsheet 등입니다.

이 책의

제1장은 기하 문제이며, 테셀레이션 만들기, 태극기 그리기, 프랙털, 포락선(envelope curve), 평면도형의 문제, 입체도형의 문제, 종이접기 기하학에 대하여 알아봅니다.

제2장은 세기(counting)에 관련된 문제로, 자연수에 관한 기본 원리를 바탕으로 하는 문제, 경우의 수와 확률 문제, 정수의 모듈러 연산의 원리와 암호체계, 짝을 맞추는 원리를 이용하는 게임, 마방진과 라틴방진 문제들을 살펴봅니다.

제3장은 최적화(optimization) 문제로, 기하적 변환, 대수적 부등식을 이용하는 최적화 문제, 선형 모델에 대한 최적화 문제, 미적분을 이용하는 최적화 문제, 변분법(the calculus of variations)을 이용하는 최대·최소 문제에 대하여 알아봅니다.

이 책이 수학 관련 전공의 학생이나 수학적 문제해결에 관심이 있는 독자들에게 실제적인 문제해결을 경험하는 자료로 쓰일 수 있기를 바랍니다.

2024년 1월 저자 드림

차 례

머리말 iii

1 기하 문제 1

1.1 테셀레이션 만들기 1

1.2 태극기 그리기 11

1.3 프랙털 15

1.4 평면 운동의 자취로 다양한 곡선 그리기 24

1.5 포락선(envelope) 29

1.6 평면도형의 문제 51

1.7 입체도형의 문제 59

1.8 종이접기 기하학 65

2 세기에 관련된 문제(Counting Problems) 73

2.1 자연수에 관한 원리 73

2.2 경우의 수와 확률 문제 86

2.3 정수의 모듈러 연산의 원리와 암호체계 95

2.4 짝을 맞추는 원리를 이용하는 게임 109

2.5 마방진과 라틴방진 125

3 최적화(optimization) 문제 139

3.1 기하적 변환을 이용하여 해결할 수 있는 최대·최소 문제 139

3.2 대수적 부등식을 이용하여 해결할 수 있는 최대·최소 문제 151

3.3 선형 모델에 대한 최적화 문제 162

3.4 미적분을 이용하는 최대·최소 문제 186

3.5 변분법(the calculus of variations) 문제 191

참고 문헌 201

찾아보기 202

제 1 장

기하 문제

제1장에서는 테셀레이션 만들기, 태극기 그리기, 프랙털, 포락선(envelope curve), 평면도형의 문제, 입체도형의 문제, 종이접기 기하학에 대하여 알아보고, 관련된 실습을 다룬다.

여기에서 사용하는 프로그램인 GSP(The Geometer's Sketchpad)의 체험판은 무료로 사용할 수 있다(`http://www.mathlove.kr/v2/software/software4_2.html`).

GSP 프로그램에는 자로 선분을 긋고, 컴퍼스로 원을 그리는 기본적인 작도가 메뉴 아이콘으로 들어 있으며, 더 나아가 평행, 대칭, 회전 등의 변환 메뉴와 색칠하기, 애니메이션 주기 등의 다양한 기능이 있다. 특히 GSP는 도형의 크기, 위치 등을 마우스로 조정할 수 있고, 이때 정확한 수학적 원리를 따라 작도한 도형의 성질이 유지된다. GSP 사용법을 익히기 위하여 먼저 간단히 정삼각형, 정사각형을 작도하여 보자. 그리고 도형의 꼭짓점이나 변을 마우스로 이동해도, 여전히 정삼각형 또는 정사각형이라는 도형의 성질은 변하지 않음을 확인해보자.

1.1 테셀레이션 만들기

삼각형, 사각형, 육각형으로 평행, 대칭, 회전 변환을 이용하여 평면을 빈틈없이 채우는 것을 테셀레이션(tessellation)이라고 한다. 테셀레이션은 고대에서부터 현대에 이르기까지 다양한 형태로 이용되어 왔다. 네델란드의 화가 에셔(M.C. Eshcer, 1898-1972)는 테셀레이션을 이용하여 현실과 가상을 넘나드는 예술세계를 표현하였다. 에셔 작품의 공식 웹사이트(`https://mcescher.com`)의 갤러리에서 그의 작품을 감상할 수 있다.

컴퓨터에서 GSP 프로그램을 사용하여 테셀레이션을 실습하면서 수학적 성질을 살펴볼 것이다.

다음의 문제들에 제시되어 있는 단계를 차근차근 따라 하면서 여러 종류의 테셀레이션을 만들어 보도록 한다.

문제 **1.1.1** 임의의 모양의 삼각형으로 테셀레이션이 가능함을 확인해보자. 아래의 그림을 참고하여 다음과 같은 단계로 그린다.

(1) $\overrightarrow{BC}$ 방향으로 $\triangle ABC$를 평행이동하여 $\triangle A'CC'$을 그린다.

(2) $\overrightarrow{AC}$ 방향으로 $\triangle ABC$를 평행이동하여 $\triangle CB'C''$을 그린다.

(3) 둘레를 이어 육각형 $ABB'C''C'A'$을 그리면 이것이 테셀레이션의 한 모티프가 된다. 이 육각형의 내부를 원하는 대로 색칠하여 꾸민다.

(4) 위 (3)에서 그린 모티프를 화면의 왼쪽 아래에 놓이게 하고 꼭짓점들을 제외한 모티프 전체를 선택하여 $\overrightarrow{BA'}$ 방향으로 평행이동하는 것을 여러 번 반복한다.

(5) 위 (4)에서 그린 그림에서 꼭짓점들을 제외한 전체를 선택하여 $\overrightarrow{B'A}$ 방향으로 평행이동하는 것을 여러 번 반복하여 화면을 가득 채운다.

위와 같은 방법으로 GSP 프로그램에서 삼각형 테셀레이션을 완성한 후, 삼각형 $\triangle ABC$의 모양을 임의로 바꾸어도 평면을 빈틈없이 채우는 테셀레이션이 유지됨을 확인할 수 있다.

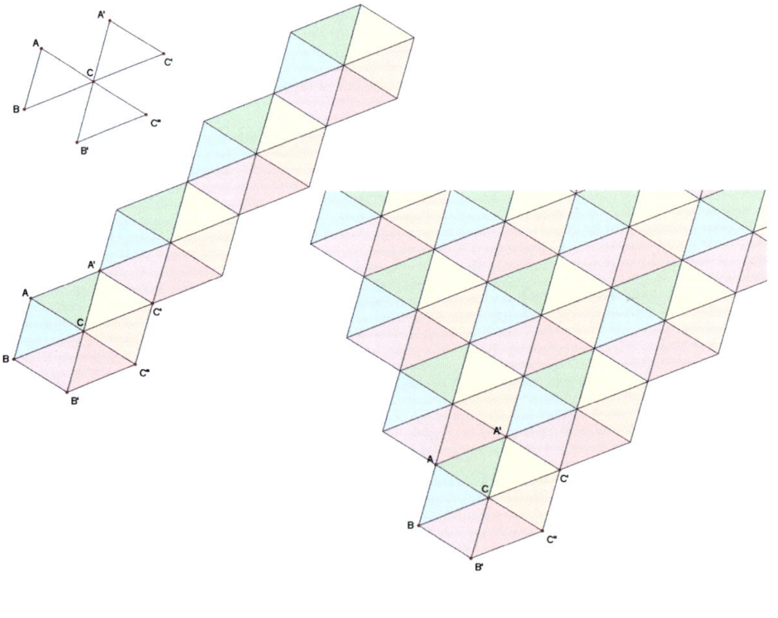

문제 1.1.2 임의의 모양의 사각형으로 테셀레이션이 가능함을 확인해보자. 아래의 그림을 참고하여 다음과 같은 단계로 그린다.

(1) 대각선 $\overrightarrow{AC}$ 방향으로 사각형 $ABCD$를 평행이동하여 사각형 $CB'C'D'$을 그린다.

(2) $\overline{BC}$의 중점 E를 잡아 점 E를 중심으로 점 D를 $180°$ 회전한 점을 D''이라 하여 사각형 $B'CBD''$을 그린다.

(3) 대각선 $\overrightarrow{D''C}$ 방향으로 점 C를 평행이동한 점 B''으로 사각형 $D'B''DC$을 그린다.

(4) 이렇게 합동인 사각형 4개가 한점 C에 모이도록 그리면 테셀레이션의 한 모티프가 된다. 이 도형의 내부를 원하는 대로 색칠하여 꾸민다.

(5) 위 (4)에서 그린 모티프를 화면의 왼쪽 아래에 놓이게 하고 꼭짓점들을 제외한 모티프 전체를 선택하여 $\overrightarrow{BD'}$ 방향으로 평행이동하는 것을 여러 번 반복한다.

(6) 위 (5)에서 그린 그림에서 꼭짓점들을 제외한 전체를 선택하여 $\overrightarrow{B'D}$ 방향으로 평행이동하는 것을 여러 번 반복하여 화면을 가득 채운다.

위와 같은 방법으로 GSP 프로그램에서 삼각형 테셀레이션을 완성한 후, 사각형 $ABCD$의 모양을 임의로 바꾸어도 평면을 빈틈없이 채우는 테셀레이션이 유지됨을 확인할 수 있다.

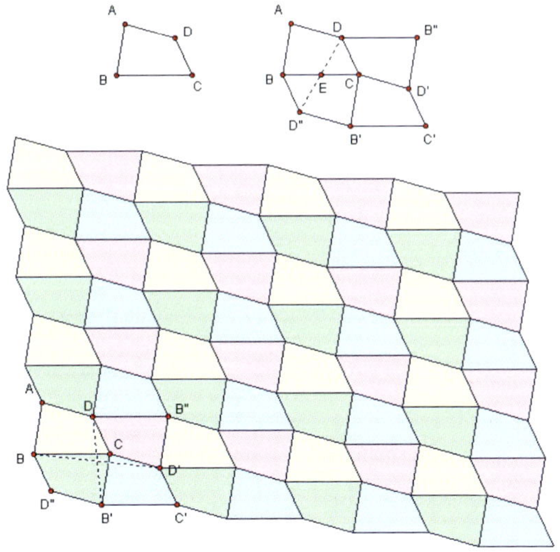

앞에서 삼각형이나 사각형은 임의의 모양으로도 평면을 빈틈없이 채우는 테셀레이션이 가능함을 살펴보았다. 이제 오각형 이상의 다각형 테셀레이션에 대하여 알아보자.

오각형은 특정한 모양만 테셀레이션이 가능하다. 먼저, 정오각형으로는 테셀레이션이 불가능함은 간단히 확인할 수 있다.

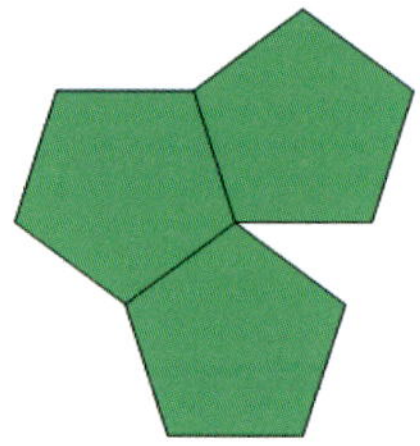

아래의 그림 1.1은 테셀레이션이 가능한 볼록오각형의 한 종류를 보여준다.

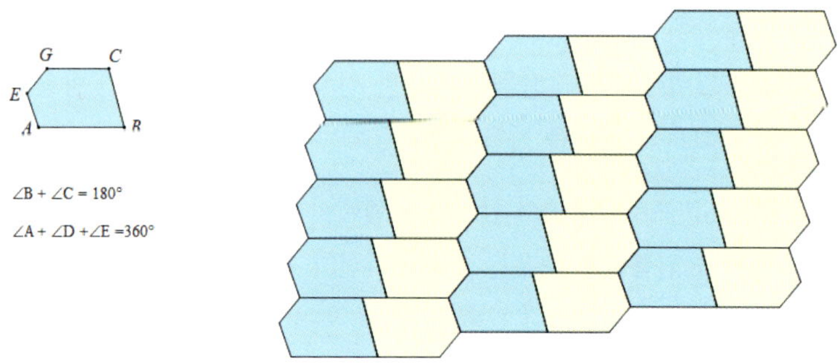

그림 1.1: 테셀레이션이 가능한 볼록오각형의 한 종류

볼록 오각형 테셀레이션이 가능한 모든 형태에 대한 수학적 증명은 아직 완결되지 않았다. 볼록 오각형 테셀레이션으로 지금까지 알려진 것은 15종류이며, 그 15번째의 발견은 2015년 8월 18일에 발표되었다(`https://en.wikipedia.org/wiki/Pentagonal_tiling`). 그 후 2017년 5월 1일에 발표된 한 논문에서 이 15종류 외에는 더 없다는 주장에 대한 증명을 제시하였고, 이에 대한 동료 검증이 아직 진행 중이다.

볼록 육각형 테셀레이션이 가능한 형태는 다음 세 가지 뿐이라는 사실이 1918년 K. Reinhardt[7]에 의하여 증명되었다.(Gardner [4] 1988)

(a) $\angle A + \angle B + \angle C = 360°, \quad a = d$

(b) $\angle A + \angle B + \angle D = 360°, \quad a = d, \ c = e$

(c) $\angle A = \angle C = \angle E = 120°, \quad a = b, \ c = d, \quad e = f$

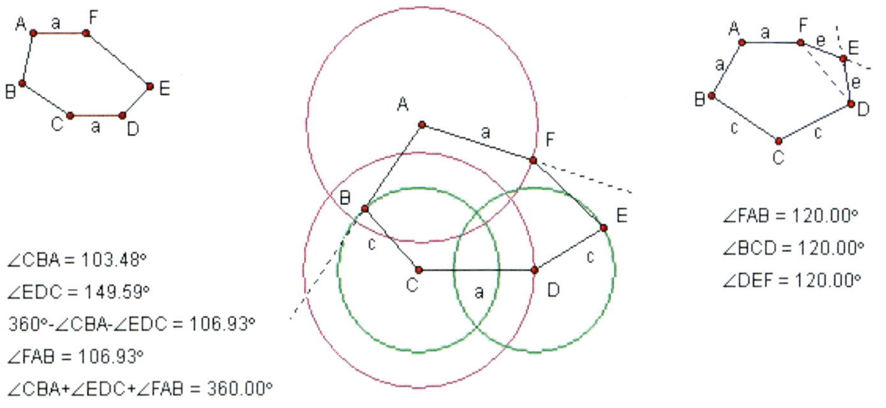

그림 1.2: 테셀레이션이 가능한 볼록 육각형의 세 가지 종류 (a), (b), (c)

각 조건 (a), (b), (c)를 만족하는 육각형은 그림 1.2에서와 같이 작도할 수 있다.

앞의 문제 1.1.1의 삼각형 테셀레이션에서 만들어지는 육각형은 (a)에 해당하는 예이다. 정육각형은 (a), (b), (c) 모두에 해당한다.

GSP 프로그램에서 (a), (b), (c) 형태의 육각형 테셀레이션을 각각 완성한 후, (a), (b), (c)의 각 조건 하에서 육각형 $ABCDEF$의 모양을 바꾸어도 평면을 빈틈없이 채우는 테셀레이션이 유지됨을 그림 1.3에서와 같이 확인할 수 있다.

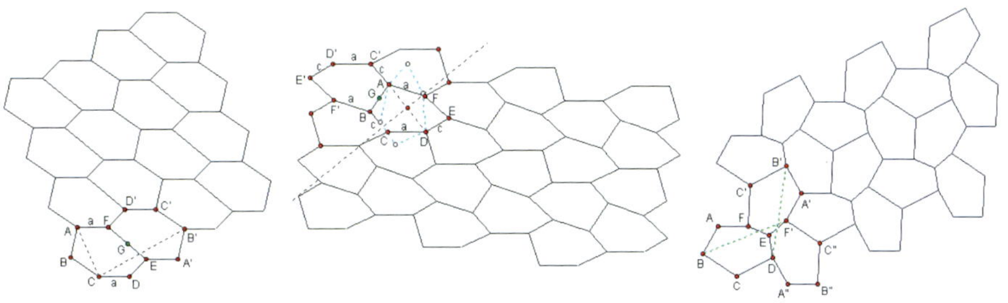

그림 1.3: 볼록 육각형 테셀레이션 (a), (b), (c)

$n \geq 7$에 대하여 볼록 n각형의 테셀레이션은 불가능하다는 사실은 증명되어 있다. 다면체의 오일러 공식을 일반화한 Euler chracteristic이라는 개념을 이용하여 증명된다.

이제 정다각형 테셀레이션에 대하여 알아보자. 한 종류의 정다각형으로만 이루어지는 테셀레이션을 정규 테셀레이션(regular tessellation)이라고 한다. 정n각형의 한 내각의 크기는 $180^\circ \times \frac{n-2}{n}$ 이므로, 각 꼭짓점에 합동인 정n각형 k개가 빈틈없이 모이려면 다음 식이 성립해야 한다.

$$n \geq 3,\ k \geq 3, \quad k \times 180 \times \frac{n-2}{n} = 360, \quad \text{즉} \quad k = \frac{2n}{n-2} = 2 + \frac{4}{n-2}$$

따라서 정n각형으로 테셀레이션이 가능한 것은 $n = 3, 4, 6$일 때뿐이다.

다음으로, 몇 종류의 정다각형들로 이루어지는 테셀레이션, 즉 준정규 테셀레이션(semi-regular tessellation)에 대하여 알아보자. 한 꼭짓점에 여러 종류의 정다각형들 정$n_1, n_2, \cdots, n_k$각형이 빈틈없이 모이려면 다음 식이 성립해야 한다.

$$n_i \geq 3,\ k \geq 3,\ i = 1, 2, \cdots k, \quad \frac{n_1-2}{n_1} + \frac{n_2-2}{n_2} + \cdots + \frac{n_k-2}{n_k} = 2 \tag{1.1}$$

즉, 3 이상의 자연수 n에 대한 다음과 같은 값들을 세 개 이상 더하여 2를 얻을 수 있는 경우를 찾아야 한다.

$$\frac{n-2}{n} : \frac{1}{3},\ \frac{2}{4} = \frac{1}{2},\ \frac{3}{5},\ \frac{4}{6} = \frac{2}{3},\ \frac{5}{7},\ \frac{6}{8} = \frac{3}{4},\ \frac{7}{9},\ \frac{8}{10} = \frac{4}{5},\ \frac{9}{11},\ \frac{10}{12} = \frac{5}{6},\ \frac{11}{13},\ \cdots$$

그런데 이러한 경우 중에서 예를 들어, $\frac{3}{5} + \frac{3}{5} + \frac{8}{10} = 2$를 만족하지만, 한 꼭짓점에 $(5, 5, 10)$-각형이 모인 모티프는 테셀레이션을 만들 수 없음을 그림 1.4 에서와 같이 확인할 수 있다.

식 (1.1)을 만족하는 경우 중에서 모든 꼭짓점에서 그 점 주위에 모이는 정다각형들의 구성이 일정하여 평면 테셀레이션이 가능한 것은 다음과 같은 11가지뿐이다.

$$k = 3 : \quad \frac{1}{3} + \frac{5}{6} + \frac{5}{6} = 2,\quad \frac{1}{2} + \frac{3}{4} + \frac{3}{4} = 2,\quad \frac{1}{2} + \frac{2}{3} + \frac{5}{6} = 2,\quad \frac{2}{3} + \frac{2}{3} + \frac{2}{3} = 2$$

$$k = 4 : \quad \frac{1}{3} + \frac{1}{3} + \frac{2}{3} + \frac{2}{3} = 2,\quad \frac{1}{3} + \frac{1}{2} + \frac{1}{2} + \frac{2}{3} = 2,\quad \frac{1}{2} + \frac{1}{2} + \frac{1}{2} + \frac{1}{2} = 2$$

$$k = 5 : \quad \frac{1}{3} + \frac{1}{3} + \frac{1}{3} + \frac{1}{3} + \frac{2}{3} = 2,\quad \frac{1}{3} + \frac{1}{3} + \frac{1}{3} + \frac{1}{2} + \frac{1}{2} = 2 \text{ (두 가지 배열)}$$

$$k = 6 : \quad \frac{1}{3} + \frac{1}{3} + \frac{1}{3} + \frac{1}{3} + \frac{1}{3} + \frac{1}{3} = 2$$

$k \geq 7$: 가능한 조합이 없음

정리하면, 한 종류의 정다각형으로 이루어지는 정규 테셀레이션은 3가지가 있고, 두 종류 이상의

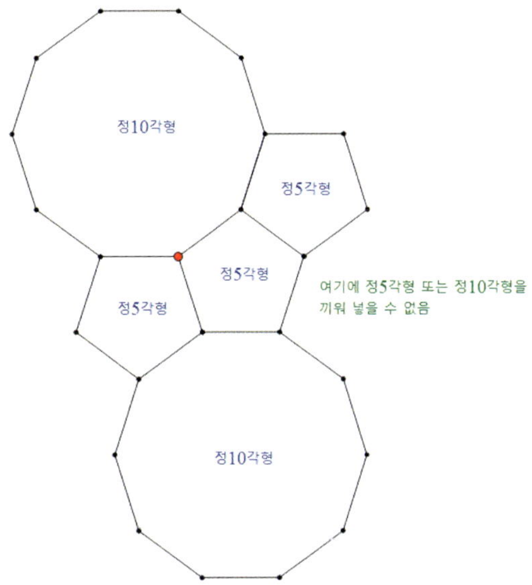

그림 1.4: 한 꼭짓점에 $(5, 5, 10)$-각형이 모인 모티프는 테셀레이션을 만들 수 없다.

정다각형으로 이루어지는 준정규 테셀레이션은 그림 1.5에서와 같은 8가지가 있다.

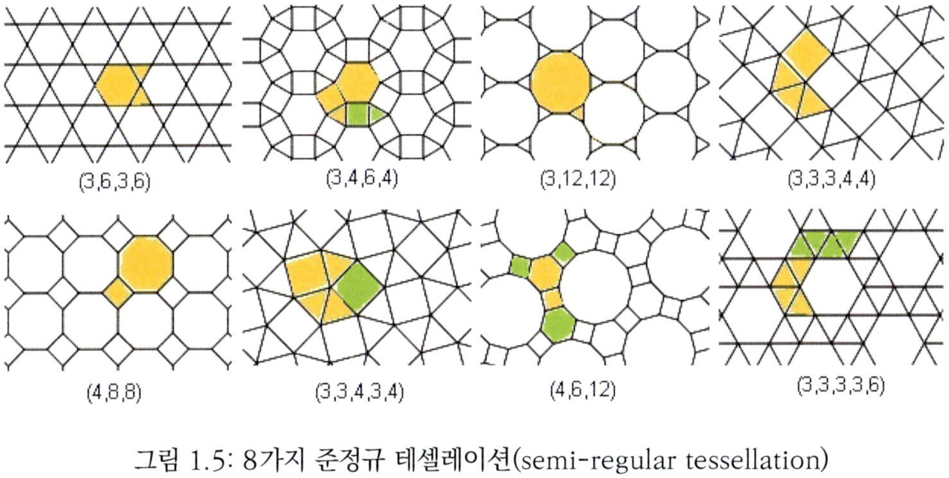

그림 1.5: 8가지 준정규 테셀레이션(semi-regular tessellation)

그림 1.5의 준정규 테셀레이션을 작도할 때, 한 점에 모이는 도형들의 배열이 예를 들어 $(3, 6, 3, 6)$, 즉 삼각형, 육각형, 삼각형, 육각형의 순서인 경우, 이 테셀레이션에서 반복되는 하나의 모티프는 $(3, 6, 3)$ 이다. 마지막의 한 도형은 앞의 세 도형에 의해 단 하나로 따라서 결정되기 때문이다. 이렇게 한 모티프를 그린 후 평행이동을 통하여 평면을 채우는 방법은 여러 가지가 있을 수 있다. 두 방향의 평행이동으로 평면을 채우는 방법을 사용할 때는 한 모티프에 추가로 몇 부분을 더

선택해서 옮겨야 할 수도 있다.

이 절의 마무리로 테셀레이션 작품을 만들어보자. 다각형 테셀레이션을 기본 바탕으로 하여 다각형의 변의 모양을 바꾸고, 내부를 꾸며서 평행이동, 선대칭 이동, 회전이동 등을 적절히 사용하여 테셀레이션 작품을 만들 수 있다. 먼저, 다음의 문제 1.1.3과 1.1.4를 따라서 주제가 있는 테셀레이션 작품을 연습해보자.

문제 1.1.3 (정사각형 선대칭 평행이동 테셀레이션) 정사각형에서 마주 보는 한 쌍의 변은 선대칭 평행이동을 이용하고, 다른 한 쌍의 변은 평행이동을 이용하여 다음과 같은 단계로 테셀레이션을 만든다.

(1) 정사각형의 연이은 두 변을 원하는 모양의 곡선으로 변형한다. GSP 프로그램에서는 여러 개의 점을 찍고 점 사이를 선분으로 연결하여 곡선을 그린다. 곡선이 원하는 대로 완성되면 왼쪽의 "점" 메뉴를 선택하고 위의 "편집-모두 선택"을 이용하여 모든 점을 선택한 후 정사각형의 꼭짓점을 제외하고 숨긴다.

(2) 한 변의 변형된 곡선을 그 변의 수직이등분선을 중심으로 선대칭이동시킨 것을 다시 마주 보는 변으로 평행이동시킨다.

(3) 다른 한 변의 변형된 곡선은 마주 보는 변으로 평행이동시킨다.

(4) 도형의 내부를 "다각형의 내부" 만들기 메뉴를 이용하여 꾸미고, 그 과정에서 사용된 점들은 숨긴다.

(5) 위 (4)에서 그린 그림을 정사각형의 가로 길이만큼 평행이동하여, 두 그림이 구분되도록 색을 바꾼다.

(6) 위 (5)에서 그린 그림을 정사각형의 세로 길이의 3배만큼 평행이동하고 선대칭이동 한 것을, 다시 정사각형의 세로 길이의 2배만큼 평행이동하여 4개의 그림이 맞물린 모티프를 완성한다.(변환의 중간과정은 숨긴다.)

(7) 위 (6)에서 그린 모티프를 정사각형의 가로의 2배만큼 평행이동하는 것을 여러 번 반복하고, 이것을 다시 세로의 2배만큼 평행이동하는 것을 반복하여 화면을 가득 채우면 테셀레이션이 완성된다.

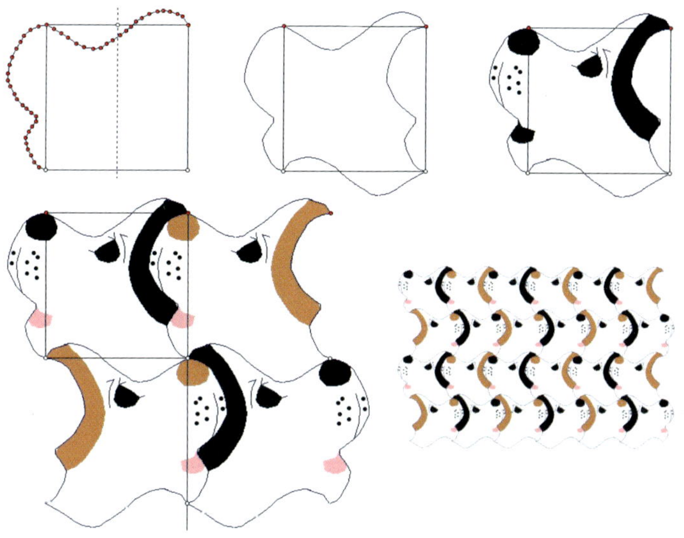

문제 **1.1.4 (정육각형 회전이동 테셀레이션)** 에셔의 1943년 평판인쇄 작품 Reptile(1943)

`https://mcescher.com/gallery/lithograph/#iLightbox[gallery_image_1]/49`

에서 볼 수 있는 도마뱀 테셀레이션의 원리를 이용하여 테셀레이션을 만들어보자.
이때 정육각형의 연이은 두 개의 변 각 쌍에 대하여 한 변을 곡선으로 변형한 것을 꼭짓점을 중심으로 옆의 변으로 $-120°$ 회전한다.

(1) 변 $\overline{AB}$를 원하는 대로 변형한 것을 점 B를 중심으로 $-120°$ 회전한다.

(2) 변 $\overline{CD}$를 원하는 대로 변형한 것을 점 D를 중심으로 $-120°$ 회전한다.

(3) 변 $\overline{EF}$를 원하는 대로 변형한 것을 점 F를 중심으로 $-120°$ 회전한다.

(4) 도형의 내부를 "다각형의 내부" 만들기 메뉴 또는 선분 그리기를 이용하여 꾸민다. 육각형의 꼭짓점들을 제외한 모든 점을 숨긴다.

(5) 위 (4)에서 그린 그림을 점 F를 중심으로 $-120°$ 만큼 두번 회전이동시킨다. 세 그림이 서로 구분되도록 색을 바꾸어 모티프를 완성한다.

(6) 위 (5)에서 그린 모티프를 $\overrightarrow{CE''}$ 방향으로 평행이동하는 것을 여러 번 반복하고, 이것을 다시 $\overrightarrow{C''A}$ 방향으로 평행이동하는 것을 반복하여 화면을 가득 채우면 테셀레이션이 완성된다.

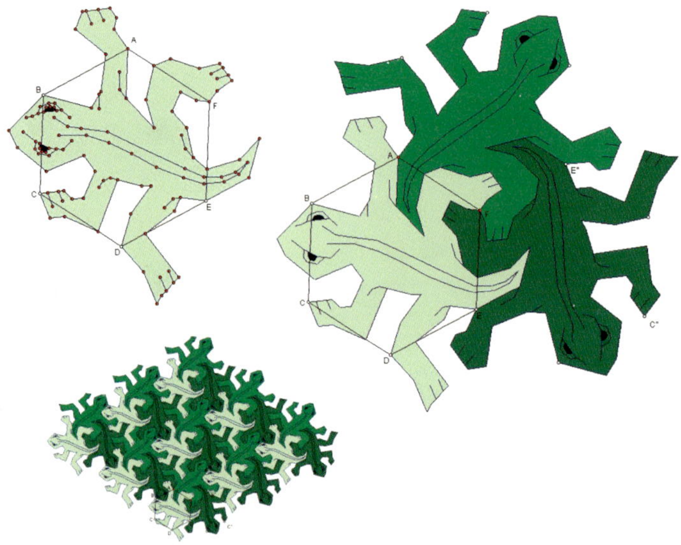

실습문제 1.1.1 이 절에서 다루었던 여러 형태의 테셀레이션 기법을 이용하거나 발전시켜 창의적인 테셀레이션 작품을 만들어 보자.

1.2 태극기 그리기

세계 각 나라마다 국기의 디자인과 규격에 대한 기준을 수치로 명확히 하고 있다.

https://en.wikipedia.org/wiki/Flag_of_Italy

https://en.wikipedia.org/wiki/Flag_code_of_India

https://en.wikipedia.org/wiki/Flag_of_the_United_States

https://en.wikipedia.org/wiki/Flag_of_Canada

태극기를 그리는 방법은 정부의 공식 웹페이지에서 수학적으로 정확히 정의되어 있다.

https://www.mois.go.kr/frt/sub/a06/b08/nationalIcon_2_2/screen.do

이 규격대로 GSP 등의 프로그램을 이용하여 태극기를 작도해 보자.

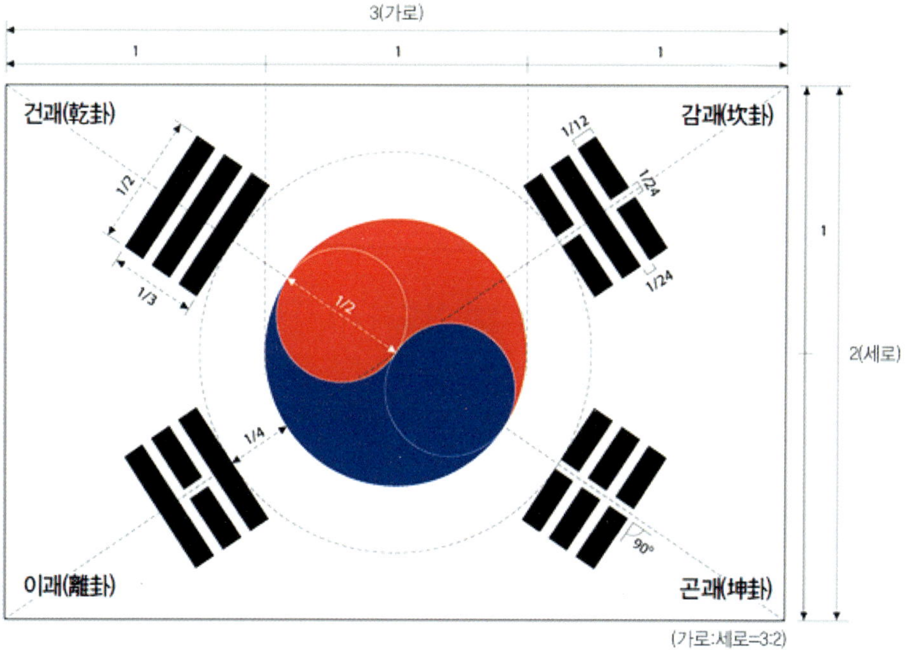

참고로, 태극기에 대한 관련 정보를 다음 웹페이지에서 찾아볼 수 있다.

https://en.wikipedia.org/wiki/Flag_of_South_Korea

● 깃면

국기의 깃면은 그 바탕을 흰색으로 하고 태극과 4괘로 구성한다.
깃면의 길이(가로)와 너비(세로)는 특별한 경우 외에는 3 : 2의 비율로 한다.

● 태극의 작도

태극의 원은 깃면의 두 대각선이 서로 만나는 점을 중심점으로 하여 원을 그리며, 지름은 깃면 너비(세로)의 2분의 1로 한다. 태극의 빨강과 파랑을 구분하는 곡선은 왼쪽 위 모서리에서 오른쪽 아랫 모서리로 그어진 대각선상의 원의 지름을 2등분하여, 왼쪽 부분에 원의 지름의 2분의 1(깃면 너비의 4분의 1)을 지름으로 하는 반원을 대각선의 아랫부분에 그리고 그 오른쪽 부분에 원의 지름의 2분의 1(깃면 너비의 4분의 1)을 지름으로 하는 반원을 대각선의 윗부분에 그린다.

● 괘의 작도

4괘는 건(乾)·곤(坤)·감(坎)·이(離)로 하되 깃면의 왼쪽 윗부분에 건을, 오른쪽 아랫부분에 곤을, 오른쪽 윗부분에 감을, 왼쪽 아랫부분에 이를 각각 배열한다. 괘와 태극과의 간격은 태극 원지름의 4분의 1이다. 4괘는 깃면의 두 대각선과 태극의 원이 만나는 4점에서부터 대각선을 따라 바깥쪽으로 태극 원지름의 4분의 1을 각각 띄워 그린다. 괘의 가로길이는 태극 원지름의 2분의 1, 괘의 세로길이는 태극 원지름의 3분의 1로 한다. 괘의 가로길이의 중심은 깃면의 대각선상에 두되, 괘의 가로가 깃면의 대각선과 직각을 이루도록 한다. 괘의 구성부분은 3개의 효(爻)로 하되, 각 효의 세로길이는 괘의 세로길이의 4분의 1로 하고, 효와 효 사이는 괘의 세로길이의 8분의 1로 하며, 2등분으로 끊어진 효의 끊긴 간격은 효와 효 사이의 간격과 같다. 괘의 색깔은 검정색으로 한다.

문제 1.2.1 (GSP 프로그램으로 태극기 작도하기) 다음과 같은 단계를 따라 작도하여 보자.

(1) 선분 $\overline{AB}$를 수평으로 그린 후, 이 방향으로 점 B를 평행이동하여 점 B'을 잡고, AB' 방향으로 점 B'을 두 번 평행이동시켜 점 C, D를 잡아 선분 $\overline{BB'}$, $\overline{B'C}$, $\overline{CD}$를 그린다.

(2) 점 A를 중심으로 점 C를 $90°$ 회전한 점 A'을 잡고, 선분 $\overline{AA'}$을 그린다.

(3) $\overrightarrow{AA'}$ 방향으로 점 D를 평행이동하여 점 D'를 만들고, 선분 $\overline{AD'}$와 $\overline{DD'}$을 그린다.

(4) 대각선 $\overline{A'D}$와 $\overline{AD'}$을 그리고 그 교점 O를 표시한다.

(5) 점 O를 중심으로 하고 반지름의 길이를 $\overline{AB}$로 하는 원을 그려 대각선 $\overline{A'D}$와의 교점 E, F를 표시한다.

(6) 선분 $\overline{OE}$와 $\overline{OF}$를 그리고, 각각의 중점 O_1과 O_2를 표시한 후, 점 O_1을 중심으로 점 O를 -90° 회전하여 점 O_3를 잡고, 점 O_2를 중심으로 점 O를 -90° 회전하여 점 O_4를 잡아, 두 개의 호 OO_3E, OO_4F를 그린다.

(7) 두 개의 호 OO_3E, OO_4F 위에 각각 동점 G, H를 잡는다.

(8) 동점 G에서 직선 $A'D$에 수선을 그어 원 O와 만나는 두 점을 I, J라 하고, 동점 H에서 직선 $A'D$에 수선을 그어 원 O와 만나는 두 점을 K, L이라 하자. 두 수선은 숨기고, 선분 $\overline{GI}$, $\overline{GJ}$, $\overline{HK}$, $\overline{HL}$을 그린다.

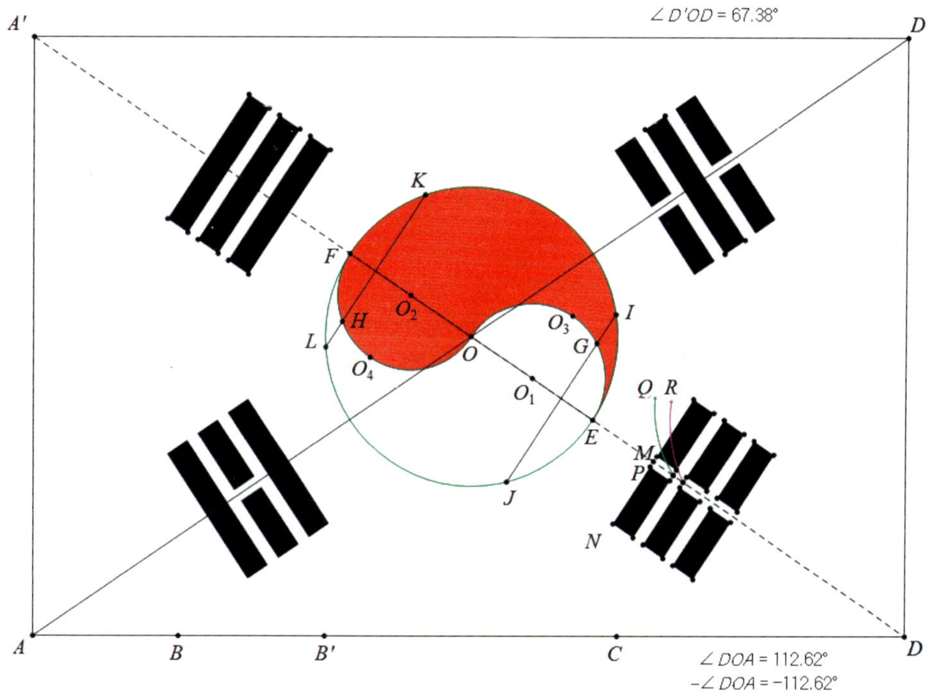

(9) 동점 G와 선분 $\overline{GI}$를 선택, "작도-자취"를 시행하고, 자취의 색을 빨간색으로 한다. 마찬가지로 동점 H와 선분 $\overline{HK}$의 자취도 빨간색으로 그린다.

(10) 태극의 파란 부분도 마찬가지 방법으로 자취를 이용하여 색칠한다.

(11) $\overrightarrow{O_1E}$ 방향으로 점 E를 평행이동하여 점 M을 잡고, 점 M을 중심으로 점 E를 90° 회전시켜 점 N을 잡는다.

(12) 점 M을 중심으로 점 N을 $\frac{1}{12}$의 비율로 닮음변환한 점 P ($\because$ 효와 효 사이 간격의 반은 $\frac{1}{3} \times \frac{1}{8} \times \frac{1}{2} = \frac{1}{2} \times \frac{1}{2} \times \frac{1}{12}$), 점 M을 중심으로 점 E를 $-\frac{1}{3}$의 비율로 닮음변환한 점 Q,

($\because$ 효의 세로길이는 $\overline{O_1E} \times \frac{4}{3} \times \frac{1}{4}$), 점 Q를 중심으로 점 M을 $-\frac{1}{2}$의 비율로 닮음변환한 점 R을 표시한다.

(13) $\overrightarrow{MQ}$ 방향으로 점 N, P를 평행이동하여 두 점을 잡고, 이 네 점을 이어 사각형의 내부를 검은색으로 그린다. (필요하면 화면에 보이는 색의 속성에서 불투명도를 조절한다.)

(14) 앞의 사각형과 그 꼭짓점들을 모두 MR 방향으로 두 번 평행이동한다.

(15) 앞의 세 사각형과 그 꼭짓점들을 모두 직선 $A'D$에 대하여 선대칭이동한다.

(16) 각 $D'OD$를 측정한 후 지정각으로 정하고, 필요한 궤의 점들이나 사각형을 점 O를 중심으로 회전이동하여 오른쪽 위의 궤를 그린다.

(17) 비슷한 방법으로 나머지 괘도 그린다.

(18) 왼쪽 메뉴에서 점도구를 지정하고 상단 메뉴의 [편집]에 가서 점을 모두 선택한 후 [보기]에 가서 점을 숨긴다. 그리고 불필요한 선들도 숨겨서 태극기를 완성한다.

실습문제 1.2.1 여러 나라의 국기의 규격에 대한 규정을 조사하고, 작도 프로그램으로 정확하게 제작해보자.

1.3 프랙털

어느 비율로 확대하거나 축소하여도 닮음(self-similarity)이 유지되는 도형이나 양(量)을 프랙털(fractals)이라고 한다. 그리고 닮음이 정확하게 유지되지 않지만 같은 종류의 구조가 유지되는 것도 넓은 범위에서 프랙털로 분류한다. 자연에서 찾아볼 수 있는 프랙털의 예로 해안선, 하천의 지류, 구름, 번개, 눈송이, 나뭇가지, 브로콜리, 잎맥, 고사리 등을 찾아볼 수 있다.

프랙털 도형은 확대 또는 축소하는 각 단계(n번째)마다 변하는 어떤 두 종류의 양을 나타내는 수열 N_n과 L_n이 있어서, 그 두 수열에 로그를 취한 값의 비가 모든 n에 대하여 일정한 값이거나, 또는 $n \to \infty$일 때 유한한 값으로 수렴하는 성질이 있다. 이때, 그 값

$$d = \frac{\ln N_n}{\ln L_n} \quad \text{또는} \quad d = \lim_{n \to \infty} \frac{\ln N_n}{\ln L_n}$$

를 프랙털 차원(fractal dimension, 또는 capacity dimension)이라고 한다.

이렇게 정의된 프랙털 차원을 일반적인 도형에 적용하면 우리가 기존에 알고 있던 차원과 동일한 것을 확인할 수 있다.

먼저, 한 선분에 대하여 생각해보자. 편의상 전체의 길이를 1이라고 두고, 이때를 $n = 0$번째 단계라고 하자. 이제 다음의 $n = 1$번째 단계에서 이 선분을 반으로 나누고, 또 나누어진 선분들을 $n = 2$번째 단계에서 다시 반으로 나누는 과정을 무한히 계속한다고 하자. 각 단계에서 만들어진 선분들의 개수를 N_n, 그 각 선분의 길이의 역수를 L_n 이라고 하면

$$d = \frac{\ln N_n}{\ln L_n} = \frac{\ln 2^n}{\ln 2^n} = 1$$

이다. 마찬가지로 한 변의 길이가 1인 정사각형에 같은 과정을 적용하면

$$d = \frac{\ln N_n}{\ln L_n} = \frac{\ln 4^n}{\ln 2^n} = 2$$

이고, 한 변의 길이가 1인 정육면체에 같은 과정을 적용하면

$$d = \frac{\ln N_n}{\ln L_n} = \frac{\ln 8^n}{\ln 2^n} = 3$$

이다.

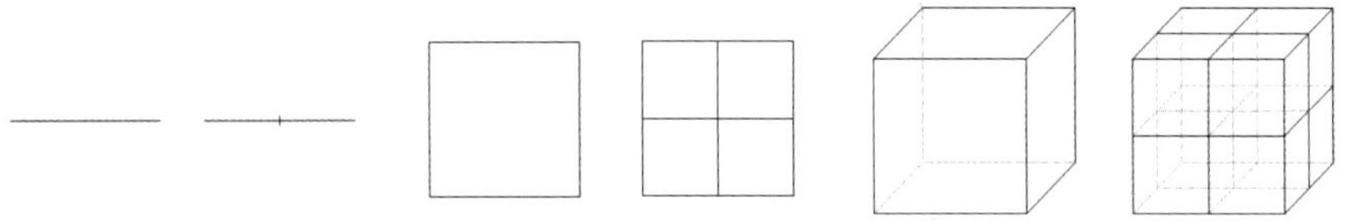

문제 1.3.1 (경계선으로 나타내는 눈송이 프랙털) GSP 프로그램으로 코흐의 눈송이 프랙털(Koch snowflake)의 경계선을 다음과 같은 단계를 따라 만들어보자.

(1) 두 점 A, B를 잡아 3등분점들을 표시한다.
점 A를 중심으로 점 B를 $\frac{1}{3}$ 닮음변환한 점 C와 이 점을 다시 2배 닮음변환한 점 D를 표시하고, 선분 $\overline{AC}$와 선분 $\overline{DB}$를 그린다.

(2) 점 C를 중심으로 점 D를 $60°$ 회전한 점 D'을 잡고, 선분 $\overline{CD'}$, $\overline{D'D}$를 그린다.

(3) 두 점 A, B를 선택하고 "변환-반복-표시-마지막 단계만 보이기"를 시행한다. 반복의 깊이는 1회로 하고, "규칙-대응 추가"를 이용하여 선분 AB를 네 개의 짧은 선분 각각으로 대응시킨다.

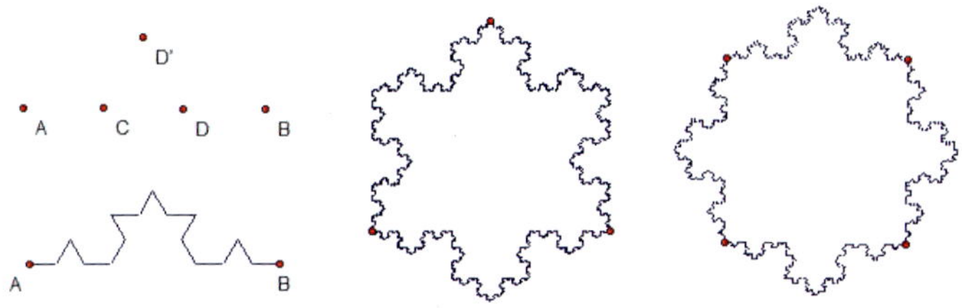

(4) 처음에 그렸던 네 개의 선분과 점 C, D, D'을 모두 숨긴다.

(5) 위 (4)의 그림 전체를 선택하고 "사용자 도구" 메뉴로 "눈송이의 한 변"을 작도하는 사용자 도구를 만든다.

(6) 정삼각형을 새로 그려 두 꼭짓점마다 (5)의 사용자 도구를 적용하여 코흐의 눈송이 프랙털을 만든다.

(7) 위 (6)의 그림을 모두 선택하고, 키보드의 "shift" + "+"키 또는 "−"키를 이용하여 프랙털의 반복을 조절해본다.

(8) 위 (5)의 사용자 도구를 다른 정다각형에 적용하여 프랙털을 만들어 보자.

문제 1.3.2 (정삼각형 코흐의 눈송이 프랙털의 차원) 정삼각형으로 만든 코흐의 눈송이 프랙털의 차원을 구하시오.

풀이

처음($n = 0$) 주어진 정삼각형의 한 변의 길이를 1이라고 하고, 반복의 n번째 단계에서 N_n을 선분의 개수, L_n을 한 변의 길이의 역수라고 하면 $N_n = 3 \times 4^n$, $L_n = \frac{1}{3^{-n}} = 3^n$ 이므로, 프랙털 차원 d는 다음과 같다.

$$d = \lim_{n\to\infty} \frac{\ln N_n}{\ln L_n} = \lim_{n\to\infty} \frac{\ln(3\times 4^n)}{\ln(3^n)} = \lim_{n\to\infty} \frac{\ln 3 + n\ln 4}{n\ln 3} = \frac{\ln 4}{\ln 3} = 1.261859507\cdots$$ ♦

연습문제 1.3.1 다음 그림과 같은 Cesaro 프랙털은 앞에서 보았던 "경계선으로 나타내는 눈송이 프랙털" 만드는 방법에서 두 점 A, B 사이를 3등분하는 대신 10등분 정도로 작게 하여 점 C, D를 잡아 비슷한 방법으로 만들 수 있다. GSP 프로그램으로 Cesaro 프랙털을 직접 그려보자.

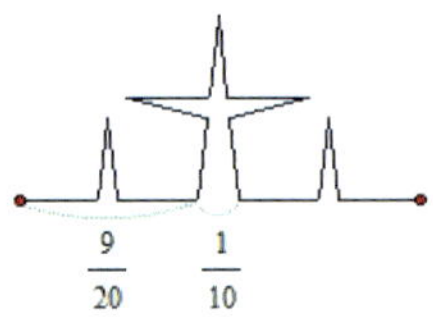

문제 1.3.3 (영역으로 나타내는 눈송이 프랙털) GSP 프로그램으로 코흐의 눈송이 프랙털에서 정삼각형 외부의 영역을 다음과 같은 단계를 따라 만들어보자.

(1) 두 점 A, B를 잡아 3등분점들을 표시한다.
점 A를 중심으로 점 B를 $\frac{1}{3}$ 닮음변환한 점 C와 이 점을 다시 2배 닮음변환한 점 D를 표시한다.

(2) 점 C를 중심으로 점 D를 $60°$ 회전한 점 D'을 잡고, 세 점 C, D', D를 선택하여 삼각형의 내부를 그린다.

(3) 두 점 A, B를 선택하고 "변환-반복-표시-모든 개체 보이기"를 시행한다. 반복의 깊이는 1회로 하고, "규칙-대응 추가"를 이용하여 선분 AB를 네 개의 짧은 선분 각각으로 대응시킨다.

(4) 점 C, D, D'을 숨긴다.

(5) 위 (4)의 그림 전체를 선택하고 "사용자 도구" 메뉴로 "눈송이의 한 변 영역"을 작도하는 사용자 도구를 만든다.

(6) 정삼각형을 새로 그려 두 꼭짓점마다 (5)의 사용자 도구를 적용하여 코흐의 눈송이 프랙털의 정삼각형 외부의 영역을 만들고, 점삼각형 내부도 같은 색으로 나타낸다.

(7) 위 (6)의 그림을 모두 선택하고, 키보드의 "shift" + "+"키 또는 "−"키를 이용하여 프랙털의 반복을 조절해본다.

(8) 위 (5)의 사용자 도구를 다른 정다각형에 적용하여 프랙털을 만들어 보자.

문제 1.3.4 (시어핀스키 삼각형(Sierpinski triangle) 프랙털) 삼각형에서 닮음비 $\frac{1}{3}$의 도형을 가운데에서 빼내는 것을 반복한 것을 "시어핀스키 삼각형 프랙털"이라고 한다. GSP 프로그램으로 시어핀스키 삼각형 프랙털을 다음과 같은 단계를 따라 만들어보자.

(1) 세 점 A, B, C를 잡아 삼각형을 그리고, 각 변의 중점 D, E, F를 작도한다.

(2) $\triangle ADF$, $\triangle DBE$, $\triangle FEC$의 내부를 작도한다.

(3) 세 점 A, B, C를 선택하고 "변환-반복-표시-마지막 단계만 보이기"를 시행한다. 반복의 깊이는 1회로 하고, "규칙-대응 추가"를 이용하여 $\triangle ABC$를 (2)에서 만든 세 개의 삼각형 각각으로 대응시킨다.

(4) 위 (2)에서 만든 세 삼각형의 내부와 중점 D, E, F를 숨긴다.

(5) 위 (4)의 그림 전체를 선택하고 "사용자 도구" 메뉴로 "시어핀스키 삼각형"을 작도하는 사용자 도구를 만든다.

(6) 임의의 삼각형을 새로 그려 세 꼭짓점을 선택하고 (5)의 사용자 도구를 적용하여 시어핀스키 삼각형 프랙털을 그린다.

(7) 위 (6)의 그림을 모두 선택하고, 키보드의 "shift" + "+"키 또는 "−"키를 이용하여 프랙털의 반복을 조절해본다.

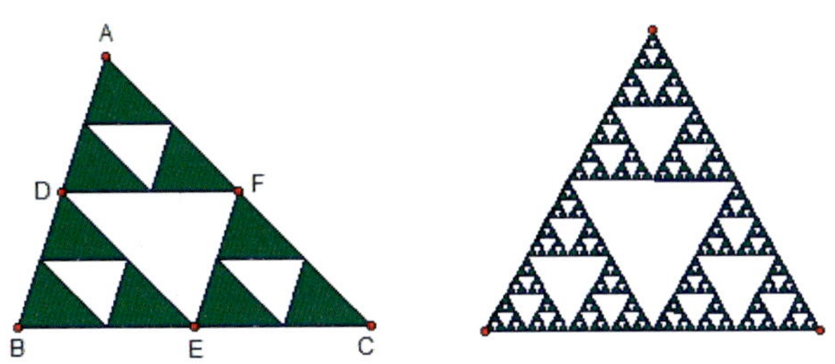

연습문제 **1.3.2** 다음 그림과 같이 정사각형에서 닮음비 $\frac{1}{3}$의 도형을 가운데에서 빼내는 것을 반복한 것을 "시어핀스키 카펫"이라고 한다. GSP 프로그램으로 시어핀스키 카펫 프랙털을 직접 그려보자.

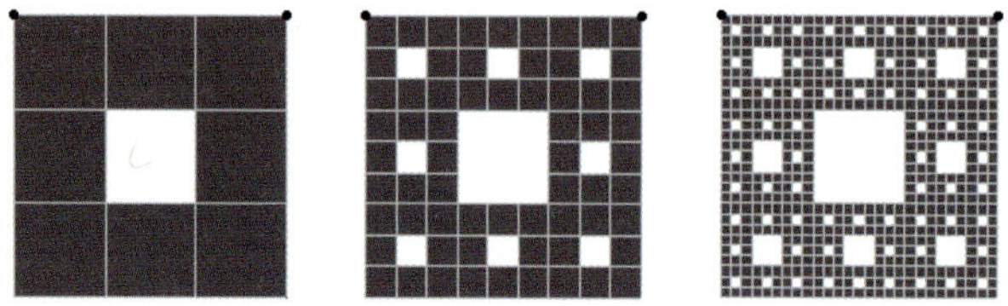

연습문제 **1.3.3** 시어핀스키 삼각형 프랙털과 시어핀스키 카펫 프랙털의 차원을 구해보자. 처음($n = 0$) 주어진 정다각형의 한 변의 길이를 1이라고 하고, 반복의 n번째 단계에서 새로 생긴 정다각형의 개수를 N_n, 한 변의 길이의 역수를 L_n이라고 두고 $d = \lim_{n\to\infty} \frac{\ln N_n}{\ln L_n}$를 계산한다.

문제 **1.3.5 (Peano curve 프랙털)** GSP 프로그램으로 Peano curve 프랙털을 다음과 같은 단계를 따라 만들어보자.

(1) 두 점 A, B를 잡아 선분 $\overline{AB}$를 그리고, 3등분점 C, D를 표시한다.

(2) 점 C를 중심으로 점 D를 $90°$ 회전한 점 C'을 잡고, 점 D를 중심으로 점 B를 $90°$ 회전한 점 D'을 잡는다.

(3) 점 C를 중심으로 점 A를 $90°$ 회전한 점 C''을 잡고, 점 D를 중심으로 점 C를 $90°$ 회전한 점 D''을 잡는다.

(4) 6개의 선분 $\overline{CC'}$, $\overline{C'D'}$, $\overline{D'D}$, $\overline{CC''}$, $\overline{C''D''}$, $\overline{D''D}$를 그린다.

(5) 두 점 A, B를 선택하고 "변환-반복-표시-모든 개체 보이기"를 시행한다. 반복의 깊이는 1회로 하고, "규칙-대응 추가"를 이용하여 점 AB를 9개의 쌍 AC, CB, BD, CC', $C'D'$ $D'D$, CC'', $C''D''$, $D''D$으로 각각으로 대응시킨다.

(6) 두 점 A, B를 제외한 나머지 모든 점을 숨긴다.

(7) 위 (5)의 그림 전체를 선택하고 "사용자 도구" 메뉴로 "Peano curve"을 작도하는 사용자 도구를 만든다.

(8) 임의의 두 점을 잡아 (6)의 사용자 도구를 적용하여 Peano curve 프랙털을 만든다.

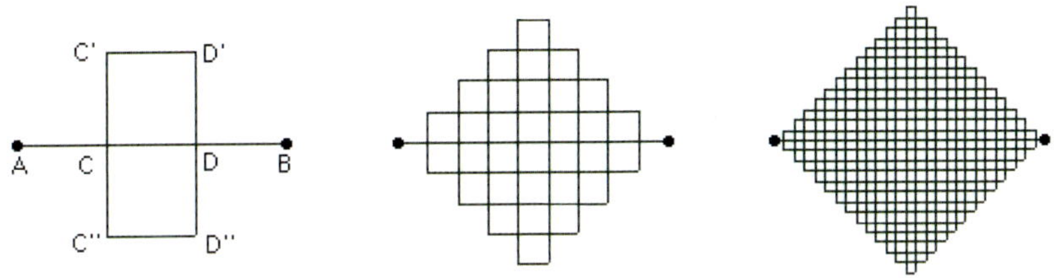

(9) 위 (7)의 그림을 모두 선택하고, 키보드의 "shift" + "+"키 또는 "−"키를 이용하여 프랙털의 반복을 조절해본다.

연습문제 1.3.4 페아노 곡선(Peano curve) 프랙털의 차원을 구해보자. 처음($n = 0$) 주어진 선분의 길이를 1이라고 하고, 반복의 n번째 단계에서 길이가 같은 선분의 개수를 N_n, 한 선분의 길이의 역수를 L_n이라고 두고 $d = \lim_{n\to\infty} \frac{\ln N_n}{\ln L_n}$를 계산한다.

문제 **1.3.6 (Dragon curve 프랙털)** GSP 프로그램으로 Dragon curve 프랙털을 다음과 같은 단계를 따라 만들어보자.

(1) 두 점 A, B를 잡아 선분 $\overline{AB}$를 그리고, 그 중점 C를 표시한 후 선분 $\overline{AB}$는 숨긴다.

(2) 점 C를 중심으로 점 A를 $-90°$ 회전한 점 A'을 잡는다.

(3) 선분 $\overline{AA'}$, $\overline{A'B}$를 그린다.

(4) 두 점 A, B를 선택하고 "변환-반복-표시-마지막 단계만 보이기"를 시행한다. 반복의 깊이는 1회로 하고, "규칙-대응 추가"를 이용하여 점 AB를 두 쌍의 점들 AA'과 BA'으로 각각으로 대응시킨다.

(5) 위 (3)에서 그렸던 두 선분 $\overline{AA'}$, $\overline{A'B}$와 두 점 C, A'을 숨긴다.

(6) 위 (5)의 그림 전체를 선택하고 "사용자 도구" 메뉴로 "드래곤 프랙털"을 작도하는 사용자 도구를 만든다.

(7) 임의의 두 점을 잡아 (6)의 사용자 도구를 적용하여 드래곤 프랙털을 만든다.

(8) 위 (7)의 그림을 모두 선택하고, 키보드의 "shift" + "+"키 또는 "−"키를 이용하여 프랙털의 반복을 조절해본다.

(9) 위 (6)의 사용자 도구를 점의 쌍 몇 가지에 적용하여 다양한 색의 드래곤 프랙털을 조합할 수도 있다.

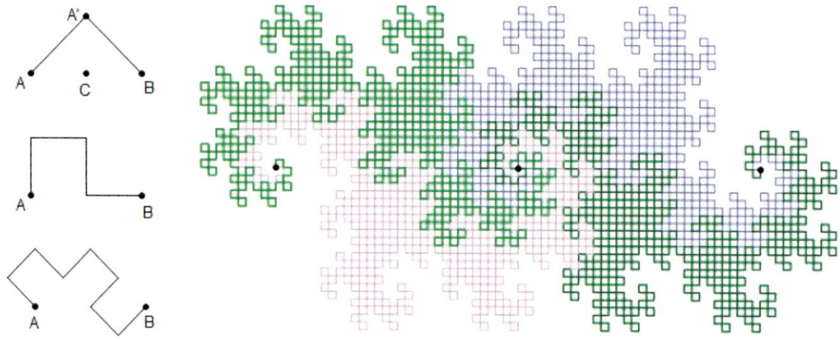

문제 1.3.7 (Dragon curve의 프랙털의 차원) Dragon curve 프랙털의 차원을 구해 보자. 처음($n = 0$) 주어진 선분의 길이를 1이라고 하고, 반복의 n번째 단계에서 길이가 같은 선분의 개수를 N_n, 한 선분의 길이의 역수를 L_n이라고 두고 $d = \lim_{n\to\infty} \frac{\ln N_n}{\ln L_n}$를 계산한다.

풀이

처음($n = 0$) 주어진 선분의 길이를 1이라고 하고, 반복의 n번째 단계에서 N_n을 선분의 개수, L_n을 한 선분의 길이의 역수라고 하면 $N_n = 2^n$, $L_n = \frac{1}{(\sqrt{2})^{-n}} = (\sqrt{2})^n$ 이므로, 프랙털 차원은 $d = \lim_{n\to\infty} \dfrac{\ln N_n}{\ln L_n} = \lim_{n\to\infty} \dfrac{\ln(2^n)}{\ln(\sqrt{2})^n} = 2$이다. ♦

연습문제 1.3.5 두 점을 잡고, 그 사이를 잇는 선분을 빗변으로 하는 직각이등변 삼각형을 바깥쪽으로 그리고 빗변은 숨긴다. 이 과정을 새로 생긴 변에 계속 반복하는 것을 "Levy C-curve 프랙털"이라고 한다. 다음 그림과 같은 Levy C-curve 프랙털과 그것을 응용한 하트 모양의 프랙털을 직접 그려보자.

연습문제 1.3.6 두 점을 잡고, 그 사이를 잇는 선분을 빗변으로 하는 직각삼각형을 그려서 새로 생긴 두 변 각각에 바깥쪽으로 정사각형 붙인 후, 그 한 변을 빗변으로 하는 직각삼각형 그리기를 아래 그림과 같이 반복하는 것을 "피타고라스 나무 프랙털"이라고 한다. 이 방법을 응용하여 다양한 모양의 프랙털을 직접 그려보자. 마지막에 그림을 완성하기 위하여 처음 잡았던 두 점을 연결한 선분으로 아래쪽에 정사각형을 붙여 그린다.

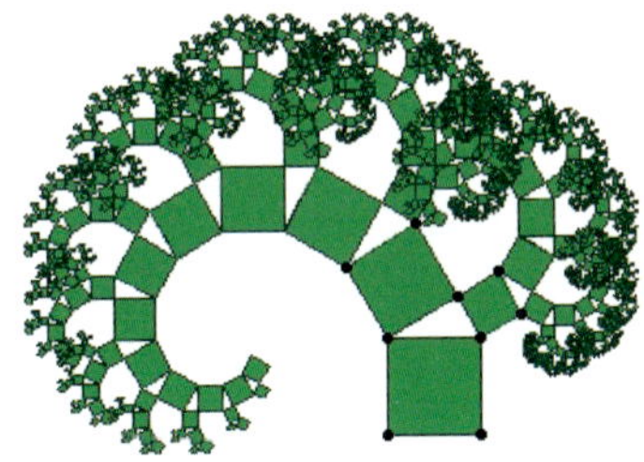

연습문제 1.3.7 위에서 이등변 직각삼각형을 이용하여 만든 피타고라스 나무 프랙털의 차원을 구해보자. 처음($n = 0$) 주어진 선분의 길이를 1이라고 하고, 반복의 n번째 단계에서 새로 생긴 이등변 직각삼각형의 개수를 N_n, 그 빗변의 길이의 역수를 L_n이라고 두고 $d = \lim_{n\to\infty} \frac{\ln N_n}{\ln L_n}$ 를 계산한다.

실습문제 1.3.1 이 절에서 다루었던 여러 형태의 프랙털 기법을 이용하거나 발전시켜 창의적인 프랙털 작품을 만들어 보자.

1.4 평면 운동의 자취로 다양한 곡선 그리기

평면에서 한 점이 시간에 따라 어떤 규칙으로 움직일 때 그 자취 곡선의 매개변수 방정식을 찾아보고, GSP 프로그램을 이용하여 곡선을 그려보자.

먼저 반지름이 r인 원판(바퀴)이 직선 위를 굴러갈 때 원 둘레 위의 한 고정점(바퀴 둘레에 붙어 있는 점) $P(x, y)$가 그리는 자취인 사이클로이드(cycloid)의 매개변수 방정식을 구해보자.

처음에 $P(x, y)$가 원점 O에 위치했다고 하면 원의 중심각이 θ radian 회전했을 때, 원과 x축이 만나는 점은 $(r\theta, 0)$이 되고, 선분 QF의 길이는 $|r\cos\theta|$, PF의 길이는 $|r\sin\theta|$이다. 따라서 점 $P(x, y)$의 좌표는 다음과 같다.

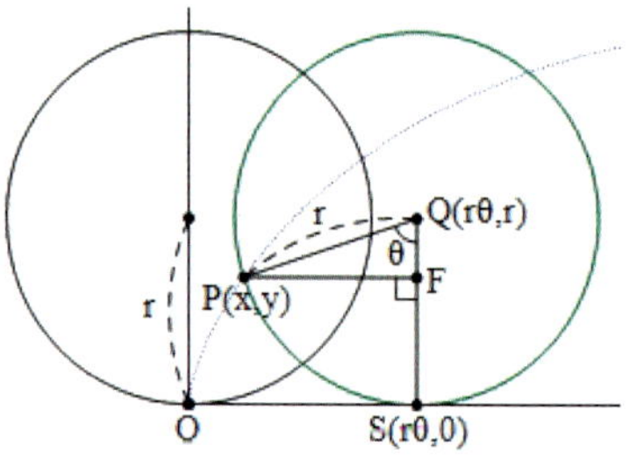

$$
\begin{aligned}
x &= \overline{OS} - \overline{PF} &&= r\theta - r\sin\theta \\
y &= r - \overline{QF} &&= r - r\cos\theta
\end{aligned}
$$

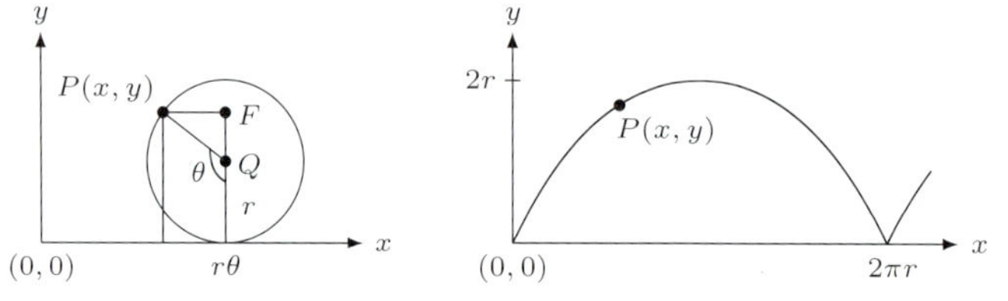

사이클로이드 곡선을 일반화하여 원의 중심에서 시작하는 반직선 위에서 원의 중심으로부터 거리 d만큼 떨어진 한 고정점이 그리는 자취인 트로코이드(trochoid)의 매개변수 방정식은 다음과 같다.

$$x = r\theta - d\sin\theta, \qquad y = r - d\cos\theta$$

이 식에서 $d = r$인 경우에는 사이클로이드가 되며, $0 < d < r$일 때는 $d > r$일 때 서로 다른 특성을 가지는 트로코이드가 그려진다.

실습문제 **1.4.1** GSP 프로그램으로 사이클로이드와 그를 일반화한 트로코이드 그리기

(1) [수 - 새 매개변수]에서 n=3 입력 (숫자 3은 원하는 주기로 다른 숫자를 입력해도 된다.)

(2) [수 - 새 매개변수]에서 r=1 cm 입력 (숫자 1은 원하는 길이로 다른 숫자를 입력해도 된다)

(3) [수 - 계산]에서 n*2*π*r 계산한 후 이 값에 마우스 오른쪽 버튼을 눌러 [거리 지정]을 한다.

(4) 평면에 한 점 O를 찍고 [변환 - 평행이동 - 지정된 거리 - 방향각 90°]을 시행하여 점 A를 만든다.

(5) 선분 OA를 만들고 그 위에 동점 S를 찍는다.

(6) 매개변수 r로 [거리 지정]을 한다.

(7) 점 S에 [변환 - 평행이동 - 지정된 거리 - 방향각 0°]을 시행하여 점 Q를 만든다.

(8) 점 Q를 중심으로 하고 반지름이 QS인 원을 작도한다.

(9) 점 O와 점 S 사이의 [거리 측정]을 한다.

(10) [수 - 계산]에서 -(OS/r)*1 rad 계산한 후 이 값으로 [각 지정]을 한다.

(11) 점 Q를 중심으로 점 S를 지정된 각 만큼 [회전이동]하여 점 P를 만든다.
또는 반직선 QS 위의 점 D를 잡고, D를 지정된 각 만큼 [회전이동]하여 점 R를 만든다.

(12) 마우스로 점 S와 점 P를 선택한 후 [작도 - 자취]를 시행하여 사이클로이드를 완성한다.
또는 마우스로 점 S와 점 R를 선택한 후 [작도 - 자취]를 시행하여 트로코이드를 완성한다. 이때 D가 원 내부에 있는지 외부에 있는지에 따라 서로 다른 모양의 트로코이드가 그려지는 것을 확인해 보자.

(13) 점 S에 애니메이션을 주어 바퀴 원이 굴러갈 때 점 P 또는 R의 움직임을 관찰하자.

(14) n과 r의 값을 여러 가지로 변화시켜서 그에 따라 작도가 자동으로 바뀌는 것을 확인해 보자.

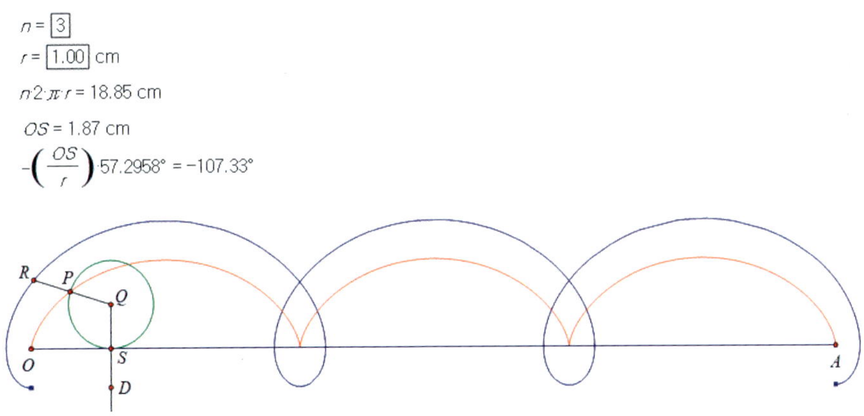

다음으로 반지름이 R인 한 고정된 원 둘레를 따라 그 원의 밖에서 구르는 반지름이 r인 원의 중심을 지나는 반직선 위에서 구르는 원의 중심으로부터 거리 d만큼 떨어진 한 점이 그리는 자취인 에피트로코이드(epitrochoid)의 매개변수 방정식을 구해보자.

오른쪽 그림과 같이 원점 O를 중심으로 하는 고정원의 둘레로 중심각 θ radian만큼 외부의 원이 굴렀을 때, 호 AS의 길이와 호 SP의 길이가 같으므로 $\angle SQP = \frac{R\theta}{r}$ 이다. 이때 $OA \parallel HU$ 인 직각삼각형 QHU에서

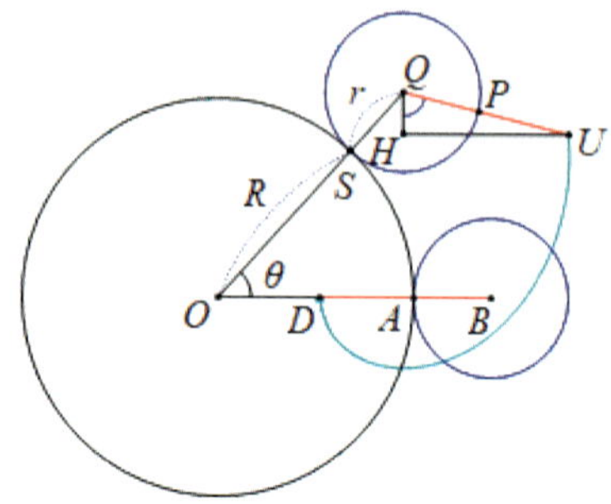

$$\angle UQH = \angle SQP - \angle SQH$$
$$= \frac{R\theta}{r} - \left(\frac{\pi}{2} - \theta\right) = -\left(\frac{\pi}{2} - \frac{R+r}{r}\theta\right)$$

이다. 따라서 $\overline{QU} = d$인 점 $U(x, y)$의 좌표는 다음과 같다.

$$x = (R+r)\cos\theta - d\sin\left(\frac{\pi}{2} - \frac{R+r}{r}\theta\right) = (R+r)\cos\theta - d\cos\left(\frac{R+r}{r}\theta\right),$$
$$y = (R+r)\sin\theta - d\cos\left(\frac{\pi}{2} - \frac{R+r}{r}\theta\right) = (R+r)\sin\theta - d\sin\left(\frac{R+r}{r}\theta\right)$$

한편, 반지름이 R인 한 고정된 원 둘레를 따라 그 원의 내부에서 구르는 반지름이 r인 원의 중심을 지나는 반직선 위에서 구르는 원의 중심으로부터 거리 d만큼 떨어진 한 점이 그리는 자취인 하이포트로코이드(hypotrochoid)의 매개변수 방정식은 다음과 같음을 확인할 수 있다.

$$x = (R-r)\cos\theta + d\cos\left(\frac{R-r}{r}\theta\right), \qquad y = (R-r)\sin\theta - d\sin\left(\frac{R-r}{r}\theta\right)$$

실습문제 1.4.2 GSP 프로그램으로 에피트로코이드와 하이포트로코이드 그리기

(1) 구르는 원의 반지름의 양 끝점 A, B를 찍는다.

(2) [수 - 새 매개변수]에서 매개변수의 이름을 R/r로 나타내고 원하는 비율을 입력한다. 예를 들어, R/r = -5/2로 입력해 본다. 이때 음수를 입력하면 에피트로코이드, 양수를 입력하면 하이포트로코이드를 그리게 된다.

(3) R/r의 값에 오른쪽 마우스를 눌러 [값으로 비율 지정]을 한 후, 점 A를 중심으로 점 B를 [닮음변환]하여 점 O를 그린다.

(4) [수 - 새 매개변수]에서 변수의 이름을 n으로 나타내고 원이 구르는 횟수를 입력한다. R과 r이 서로소인 자연수인 경우 n= $\frac{\text{LCM(R, r)}}{\text{R}}$ 로 두면 닫힌곡선 전체를 한 번 그릴 수 있다.

(5) 선분 XY를 그리고 그 위에 동점 Z를 찍는다. XZ 거리와 XY 거리를 [측정]해 둔다.

(6) [수 - 계산]에서 $\frac{XZ}{\text{XY}}$*2*n*π rad를 계산하고, [값으로 각 지정]을 한다.

(7) 점 O를 중심으로 점 A, B를 지정된 각 만큼 [회전이동]하여 점 S, Q를 만든다.

(8) [수 - 계산]에서 (2)의 값에 마이너스 부호를 붙인 값과 (6)의 값의 곱을 계산하고, [값으로 각 지정]을 한다.

(9) 점 Q를 중심으로 점 S를 지정된 각 만큼 [회전이동]하여 점 P를 만든다.

(10) [수 - 새 매개변수]에서 매개변수의 이름을 d/r로 나타내고 원하는 비율을 양수값으로 입력한다. 예를 들어, d/r = 2.20을 입력한다.

(11) d/r에 [값으로 비율 지정]을 하여, 이 비율로 점 Q를 중심으로 점 P를 [닮음변환]하여 점 U를 그린다.

(12) 마우스로 점 Z와 점 U를 선택한 후 [작도 - 자취]를 시행하여 에피트로코이드 또는 하이포트로코이드를 완성한다.

(13) 점 Z에 애니메이션을 주어 원이 굴러갈 때 점 U의 움직임을 관찰하자.

(14) R/r, d/r의 비율을 여러 가지로 변화시켜서 그에 따라 작도가 바뀌는 것을 확인해 보자.

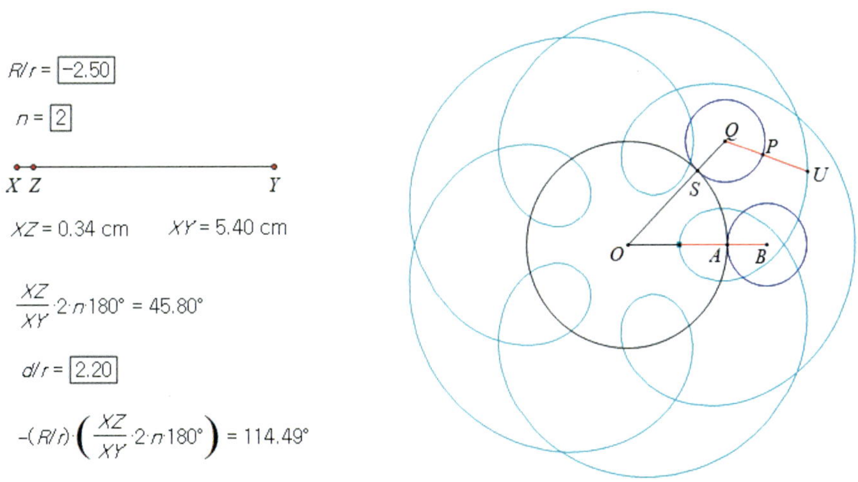

이제 평면에서 두 가지 진동을 서로 수직인 방향으로 놓고 각 진동을 따라가는 x좌표와 y좌표로 이루어지는 점 $P(x, y)$가 그리는 도형인 리사주 곡선(Lissajous curve)에 대하여 알아보자. 점 $P(x, y)$의 두 좌표가 각각 시간 t에 대한 사인 함수(정현파)으로 주어졌을 때, 즉,

$$x = A\sin(at + \delta), \qquad y = B\sin(bt)$$

으로 주어졌을 때 점 $P(x, y)$의 자취가 리사주 곡선이다. 리사주 곡선의 개형은 $a : b$와 위상차 δ의 값에 따라 분류할 수 있다. 이 원리로 전기의 파동을 분석하는 기구인 오실로스코프(oscilloscope)는 두 진동을 수직인 방향으로 입력하여 그린 리사주 곡선의 모양을 이용하여 두 파동의 주파수,

진폭, 위상을 비교할 수 있게 해 준다.

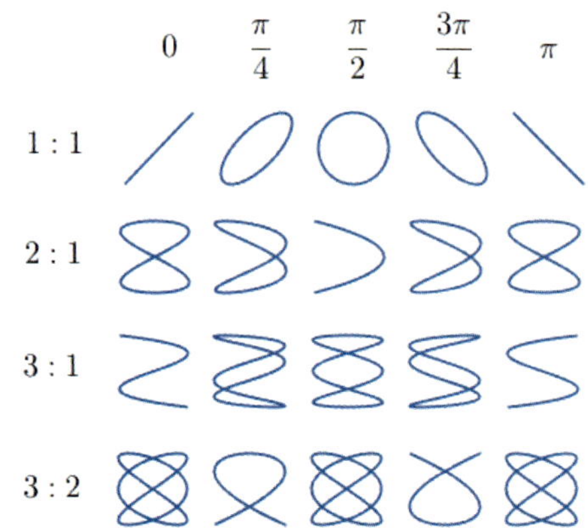

실습문제 1.4.3 GSP 프로그램으로 리사주 곡선 $x = \sin\left(\frac{t}{2} + \frac{\pi}{4}\right)$, $y = \sin\left(\frac{t}{6}\right)$ 그리기

(1) [수 - 새 매개변수]에서 t=1.00 rad을 입력한다.

(2) [수 - 계산]에서 $\sin\left(\frac{t}{2} + \frac{\pi}{4}\right)$를 계산한다.

(3) [수 - 계산]에서 $\sin\left(\frac{t}{6}\right)$를 계산한다.

(4) [그래프 - 좌표를 이용하여 점 찍기]를 시행하여 점 $P(x, y)$를 만든다.

(5) 마우스로 매개변수 t와 점 P를 선택한 후 [작도 - 자취]에서 t의 범위를 $0 \le t \le 12\pi$로 설정하여 리사주 곡선을 그린다. 여기에서 x, y를 나타내는 두 사인 함수의 주기가 동시에 끝나게 되는 t의 최소 범위로 설정한다. 자취 그래프에 대고 마우스 오른쪽 버튼을 눌러 [속성]에서 t의 범위를 변경할 수 있다.

(6) 매개변수 t에 애니메이션을 주어 리사주 곡선을 그리는 점 P의 움직임을 관찰하자.

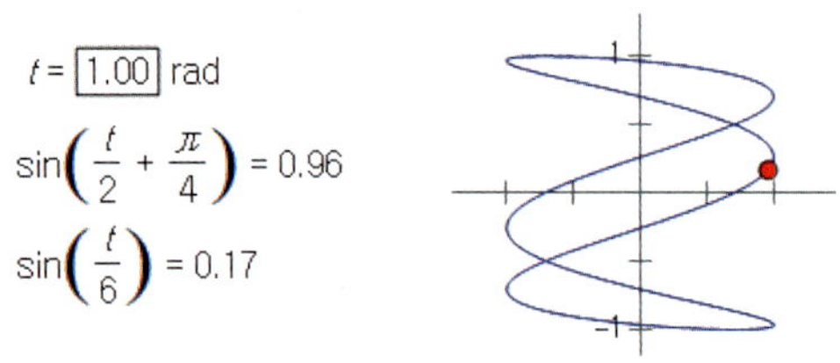

1.5 포락선(envelope)

몇 개의 직선이나 곡선 위에 간격을 두고 못을 박고 실을 팽팽하게 연결하여, 즉 여러 선분을 일정한 규칙에 따라 배열하여 다양한 곡선 형태를 시각적으로 나타나게 할 수 있다. 그림 1.6은 이런 방법으로 만든 공예 작품의 예이다.

그림 1.6: 실이나 끈을 이어 만든 공예(string art) 작품의 예

이러한 방식의 작품을 예술 분야에서 스트링아트(string art)라고 하며, 평면과 공간의 공예, 건축 등 다양한 형태의 작품들이 만들어지고 있다. 다음은 몇 가지 예를 볼 수 있는 사이트이다.

`https://www.yellowtrace.com.au/string-thread-installations/`

`http://www.arhns.uns.ac.rs/digital/string-art-with-industrial-robotic-arm/`

`https://parametrichouse.com/string-art-patterns/`

`https://www.pinterest.co.kr/jimandlindah/string-art/`

https://www.pinterest.co.kr/pin/_inspiration-nice--180777372513373798/

https://www.pinterest.co.kr/salicaceaesalix/string-art-architecture/

https://blog.naver.com/ingyong/221249936282

http://www.dt.co.kr/contents.html?article_no=2022081502109969061001&ref=naver

아름답게 보이는 이런 공예 작품에는 수학적인 원리가 숨어 있다. 평면에 특정한 규칙을 만족하는 모든 직선 또는 선분을 그리면 그 직선들이 만드는 영역이 생기게 되는데, 흥미롭게도 그 영역의 경계가 곡선이 되는 경우가 있다. 기하학적으로 설명하자면 경계를 이루는 곡선은 평면에 그려진 직선들과 접하는 성질을 갖고 있다. 이와 같은 원리를 생각하고 그림 1.6의 공예 작품을 다시 보면, 구성된 실들에 접하는 곡선이 시각적으로 보이는 것을 알 수 있다. 이렇게 어떤 조건을 만족시키는 모든 직선이나 곡선들을 그렸을 때 나타나는 영역의 경계선을 **포락선**(envelope)이라고 부른다. 기하학적으로 포락선은 주어진 모든 직선이나 곡선들에 접하는 성질을 갖고 있다.

포락선의 개념은 순수하게 수학적으로 정의되는데, 실제로 경제학, 물리학 등의 여러 분야에서 응용된다. 미시경제학에서 최적화 문제들을 다룰 때 포락선 정리(the Envelope Theorem)를 이용한다. 이윤의 극대화, 비용의 최소화, 사회적 수입의 최대화 등의 문제에서 여러 가지 매개변수(parameters)가 등장한다. 이때 각 매개변수가 변함에 따라 비용이나 수입을 나타내는 함수의 그래프가 달라지고, 그 그래프의 최대, 최소점도 달라지게 된다. 각 매개변수가 가질 수 있는 모든 값 각각에 대하여 그래프를 그리면, 이 그래프들로 이루어진 영역이 생긴다. 그 경계선인 포락선은 비용이나 수입을 나타내는 함수의 그래프가 지날 수 있는 한계선을 의미한다. 따라서 포락선 상에서의 최대,최소점을 찾으면 전체 모든 함수에 대한 최대,최소점이 된다는 것이 미시경제학의 포락선 정리의 요점이다.

이 절에서는 포락선에 대한 수학적 원리를 분석하여, 이 원리를 바탕으로 다양한 형태의 포락선을 구성하는 수학적 방법을 찾을 것이다. 그리고 이렇게 찾은 수학적 방법을 실제에 적용하여 실이나 끈을 이용한 공예 작품을 창작해 보는 실습을 하도록 한다.

xy 평면 위에서 매개변수 t에 따라 달라지는 여러 직선이나 곡선의 식을 다음과 같이 다변수함수의 등위곡선(level curves)의 식을 이용하여 표현할 수 있다.

$$F(x, y, t) = C \quad (C\text{는 상수})$$

예를 들어, 각 실수 t에 대하여 xy 평면 위에서 두 점 (t, t)와 $(t-10, 10-t)$를 연결하는 직선

l_t를 생각해보자. 직선 l_t의 식은

$$l_t: \quad y = \frac{t-5}{5}x + \frac{10t - t^2}{5}$$

이므로 다음과 같이 나타낼 수 있다.

$$l_t: \quad F(x, y, t) = (t-5)x - 5y + (10t - t^2) = 0$$

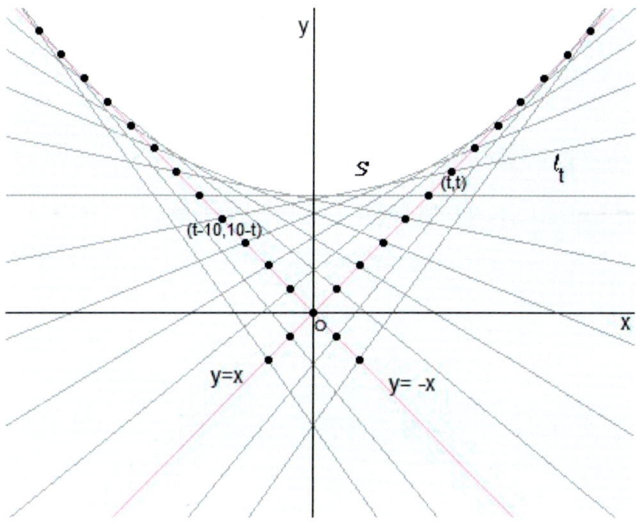

그림 1.7: 두 점 (t, t)와 $(t-10, 10-t)$를 연결하는 직선 l_t를 모든 실수 t에 대하여 그렸을 때 생기는 영역

모든 실수 t에 대하여 직선 l_t의 그래프를 그리면 그림 1.7에서와 같은 영역이 나타나고, 그 영역의 경계를 이루는 곡선 S가 보인다. 이 곡선 S가 매개변수 t의 값에 따라 달라지는 직선 l_t들의 포락선이다.

이제 포락선 S 위의 임의의 점 (x, y)가 만족하는 식을 구하는 문제를 생각해보자. 그림 1.8은 포락선 S와 임의의 직선 l_t가 점 (x, y)에서 접할 때의 상황을 나타내고 있다. 여기에서 한 직선 l_t를 고정시키고 다른 직선들 l_a를 l_t에 겹쳐지도록 무한히 가까이 보내는, 즉 $a \to t$일 때의 극한을 생각해보면 점 (x, y)는 l_a와 l_t의 교점 $(X(a), Y(a))$의 $a \to t$일 때의 극한이다. 이 조건을 이용하여 (x, y)가 만족하는 식을 정리 1.5.1에서 유도한다.

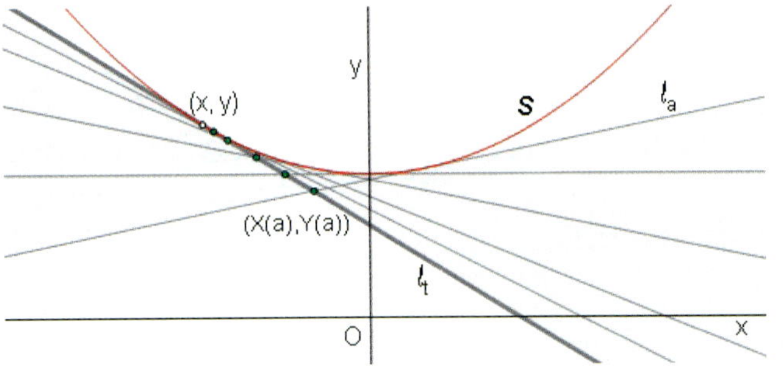

그림 1.8: 직선 l_t 위의 점으로서 포락선 S 위에 놓이는 점 (x,y)는 다른 직선들 l_a와 l_t의 교점 $(X(a),Y(a))$의 $a \to t$일 때의 극한이다.

정리 1.5.1 (포락선의 식 구하기) 다변수함수 $F(x,y,t)$가 각 변수에 대하여 미분가능하고, 그 미분한 함수가 연속이라고 하자. 매개변수 t에 대하여 조건 $l_t : F(x,y,t) = C$ (C는 상수)를 만족하는 직선이나 곡선 l_t들의 포락선을 S라고 하면, 곡선 S 위의 임의의 점 (x,y)는 다음 두 식을 모두 만족한다.

$$F(x,y,t) = C, \qquad \frac{\partial F(x,y,t)}{\partial t} = 0 \tag{1.2}$$

따라서 식 (1.2)의 두 방정식을 연립하여 매개변수 t를 소거하고 x, y의 식으로 정리하면 이것이 포락선 S의 식이 된다.

증명

그림 1.8에서와 같이 (x,y)를 포락선 S 위의 임의의 점이라고 하고, 점 (x,y)에 접하는 직선 l_t를 잡아 이 t값은 고정시켜 놓자. 이제 매개변수 a를 사용하여 변수 a를 t로 무한히 가까이 보내는 극한을 생각하면, 직선 l_a는 l_t와 겹쳐지도록 무한히 가까이 갈 것이다.

이러한 상황에서 (x,y)가 만족하는 식, 즉 포락선 S의 식을 구하기 위하여 주어진 조건들을 식으로 나타내 보자. 먼저, (x,y)는 직선 l_t 위에 있는 점이므로 l_t의 식, 즉

$$F(x,y,t) = C \tag{1.3}$$

를 만족한다. 이제 l_t와 l_a의 교점을 $(X(a),Y(a))$라고 하면,

$$\lim_{a \to t} (X(a),Y(a)) = (x,y)$$

가 성립한다. 그리고 점 $(X(a), Y(a))$는 직선 l_t 위에도 있고, 직선 l_a 위에도 있으므로

$$F(X(a), Y(a), t) = C, \qquad F(X(a), Y(a), a) = C$$

을 만족하고, 따라서 다음이 성립한다.

$$\lim_{a \to t} \frac{F(X(a), Y(a), t) - F(X(a), Y(a), a)}{t - a} = 0$$

그런데 위 식의 좌변에서 $\lim_{a \to t} X(a) = x$, $\lim_{a \to t} Y(a) = y$이고, 다변수함수 $F(x, y, t)$가 각 변수에 대하여 미분가능하고, 그 미분한 함수가 연속이므로(자세한 해석학적 증명은 생략)

$$\lim_{a \to t} \frac{F(x, y, t) - F(x, y, a)}{t - a} = 0$$

이 성립한다. 그리고 위 식의 좌변은 다변수함수 $F(x, y, t)$의 변수 t에 대한 편미분의 정의이므로

$$\frac{\partial F(x, y, t)}{\partial t} = 0 \tag{1.4}$$

이다. 결론적으로 포락선 S 위의 임의의 점 (x, y)는 두 식 (1.3)과 (1.4)를 만족한다. ■

참고. 다변수함수 $F(x, y, t)$를 변수 t에 대한 다항식으로 표현할 수 있는 경우에는 좀 더 간단하게 포락선의 식을 구할 수 있다. 위 정리 1.5.1의 식 (1.2)에서 x, y는 상수로 두고 t만 변수로 생각하면, t가 식 $F(x, y, t) = C$의 중근이 될 때 점 (x, y)가 포락선 위에 있게 된다. 따라서 만약 다변수함수 $F(x, y, t)$가 변수 t에 대한 2차 다항식으로 표현된다면, 판별식을 영으로 두어 포락선 S 위의 점 (x, y)의 식을 구할 수 있다.

문제 1.5.1 xy 평면 위에서 모든 실수 t에 대하여 두 점 (t, t)와 $(t-10, 10-t)$를 연결하는 직선 l_t의 그래프를 그렸을 때 생기는 영역의 경계곡선 S의 식을 구하시오.

풀이

앞에서 이렇게 주어진 직선 l_t들을 다음과 같은 다변수함수의 등위곡선으로 표현하였다.

$$l_t: \quad F(x, y, t) = 5y + (5-t)x + (t^2 - 10t) = 0$$

여기에서 다변수함수 $F(x, y, t)$가 변수 t에 대한 2차 다항식이므로 앞의 **참고**에서 설명한 방법으로 포락선 S의 식을 구할 수 있다. 이 다항식을 t에 대하여 내림차순으로 정리하면

$$t^2 - (x+10)t + 5(x+y) = 0$$

이 되고, t가 중근이 되기 위해서 판별식이 영이어야 하므로

$$(x+10)^2 - 20(x+y) = 0$$

을 얻는다. 이 식을 정리하여 다음과 같이 포락선 S의 식을 구한다.

$$S: \quad y = \frac{1}{20}x^2 + 5$$ ♦

연습문제 1.5.1 xy평면 위에서 모든 실수 t에 대하여 두 점 $(t,\ 2t-2)$와 $(t-1,\ -2t)$를 연결하는 직선 l_t의 그래프를 그렸을 때 생기는 영역의 경계곡선 S의 식을 구하시오.

문제 1.5.2 $0 < t < 10$인 모든 실수 t에 대하여 xy평면 위에서 두 점 $A(10-t,\ 0)$, $B\left(0,\ \frac{20t}{10+t}\right)$와 원점 O를 꼭짓점으로 하는 삼각형 OAB는 그 둘레의 길이가 일정하다는 특성을 갖는다.
이때 두 점 A, B를 연결하는 직선 l_t의 그래프를 $0 < t < 10$인 모든 실수 t에 대하여 그렸을 때 생기는 영역의 경계곡선 S의 식을 구하시오.

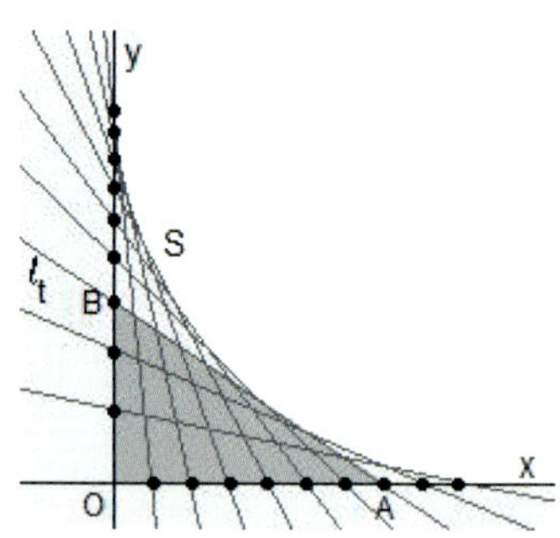

풀이

두 점 $A(10-t,\ 0)$, $B\left(0,\ \frac{20t}{10+t}\right)$를 연결하는 직선 l_t의 식은

$$l_t: \quad y = -\frac{20t}{(10-t)(10+t)}x + \frac{20t}{10+t}$$

이므로 다음과 같은 다변수함수의 등위곡선으로 표현할 수 있다.

$$l_t: \quad F(x,y,t) = 20tx + (100-t^2)y + 20t(t-10) = 0$$

여기에서 다변수함수 $F(x,y,t)$가 변수 t에 대한 2차 다항식이므로 앞의 **참고**에서 설명한 방법으로 포락선 S의 식을 구할 수 있다. 이 다항식을 t에 대하여 내림차순으로 정리하면

$$(20-y)t^2 + 20(x-10)t + 100y = 0$$

이 되고, t가 중근이 되기 위해서 판별식이 영이어야 하므로

$$100(x-10)^2 - 100y(20-y) = 0, \qquad 즉, \qquad (x-10)^2 + (y-10)^2 = 100$$

을 얻는다. 따라서 포락선 위의 점 (x,y)는 원 $(x-10)^2+(y-10)^2=100$ 위에 놓임을 알 수 있다.

그런데 $0 < t, a < 10$인 두 실수 t와 a에 대하여 직선 l_t와 l_a의 교점 $(X(a), Y(a))$는 $0 < X(a) < 10,\ \ 0 < Y(a) < 10$을 만족한다. 따라서 $x = \lim_{a\to t} X(a),\ \ y = \lim_{a\to t} Y(a)$는 $0 \le x \le 10$, $0 \le y \le 10$을 만족한다.

그러므로 포락선 S의 식은 다음과 같다.

$$S: \quad (x-10)^2 + (y-10)^2 = 100, \qquad 0 \le x \le 10,\ \ 0 \le y \le 10$$ ♦

연습문제 1.5.2 $0 < t < 1$인 모든 실수 t에 대하여 xy평면 위의 두 점 $A(2-t, 2)$, $B\left(1, \frac{2}{1+t}\right)$를 연결하는 직선 l_t의 그래프를 그렸을 때 생기는 영역의 경계곡선 S의 식을 구하시오.

연습문제 1.5.3 양의 실수 c가 주어졌다고 하자. $0 < t < c$인 모든 실수 t에 대하여 xy평면 위의 두 점 $A(t, 0)$, $B\left(0, \sqrt{c^2-t^2}\right)$을 연결하는 직선 l_t의 그래프를 그렸을 때 생기는 영역의 경계곡선 S의 식을 구하시오.

(제1사분면에서 길이가 일정한 사다리가 벽에서 미끄러져 내려올 때, 사다리가 계속 접하는 곡선이 S라고 표현할 수도 있다.)

풀이

두 점 $A(t, 0)$, $B\left(0, \sqrt{c^2-t^2}\right)$를 연결하는 직선 l_t의 식은 다음과 같은 다변수함수의 등위곡선

으로 표현할 수 있다.

$$l_t: \quad F(x, y, t) = \frac{x}{t} + \frac{y}{\sqrt{c^2 - t^2}} = 1$$

이때 포락선(초면) 위의 점 (x, y)는 위의 식과 다음 식을 모두 만족한다.

$$\frac{\partial F(x, y, t)}{\partial t} = -\frac{x}{t^2} + \frac{yt}{\left(\sqrt{c^2 - t^2}\right)^3} = 0$$

이 두 식을 연립하여 x, y를 구하면 다음과 같다.

$$x = \frac{t^3}{c^2}, \quad y = \frac{\left(\sqrt{c^2 - t^2}\right)^3}{c^2}$$

여기에서 $t = x^{1/3}c^{2/3}$, $\sqrt{c^2 - t^2} = y^{1/3}c^{2/3}$ 이므로, t를 소거하여 정리하면 다음과 같은 포락선(초면)의 식을 구한다.

$$S: \quad \frac{x^{2/3}}{c^{2/3}} + \frac{y^{2/3}}{c^{2/3}} = 1, \qquad \text{또는} \qquad x^{2/3} + y^{2/3} = c^{2/3}$$

$0 \le t \le c$인 범위, 즉 $0 \le x, y \le c$인 범위에서 이 곡선을 그리면 astroid로 불리는 곡선의 일부분이다. ♦

다음의 문제 1.5.3, 1.5.4는 종이를 접어 나타낸 직선들의 포락선으로 이차곡선을 표현하는 방법을 설명한다. 한 고정점과 어떤 직선이나 원 위에서 움직이는 동점을 잇는 선분의 수직이등분선들의 포락선은 이차곡선이 된다. 종이 위의 두 점을 잇는 선분의 수직이등분선은 두 점을 만나도록 종이를 접을 때 나타나는 선이다.

문제 1.5.3 p는 영이 아닌 상수라고 하자. 모든 실수 t에 대하여 두 점 $F(0, p)$, $B(t, -p)$를 연결하는 선분 $\overline{FB}$의 수직이등분선을 l_t라고 할 때, l_t의 그래프가 지나는 영역의 경계곡선 S 위의 점 (x, y)에 대하여 x와 y의 관계식을 구하시오.

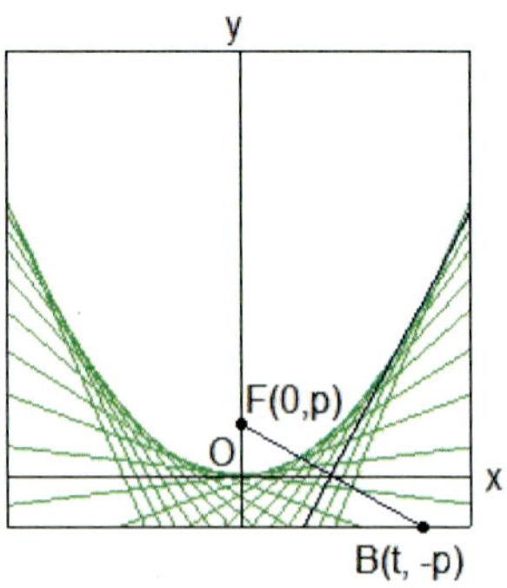

풀이

두 점 $F(0,\ p)$, $B(t,\ -p)$를 연결하는 선분 $\overline{FB}$의 중점은 $(t/2,\ 0)$이고 기울기는 $\frac{-2p}{t}$이므로, $\overline{FB}$의 수직이등분선 l_t의 식은

$$l_t: \quad y = \frac{t}{2p}(x - t/2)$$

이다. 따라서 l_t 식은 다음과 같은 다변수함수의 등위곡선으로 표현할 수 있다.

$$l_t: \quad F(x, y, t) = 2py - tx + \frac{1}{2}t^2 = 0$$

이때 포락선(초면) 위의 점 (x, y)는 위의 식과 다음 식을 모두 만족한다.

$$\frac{\partial F(x, y, t)}{\partial t} = -x + t = 0$$

위의 두 식에서 t를 소거하고 정리하면 포락선 S는 포물선 $x^2 = 4py$이다. ♦

문제 1.5.4 p는 1이 아닌 양의 상수라고 하자. $0 < t < 2\pi$인 모든 실수 t에 대하여 두 점 $F(p,\ 0)$, $B(\cos t,\ \sin t)$를 연결하는 선분 $\overline{FB}$의 수직이등분선을 l_t라고 할 때, l_t의 그래프가 지나는 영역의 경계곡선 S 위의 점 (x, y)에 대하여 x와 y의 관계식을 구하시오.

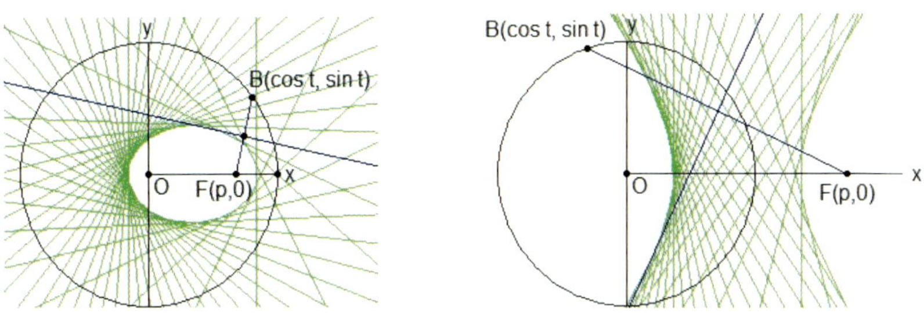

그림 1.9: 한 고정점 $F(p,\ 0)$과 원 위의 동점 $B(\cos t,\ \sin t)$를 잇는 선분의 수직이등분선 l_t들로 이루어진 영역

풀이

두 점 $F(p,\ 0)$, $B(\cos t,\ \sin t)$를 연결하는 선분 $\overline{FB}$의 중점은 $(\frac{1}{2}(p + \cos t),\ \frac{1}{2}\sin t)$이고 기울기는 $\frac{\sin t}{\cos t - p}$이므로, $\overline{FB}$의 수직이등분선 l_t의 식은

$$l_t: \quad y = \frac{p - \cos t}{\sin t}\left(x - \frac{p + \cos t}{2}\right) + \frac{1}{2}\sin t = \frac{p - \cos t}{\sin t}x + \frac{1 - p^2}{2\sin t}$$

이다. 따라서 l_t 식은 다음과 같은 다변수함수의 등위곡선으로 표현할 수 있다.

$$l_t: \quad F(x,y,t) = 2y\sin t + 2x(\cos t - p) = 1 - p^2$$

이때 포락선(초면) S 위의 점 (x,y)는 위의 식과 다음 식을 모두 만족한다.

$$\frac{\partial F(x,y,t)}{\partial t} = 2y\cos t - 2x\sin t = 0$$

따라서 $\sin t = \frac{y}{x}\cos t$ 이고, 이를 l_t 의 식에 대입하여

$$2y\left(\frac{y}{x}\cos t\right) + 2x(\cos t - p) = \frac{2(x^2+y^2)}{x}\cos t - 2px = 1 - p^2$$

으로부터 $\cos t = \frac{x(2px+1-p^2)}{2(x^2+y^2)}$ 이다. 이제 등식 $\sin^2 t + \cos^2 t = 1$ 을 이용하여 다음과 같이 x, y 에 대한 식을 정리하여 포락선 S 의 식을 구한다.

$$\left(\frac{y}{x}\cdot\frac{x(2px+1-p^2)}{2(x^2+y^2)}\right)^2 + \left(\frac{x(2px+1-p^2)}{2(x^2+y^2)}\right)^2 = 1,$$

$$(2px+1-p^2)^2 = 4(x^2+y^2),$$

$$4(1-p^2)\left(x - \frac{p}{2}\right)^2 + 4y^2 = 1 - p^2.$$

따라서

$$S: \quad \frac{(x-\frac{p}{2})^2}{\frac{1}{4}} + \frac{y^2}{\frac{1-p^2}{4}} = 1$$

이다. 이 식은 $0 < p < 1$ 이면 타원을 나타내고, $p > 1$ 이면 쌍곡선을 나타낸다. ♦

기하학적 광학(geometrical optics)에서 여러 개의 광선의 포락선을 **초면(焦面,Caustic)**이라고 한다. 예를 들어, 무한 점(태양)으로부터 나온 평행한 광선들이 컵의 안쪽와 같은 원의 호에 부딪히면 반사법칙에 따라 여러 방향으로 반사되어 나간다. 이렇게 반사된 광선들은 하나의 매개변수 t에 의하여 정의되는 여러 직선 l_t 들로 표현된다. 이 직선들의 포락선이 반사초면(the reflective caustic)이다. 그림 1.10은 일상생활에서 관찰할 수 있는 반사초면의 예를 보여준다.

반사초면의 식을 구하는 데 바탕이 되는 원리는 "빛이 반사될 때 입사각과 반사각이 같다"는 빛의 반사법칙이다. 빛이 거울곡선에 닿아 반사될 때 빛의 입사각과 반사각은 거울면 곡선의 접선과 빛이 이루는 각이다. 다음 정리 1.5.2에서는 평면 위에서 평행하게 입사하여 거울면 곡선에 반사되어

그림 1.10: 반사초면이 관찰되는 예

나온 광선들의 포락선을 구하는 방법을 알아본다.

정리 1.5.2 (평행하게 입사하는 광선들의 반사초면 구하기) 좌표평면에서 벡터 $\langle a, b\rangle$ 방향으로 평행하게 진행하던 광선들이 매끈한 매개곡선 $(u(t), v(t))$로 주어지는 거울면 곡선에 반사된다고 하자. 반사되어 나온 광선들을 직선 l_t라고 하면, l_t의 식을 다음과 같이 나타낼 수 있다.

$$\begin{aligned} &F(x,y,t) \\ &= \left(b(v')^2 + 2au'v' - b(u')^2\right)(x-u) - \left(a(u')^2 + 2bu'v' - a(v')^2\right)(y-v) \\ &= 0 \end{aligned}$$

이때 직선 l_t들의 포락선 S 위의 임의의 점 (x, y)는 다음 두 식을 모두 만족하므로, 이 두 식을 연립하여 t를 소거하면 포락선(초면) S의 식을 얻는다.

$$F(x,y,t) = 0, \qquad \frac{\partial F(x,y,t)}{\partial t} = 0$$

증명

거울면 곡선 위의 한 점 $(u(t), v(t))$에서 이 곡선에 대한 접선벡터는 $\langle u'(t), v'(t)\rangle$이므로, 법선벡터는 $\langle -v'(t), u'(t)\rangle$이다. 그림 1.11에서와 같이 $\vec{d} = \langle a, b\rangle$, $\vec{n} = \langle -v'(t), u'(t)\rangle$로 두고 반사된 광선 l_t의 방향 벡터를 구하면 다음과 같다.

$$\begin{aligned} d - 2\,\mathbf{proj}_n d &= d - 2\,\frac{n\cdot d}{n\cdot n}\,n \\ &= \frac{1}{(u')^2+(v')^2}\left\langle a(u')^2 + 2bu'v' - a(v')^2,\ b(v')^2 + 2au'v' - b(u')^2\right\rangle \end{aligned}$$

따라서 직선 l_t는 점 $(u(t), v(t))$를 지나며 기울기가 $\frac{b(v')^2+2au'v'-b(u')^2}{a(u')^2+2bu'v'-a(v')^2}$이므로, 직선 l_t의 식을

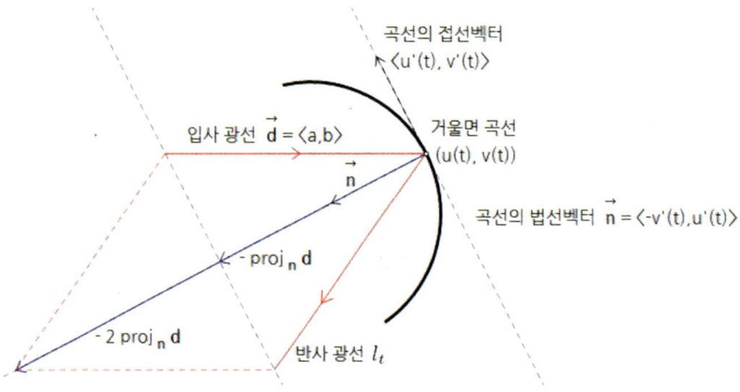

그림 1.11: 매개곡면 $(u(t), v(t))$에 부딪혀 반사되어 나오는 광선 l_t

다음과 같이 나타낼 수 있다.

$$
\begin{aligned}
&F(x, y, t) \\
&= \left(b(v')^2 + 2au'v' - b(u')^2\right)(x - u) - \left(a(u')^2 + 2bu'v' - a(v')^2\right)(y - v) \\
&= 0
\end{aligned}
$$

■

문제 1.5.5 좌표평면 위에서 벡터 $\langle 0, -1\rangle$ 방향으로 평행하게 진행하던 광선들이 매개곡선 (t, t^2)으로 주어지는 포물형 거울면 곡선에 반사될 때, 반사되어 나온 광선들의 포락선, 즉 초면의 식을 구하시오.

풀이

정리 1.5.2의 식에 $\langle a, b\rangle = \langle 0, -1\rangle$, $u(t) = t$, $v(t) = t^2$을 대입하면 반사된 광선 l_t들을 다음과 같은 다변수함수의 등위곡선으로 표현된다.

$$
l_t: \quad F(x, y, t) = (-4t^2 + 1)(x - t) - (-4t)(y - t^2) = -(4x)t^2 + (4y - 1)t + x = 0
$$

여기에서 다변수함수 $F(x, y, t)$가 변수 t에 대한 2차 다항식이므로 앞의 **참고**에서 설명한 방법으로 포락선 S의 식을 구할 수 있다. t가 중근이 되기 위해서 판별식이 영이어야 하므로

$$
(4y - 1)^2 + 16x^2 = 0
$$

을 얻는다. 따라서 이 경우 포락선 S는 한 점(포물선의 초점)이 된다.

$$S: \quad x = 0, \quad y = \frac{1}{4}$$

이 결과는 포물형 거울에서 대칭축에 평행하게 입사한 광선은 포물선의 초점에 모이게 되는 현상을 설명한다. ♦

문제 1.5.6 좌표평면 위에서 벡터 $\langle 1, 0\rangle$ 방향으로 평행하게 진행하던 광선들이 $-\pi/2 < t < \pi/2$ 에서 정의된 매개곡선 $(\cos t, \sin t)$ 로 주어지는 원형 거울면 곡선에 반사될 때, 반사되어 나온 광선들의 포락선, 즉 초면의 식을 구하시오.

풀이

정리 1.5.2의 식에 $\langle a, b\rangle = \langle 1, 0\rangle, \quad u(t) = \cos t, \quad v(t) = \sin t$ 을 대입하면 반사된 광선 l_t 들을 다음과 같은 다변수함수의 등위곡선으로 표현된다.

$$\begin{aligned} F(x,y,t) &= -2\sin t\cos t(x - \cos t) - (\sin^2 t - \cos^2 t)(y - \sin t) \\ &= \sin t - 2x\sin t\cos t + y(\cos^2 t - \sin^2 t) \\ &= \sin t - x\sin 2t + y\cos 2t = 0 \end{aligned}$$

이때 포락선(초면) 위의 점 (x, y)는 위의 식과 다음 식을 모두 만족한다.

$$\frac{\partial F(x,y,t)}{\partial t} = \cos t - 2x\cos 2t - 2y\sin 2t = 0$$

이 두 식을 연립하여 x, y를 구하면 다음과 같은 포락선(초면)의 식을 구한다.

$$S: \quad x = \frac{1}{2}\left[2\sin t\sin 2t + \cos t\cos 2t\right], \quad y = \frac{1}{2}\left[\cos t\sin 2t - 2\sin t\cos 2t\right]$$

위 식을 삼각함수의 합차 공식들

$$\begin{aligned} \cos t &= \cos(2t - t) &= \cos(2t)\cos t + \sin(2t)\sin t \\ \cos 3t &= \cos(2t + t) &= \cos(2t)\cos t - \sin(2t)\sin t \\ \sin t &= \sin(2t - t) &= \sin(2t)\cos t - \cos(2t)\sin t \\ \sin 3t &= \sin(2t + t) &= \sin(2t)\cos t + \cos(2t)\sin t \end{aligned}$$

을 사용하여 변형하면 포락선(초면)의 식은 다음과 같이 나타낼 수도 있다.

$$S: \quad x = \frac{1}{4}\left[3\cos t - \cos(3t)\right], \quad y = \frac{1}{4}\left[3\sin t - \sin(3t)\right] \quad (0 \le t \le 2\pi)$$

이 곡선은 nephroid로 불리는 곡선의 일부분이다.(그림 1.12 참고) ♦

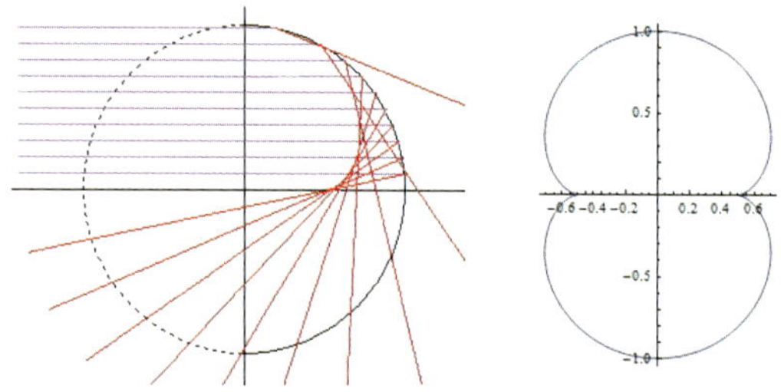

그림 1.12: Nephroid 모양의 초면

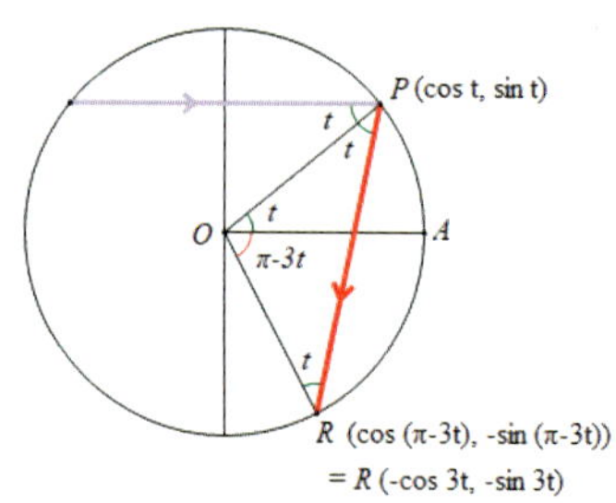

[참고] 위의 문제 1.5.6에서 점 $P(\cos t, \sin t)$에 닿아 반사된 광선이 다시 원에 닿는 점 R의 좌표를 원의 성질을 이용하여 구하고, 이때 직선 PR이 문제 1.5.6에서 구한 초면의 매개변수 곡선에 접한다는 사실을 다음과 같이 확인할 수 있다.

선분 OP와 x축의 양의 방향이 이루는 각이 t일 때, x축과 평행하게 진행하던 빛의 입사각과 반사각이 같으므로, $\angle OPR = t$이다. 그리고 이등변삼각형 OPR에서 $\angle ORP = t$이다. 따라서 $\angle AOR = \pi - 3t$이므로 점 R의 좌표는 $R(\cos(\pi - 3t), -\sin(\pi - 3t))$, 즉 $R(-\cos 3t, -\sin 3t)$ 임을 알 수 있다. 이때 초면의 매개변수 곡선 위의 점 $Q\left(\frac{1}{4}[3\cos t - \cos 3t], \frac{1}{4}[3\sin t - \sin 3t]\right)$에 대하여 직선 PQ와 QR의 기울기가 모두 직선 PR의 기울기와 같음을 확인할 수 있다.

$$\frac{\sin t - \frac{1}{4}[3\cos t - \cos 3t]}{\cos t - \frac{1}{4}[3\sin t - \sin 3t]} = \frac{\frac{1}{4}[3\cos t - \cos 3t] + \sin 3t}{\frac{1}{4}[3\sin t - \sin 3t] + \cos 3t} = \frac{\sin t + \sin 3t}{\cos t + \cos 3t}$$

한편, 초면의 매개변수 곡선 위의 점 $Q\left(\frac{1}{4}[3\cos t - \cos 3t], \frac{1}{4}[3\sin t - \sin 3t]\right)$에서의 접선의 기울기를 구하면 $\dfrac{dy}{dx} = \dfrac{dy/dt}{dx/dt} = \dfrac{\frac{1}{4}[3\cos t - \cos 3t]}{\frac{1}{4}[-3\sin t + \sin 3t]} = \dfrac{3\cos t - \cos 3t}{-3\sin t + \sin 3t}$이고, 이는 직선 PR의 기울기 $\dfrac{\sin t + \sin 3t}{\cos t + \cos 3t}$와 같다. 따라서 직선 PR이 점 Q에서 초면의 매개변수 곡선에 접함을 알 수 있다.

문제 1.5.7 점 $(-1,0)$ 에서 나온 광선들이 $-\pi < t < \pi$ 에서 정의된 매개곡선 $(\cos t, \sin t)$ 로 주어지는 원형 거울면 곡선에 반사될 때, 반사되어 나온 광선들의 포락선, 즉 초면의 식을 구하시오.

풀이

원형 거울면 곡선 위의 한 점 $(\cos t, \sin t)$ 에서 이 곡선에 대한 법선벡터는 $\vec{n} = \langle -\cos t, -\sin t \rangle$ 이다. 점 $(-1,0)$ 에서 나와 점 $(\cos t, \sin t)$ 로 입사하는 광선의 방향벡터는 $\vec{d} = \langle \cos t + 1, \sin t \rangle$ 이므로, 반사된 광선 l_t 의 방향 벡터를 구하면 다음과 같다.

$$d - 2\,\mathsf{proj}_n d \;=\; d - 2\frac{n \cdot d}{n \cdot n}n \;=\; \left\langle 1 - \cos t - 2\cos^2 t,\; -\sin t(1 + 2\cos t) \right\rangle$$

따라서 직선 l_t 는 점 $(\cos t, \sin t)$ 를 지나며 기울기가 $\dfrac{\sin t(1 + 2\cos t)}{-1 + \cos t + 2\cos^2 t}$ 이므로, 직선 l_t 의 식을 다음과 같이 나타낼 수 있다.

$$\begin{aligned} F(x,y,t) &= \sin t(1 + 2\cos t)(x - \cos t) - (-1 + \cos t + 2\cos^2 t)(y - \sin t) \\ &= \sin t(1 + 2\cos t)x - (-1 + \cos t + 2\cos^2 t)y - \sin t \\ &= 0 \end{aligned}$$

이때 포락선(초면) 위의 점 (x,y) 는 위의 식과 다음 식을 모두 만족한다.

$$\tfrac{\partial F(x,y,t)}{\partial t} \;=\; (4\cos^2 t + \cos t - 2)x + \sin t\,(4\cos t + 1)y - \cos t \;=\; 0$$

이 두 식을 연립하여 x, y를 구하면 다음과 같은 포락선(초면)의 식을 얻는다.

$$S: \quad x = \tfrac{1}{3} + \tfrac{2}{3}\cos t(1 - \cos t), \quad y = \tfrac{2}{3}\sin t(1 - \cos t) \quad (0 \le t \le 2\pi)$$

xy-평면에서 점 $(-\frac{1}{3}, 0)$ 을 중심으로 하는 극좌표로 식을 표현하면

$$S: \quad r^2 = \left(x - \tfrac{1}{3}\right)^2 + y^2 = \tfrac{4}{9}(1 - \cos t)^2, \quad \text{즉}, \quad r = \tfrac{2}{3}(1 - \cos t)$$

이다. 이 곡선은 cardioid 모양이다.(그림 1.13 참고) ♦

GSP 프로그램에서 동점 하나를 찍고 그에 대하여 선분이나 직선을 그린 뒤 동점과 선분 또는 직선을 선택하여 작도 메뉴의 자취 기능을 이용하면 위의 그림 1.12와 1.13과 같이 동점이 움직이는

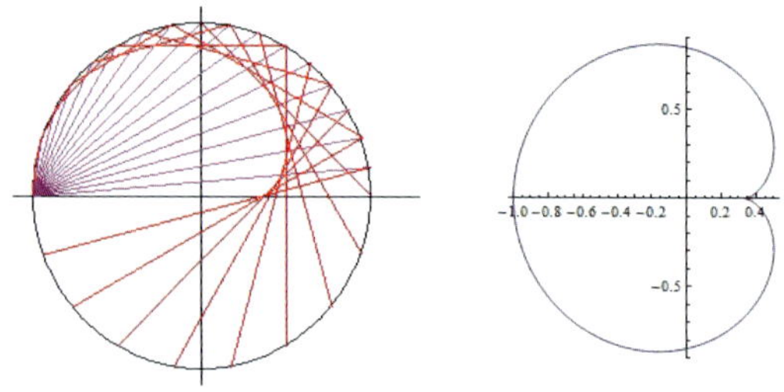

그림 1.13: Cardioid 모양의 초면

범위 안에 선분이나 직선의 자취를 쉽게 그릴 수 있다. 다음에서 포락선이 사이클로이드가 되는 직선들의 자취를 그려 보고, 그 원리를 알아보자.

실습문제 1.5.1 직선들의 포락선으로 사이클로이드 나타내기

(1) Shift 키를 누르고 선분 그리기를 하여 수평 선분 AB를 그리고 AB 거리를 [측정]한다.

(2) [수 - 계산]에서 $\frac{\mathrm{AB}}{\pi}$ cm를 계산하고, 이 값으로 [거리 지정]을 한다.

(3) 선분 AB를 [변환 - 평행이동 - 거리/방향]에서 방향각 -90° 로 평행이동한다.

(4) 선분 AB 위에 동점 C를 찍어 AC 거리를 [측정]한다.

(5) [수 - 계산]에서 $-\frac{\mathrm{AC}}{\mathrm{AB}}*\pi$ rad를 계산하고, 이 [값으로 각 지정]을 한다.

(6) 점 C에서 선분 AB에 그은 수선을 점 C를 중심으로 지정된 각 만큼 [회전이동]하여 직선 l을 그리고, 원래 수선은 숨긴다.

(7) 마우스로 점 C와 직선 l를 선택한 후 [작도 - 자취]를 시행하여 직선들의 포락선으로 사이클로이드 곡선이 나타나게 한다

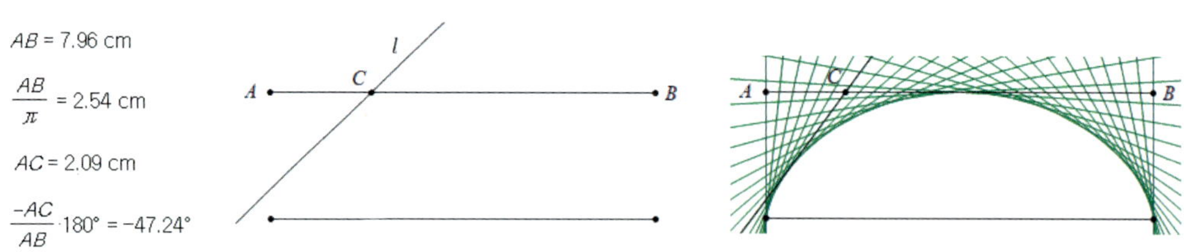

문제 1.5.8 양의 상수 r과 $0 \le t \le 2\pi r$ 인 실수 t에 대하여 좌표평면 위에서 점 $C(t, 2r)$을 지나고 x축에 수직인 직선을 점 C를 중심으로 $-\frac{t}{2r}$ rad 만큼 회전하여 얻은 직선 l_t 의 포락선의 식을 구하시오.

풀이

직선 l_t의 식은 $y-2r=\tan\left(\frac{\pi}{2}-\frac{t}{2r}\right)(x-t)$, 즉, $y-2r=(x-t)\cot\frac{t}{2r}$ 이므로 다음과 같은 다변수함수의 등위곡선으로 표현할 수 있다.

$$l_t:\quad F(x,y,t)=y-(x-t)\cot\frac{t}{2r}=2r.$$

이때 포락선 S 위의 점 (x,y)는 위의 식과 함께 다음 식도 만족한다.

$$\frac{\partial F(x,y,t)}{\partial t}=\cot\frac{t}{2r}+(x-t)\cdot\frac{1}{2r}\cdot\csc^2\frac{t}{2r}=0.$$

두 식을 연립하여 정리하면 $x-t=-2r\cos\frac{t}{2r}\sin\frac{t}{2r}$, $y-2r=-2r\cos^2\frac{t}{2r}$ 이므로, 다음과 같은 포락선의 식을 얻는다.

$$S:\quad x=t-r\sin\frac{t}{r},\quad y=r-r\cos\frac{t}{r}$$

이 식에서 $\frac{t}{r}=\theta$로 두면 앞의 24쪽의 사이클로이드 곡선의 매개변수 식과 같다. ♦

다음에서 다루는 포락선들은 원에서 어떤 규칙에 따라 두 점을 선택하여 연결한 현들에 의하여 만들어지는 것들이다. 규칙을 선택하는 방법에 따라 원이나 cardioid 형, 또는 nephroid 형의 포락선을 얻는다.

먼저, 현의 시작점과 끝점의 중심각이 같은 속도로 돌아가게 하면, 즉 현들의 길이가 일정하도록 그렸을 때 생기는 포락선은 원 모양임을 그림 1.14에서와 같이 쉽게 확인할 수 있다.

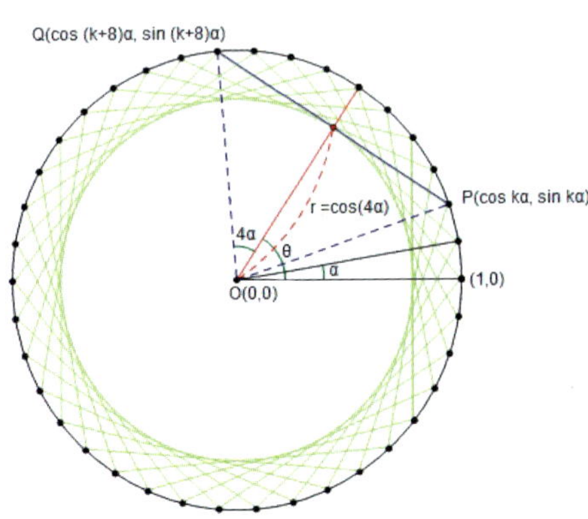

그림 1.14: 반지름이 1인 원 위에서 두 점 $P(\cos t,\sin t)$, $Q(\cos(t+8\alpha),\sin(t+8\alpha))$를 연결하는 현 $\overline{PQ}$들로 이루어진 영역

다음의 문제 1.5.9과 문제 1.5.10에서는 현의 시작점과 끝점의 중심각이 서로 다른 속도로 돌아가게 하면 cardioid형 또는 nephroid 형의 포락선이 그려지는 원리를 설명한다.

문제 1.5.9 반지름이 1인 원 위에서 두 점 $P(\cos t, \sin t)$, $Q(\cos 2t, \sin 2t)$를 연결하는 현 $\overline{PQ}$를 l_t $(0 \le t \le 2\pi)$라고 할 때, l_t의 그래프가 지나는 영역의 경계곡선 S 위의 점 (x, y)에 대하여 x와 y의 관계식을 구하시오.

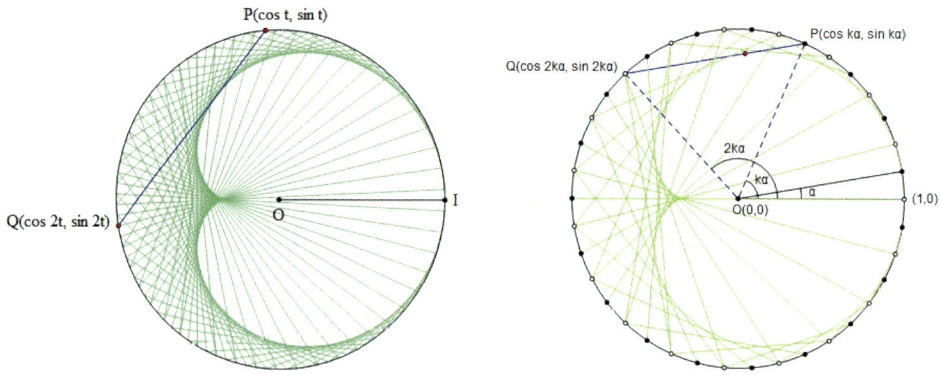

그림 1.15: (1) 반지름이 1인 원 위에서 두 점 $P(\cos t, \sin t)$, $Q(\cos 2t, \sin 2t)$를 연결하는 현 $\overline{PQ}$들로 이루어진 영역 (2) string art 작품을 만들 때는 시작점은 1칸씩, 끝점은 2칸씩 움직이게 하여 $1:2$의 비율을 나타낸다.

풀이

두 점 $P(\cos t, \sin t)$, $Q(\cos 2t, \sin 2t)$를 연결하는 직선 l_t의 식은 다음과 같은 다변수함수의 등위곡선으로 표현할 수 있다.

$$\begin{aligned} l_t: \quad F(x,y,t) &= (\sin 2t - \sin t)(x - \cos t) - (\cos 2t - \cos t)(y - \sin t) \\ &= (\sin 2t - \sin t)x - (\cos 2t - \cos t)y - \sin t = 0 \end{aligned} \tag{1.5}$$

이때 포락선(초면) S 위의 점 (x, y)는 위의 식과 다음 식을 모두 만족한다.

$$\frac{\partial F(x,y,t)}{\partial t} = (2\cos 2t - \cos t)x + (2\sin 2t - \sin t)y - \cos t = 0 \tag{1.6}$$

위의 두 식 (1.5), (1.6)를 연립하여 y항을 소거하면

$$\begin{aligned} &\{(2\sin 2t - \sin t)(\sin 2t - \sin t) + (2\cos 2t - \cos t)(\cos 2t - \cos t)\}x \\ &\qquad = (2\sin 2t - \sin t)\sin t + (\cos 2t - \cos t)\cos t \end{aligned}$$

을 얻고, 이 식을 정리하면

$$3\{1-\sin 2t\ \sin t-\cos 2t\ \cos t\}x=2\sin 2t\ \sin t+\cos 2t\ \cos t-1$$

이다. 여기에 삼각함수의 합차 공식을 적용하면

$$3\{1-\cos t\}x=4\sin^2 t\ \cos t+(2\cos^2 t-1)\ \cos t-1=-2\cos^3 t+3\cos t-1$$

이고, 우변을 인수분해한 후 약분하면 $x=\frac{1}{3}(2\cos t+\cos 2t)$ 이다.
마찬가지로, 앞의 두 식 (1.5), (1.6)을 연립하여 x항을 소거하면

$$\begin{aligned}\{(\sin 2t-\sin t)(2\sin 2t-\sin t)+(2\cos 2t-\cos t)(\cos 2t-\cos t)\}y\\=-(2\cos 2t-\cos t)\sin t+(\sin 2t-\sin t)\cos t\end{aligned}$$

을 얻고, 이 식을 정리하면

$$3\{1-\sin 2t\ \sin t-\cos 2t\ \cos t\}y=-2\cos 2t\ \sin t+\sin 2t\ \cos t$$

이다. 여기에 삼각함수의 합차 공식을 적용하면

$$3\{1-\cos t\}y=-2(2\cos^2 t-1)\sin t+2\sin t\ \cos^2 t=2\sin t(1-\cos^2 t)$$

이고, 우변을 인수분해한 후 약분하면 $y=\frac{2}{3}\sin t(1+\cos t)=\frac{1}{3}(2\sin t+\sin 2t)$ 이다.
따라서 포락선 S의 식은

$$S:\quad x=\frac{1}{3}(2\cos t+\cos 2t),\quad y=\frac{1}{3}(2\sin t+\sin 2t)\quad (0\le t\le 2\pi)$$

이다. 이 곡선은 cardioid 모양이다. ♦

문제 1.5.10 반지름이 1인 원 위에서 두 점 $P(\cos at,\sin at)$, $Q(\cos bt,\sin bt)$를 연결하는 현 $\overline{PQ}$를 l_t $(0\le t\le 2\pi)$라고 할 때, l_t의 그래프가 지나는 영역의 경계곡선 S 위의 점 (x,y)에 대하여 x와 y의 관계식을 구하시오.

풀이

두 점 $P(\cos at, \sin at)$, $Q(\cos bt, \sin bt)$를 연결하는 직선 l_t의 식은 다음과 같은 다변수함수의 등위곡선으로 표현할 수 있다.

$$\begin{aligned} l_t: \quad F(x,y,t) &= (\sin bt - \sin at)(x - \cos at) - (\cos bt - \cos at)(y - \sin at) \\ &= (\sin bt - \sin at)x - (\cos bt - \cos at)y - \sin(b-a)t \;=\; 0 \end{aligned} \tag{1.7}$$

이때 포락선(초면) S 위의 점 (x, y)는 위의 식과 다음 식을 모두 만족한다.

$$\frac{\partial F(x,y,t)}{\partial t} = (b\cos bt - a\cos at)x + (b\sin bt - a\sin at)y - (b-a)\cos(b-a)t \;=\; 0 \tag{1.8}$$

위의 두 식 (1.7), (1.8)를 연립하여 y항을 소거하면

$$\begin{aligned} &\{(b\sin bt - a\sin at)(\sin bt - \sin at) + (b\cos bt - a\cos at)(\cos bt - \cos at)\}x \\ &\qquad = (b\sin bt - a\sin at)\sin(b-a)t + (b-a)(\cos bt - \cos at)\cos(b-a)t \end{aligned}$$

을 얻고, 이 식을 정리하면

$$\begin{aligned} &a + b - \{b\sin bt\ \sin at + a\sin at\sin bt + b\cos bt\ \cos at + a\cos at\cos bt\}x \\ &\qquad = a\{-\sin at\sin(b-a)t - \cos bt\cos(b-a)t + \cos at\cos(b-a)t\} \\ &\qquad\quad + b\{\sin bt\sin(b-a)t + \cos bt\cos(b-a)t - \cos at\cos(b-a)t\} \end{aligned}$$

이다. 여기에 삼각함수의 합차 공식을 적용하면

$$(a+b)\{1 - \cos(b-a)t\}x = a\{\cos bt - \cos bt\cos(b-a)t\} + b\{\cos at - \cos at\cos(b-a)t\}$$

이고, 우변을 인수분해한 후 약분하면 $x = \dfrac{a\cos bt + b\cos at}{a+b}$ 이다.

마찬가지로, 앞의 두 식 (1.7), (1.8)을 연립하여 x항을 소거하여 정리하고, 여기에 삼각함수의 합차 공식을 적용한 후 다시 정리하여 y까지 구하면 포락선 S의 식은

$$S: \quad x = \frac{a\cos bt + b\cos at}{a+b}, \quad y = \frac{a\sin bt + b\sin at}{a+b} \quad (0 \le t \le 2\pi)$$

이다. 이 곡선은 그림 1.16, 그림 1.17에서와 같이 cardioid 모양이나 nephroid 모양의 다양한 변형으로 나타난다. ♦

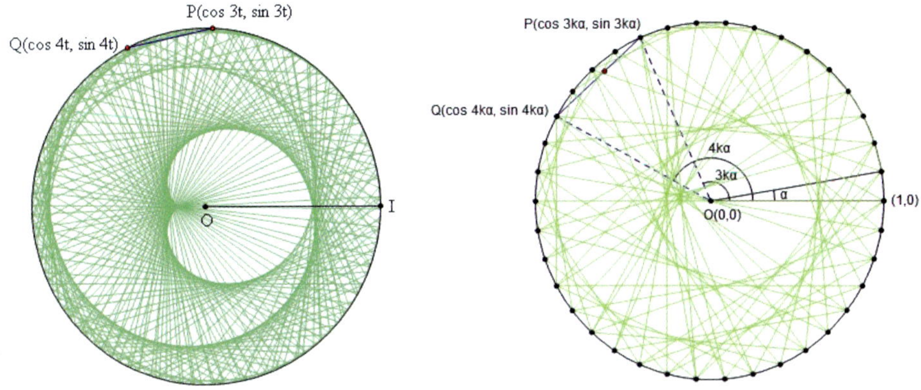

그림 1.16: (1) 반지름이 1인 원 위에서 두 점 $P(\cos 3t, \sin 3t)$, $Q(\cos 4t, \sin 4t)$를 연결하는 현 $\overline{PQ}$들로 이루어진 영역
(2) string art 작품을 만들 때는 시작점이 3칸 움직이는 동안 끝점은 2칸, 1칸, 1칸 주기로 움직이게 하여 $3:4$의 비율을 근사적으로 나타낸다. 이렇게 현의 시작점과 끝점의 중심각의 비율을 1보다 조금만 큰 값으로 정하여 그리면 포락선이 완만하게 돌아가는 cardioid형 곡선이 되는데, 그 일부만 그려 나선 형태를 표현할 수 있다.

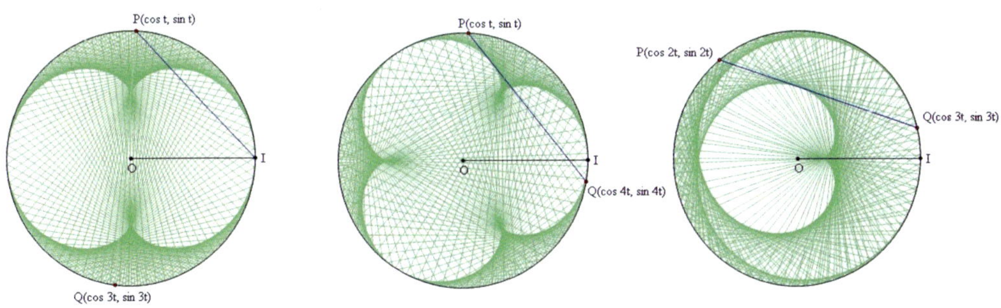

그림 1.17: 반지름이 1인 원 위에서 두 점 $P(\cos at, \sin at)$, $Q(\cos bt, \sin bt)$를 연결하는 현 $\overline{PQ}$들로 이루어진 영역의 다양한 종류

실습문제 1.5.2 이 절에서 다루었던 여러 형태의 포락선을 이용하여 창의적인 작품을 만들어 보자.

GSP 프로그램의 자취 그리기 기능으로 어떤 규칙에 따른 자취를 그릴 때, 낱도형의 개수를 조절하여 프린트하면 string art의 밑그림으로 사용할 수 있다.

옷감이나 두꺼운 종이 등에 밑그림의 점들을 뾰족한 펜으로 옮겨 그리고, 다양한 색의 실로 점들을 이어 선분을 나타내는 방법으로 아름다운 작품을 만들 수 있다.

1.6 평면도형의 문제

이 절에서는 평면도형에 대한 문제들 중에서 기하의 기본적인 증명방법으로 도형의 흥미로운 성질들을 밝히는 예들을 몇 가지 살펴본다. 그리고 종이접기와 컴퓨터 GSP 프로그램 등을 사용하여 도형의 성질을 실험으로 확인해본다. 특히 GSP 프로그램의 '움직이는 기하'라는 특성을 이용하여, 작도된 도형에서 점이나 선을 움직여보면서 도형의 어떤 성질이 변하지 않고 유지되는지 살펴본다.

문제 1.6.1 삼각형과 사각형의 넓이에 관한 다음 문제들에 답하시오.

(1) 임의의 삼각형에 대하여 면적이 같은 사각형을 작도하시오.

(2) 임의의 사각형에 대하여 면적이 같은 삼각형을 작도하시오.

(3) 임의의 삼각형 ABC의 한 변 BC 위의 임의의 점 P에 대하여 점 P를 지나며 삼각형 ABC의 넓이를 2등분하는 직선을 작도하시오.

풀이

(1) 삼각형 ABC에서 변 AB와 AC의 중점을 잡아 연결한 직선에 점B, C에서 내린 수선의 발을 각각 D, E라고 하면, $\triangle ABC = \square DBCE$이다.

(2) 사각형 $ABCD$에서 점 D를 지나고 $\overline{AC}$에 평행한 직선이 변 $\overline{BC}$의 연장선과 만나는 점을 E라 하자. 이때 두 선분 $\overline{AE}$와 $\overline{DC}$가 만나는 점을 F라고 하자. $\overline{AC}//\overline{DE}$이므로 $\triangle ADE = \triangle CDE$이다. 그리고 이 두 삼각형 안에 $\triangle FDE$가 공통으로 포함되어 있으므로 $\triangle AFD = \triangle CFE$이다. 따라서 $\square ABCD = \triangle ABE$이다.

(3) 선분 BC의 중점 M을 지나고 선분 AP와 평행한 직선이 변 AC와 만나는 점을 D라 하자. 이때 두 선분 $\overline{AM}$과 $\overline{DP}$가 만나는 점을 E라고 하자. $\overline{AP}//\overline{DM}$이므로 $\triangle ADM = \triangle PDM$이다. 그리고 이 두 삼각형 안에 $\triangle EDM$이 공통으로 포함되어 있으므로 $\triangle AED = \triangle EPM$이다. 따라서 $\triangle DPC = \triangle AMC = \frac{1}{2}\triangle ABC$이다. ♦

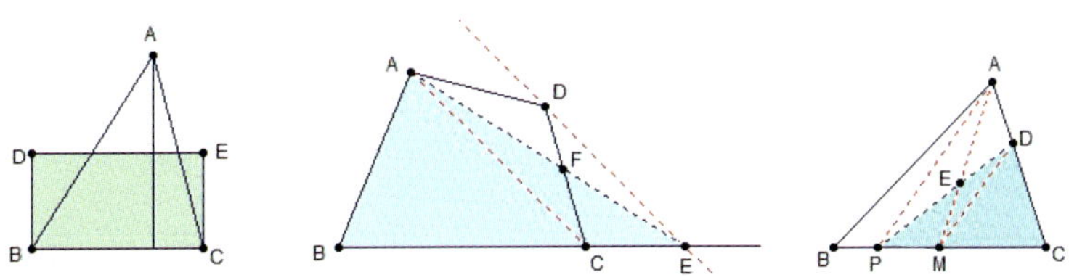

그림 1.18: (1) $\triangle ABC = \square DBCE$ (2) $\square ABCD = \triangle ABE$ (3) $\triangle DPC = \frac{1}{2}\triangle ABC$

기하학에서 삼각형의 중심(Triangle center)이란 닮음, 회전, 대칭의 변환을 하여도 세 꼭짓점에 대한 상대적 위치가 변하지 않는 점을 말한다. 고대 그리스 시대부터 삼각형의 무게중심(centroid), 외심(circumcenter), 내심(incenter), 수심(orthocenter), 방심(excenters) 등이 알려져 있었으나, 삼각형의 중심의 명확한 수학적 정의에 대한 논의는 없었다. 이후로 페르마점(Fermat point), 9점 중심(nine-point center), symmedian point, Gergonne point, Feuerbach point 등의 삼각형의 중심들이 새로 발견되었다. 삼각기하학에 대한 관심이 다시 커졌던 1980년 대에 와서 삼각형의 이러한 중심들이 어떤 공통적인 특성을 갖는다는 사실이 알려졌고, 이를 바탕으로 삼각형의 중심에 대한 수학적 정의를 세우게 되었다. (참고 `http://en.wikipedia.org/wiki/Triangle_center`)

삼각형의 중심들을 찾아 목록을 계속 정리하고 있는 "Clark Kimberling's Encyclopedia of Triangle Centers"는 1998년 시작한 이래 2021년 3월 5일 기준으로 41,536가지가 제시하였고, 2022년 12월 20일 기준으로 52,773가지로 계속 업데이트 하고 있다. 이 목록은 중심들의 이름을 기하학적 또는 역사적으로 고려하여 붙였고, 그렇지 않은 나머지에 대해서는 별의 이름을 따서 붙였다. (`https://faculty.evansville.edu/ck6/encyclopedia/ETC.html`)

문제 1.6.2 삼각형 ABC의 5가지 중심에 대한 다음과 같은 작도법을 GSP 프로그램으로 시행하여 보자. 5가지 중심을 모두 작도한 후 삼각형의 모양을 임의로 바꾸어가며 중심들의 위치가 어떻게 변하는지 살펴보자.

● **무게중심** : 세 중선의 교점
(1) 두 변을 선택하고 중점을 작도한다.
(2) 두 개의 중선을 그려 만나는 점을 무게중심 G로 표시한다.

● **외심** : 세 변의 수직이등분선의 교점
(1) 두 변을 선택하고 중점을 작도한다.
(2) 두 변의 각각에서 중점과 변을 선택하고 수선을 작도한다.
(3) 두 수직이등분선이 만나는 점을 외심 O로 표시한다.

● **내심** : 세 각의 이등분선의 교점
(1) 점 A, B, C를 이 순서를 선택하여 각 $\angle ABC$의 이등분선을 작도한다.
(2) 점 A, C, B를 이 순서를 선택하여 각 $\angle ACB$의 이등분선을 작도한다.
(3) 두 각의 이등분선이 만나는 점을 내심 I로 표시한다.

● **수심** : 각 꼭짓점에서 그 마주 보는 면에 내린 수선의 교점

(1) 한 꼭짓점과 마주 보는 변을 선택하고 수선을 작도한다.

(2) 다른 한 꼭짓점에서도 마주 보는 변에 수선을 내린다.

(3) 두 수선이 만나는 점을 수심 H로 표시한다.

● **방심** : 한 내각과 두 외각의 이등분선의 교점 (세 개의 방심이 있다.)

(1) 반직선 $\overrightarrow{AB}$ 위에 점 A, B, D의 순서로 놓이도록 한 점 D를 잡는다.

(2) 반직선 $\overrightarrow{AC}$ 위에 점 A, C, K의 순서로 놓이도록 한 점 K를 잡는다.

(3) 점 C, B, D를 이 순서를 선택하여 각 $\angle CBD$의 이등분선을 작도한다.

(4) 점 B, C, K를 이 순서를 선택하여 각 $\angle BCK$의 이등분선을 작도한다.

(3) 두 각의 이등분선이 만나는 점을 방심 E로 표시한다.

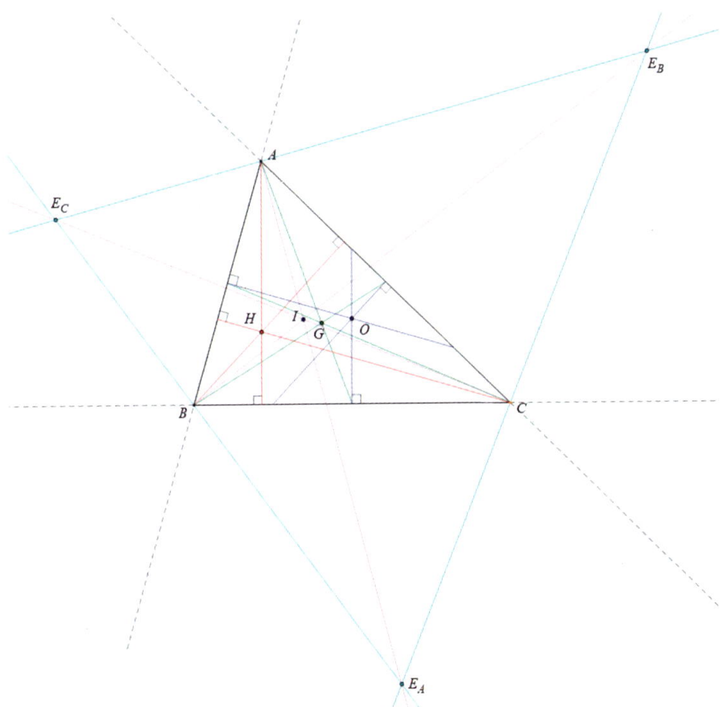

실습문제 1.6.1 삼각형 모양의 종이를 접어서 위에서 설명한 중심들을 나타내보자.
이때 종이접기로 '변의 중점', '변의 수직이등분선', '각의 이등분선', '한 꼭짓점에서 마주 보는 변에 그은 수선'을 접을 수 있음을 확인한다.
이렇게 나타낸 중심들 중에서 어떤 것들이 삼각형의 내부에 나타나는지 예각, 직각, 둔각의 삼각형인 경우에 각각 살펴보자.

문제 1.6.3 평면에서 임의의 삼각형 ABC의 무게중심(G), 외심(O), 수심(H)이 한 직선 위에 있음을 증명하시오. (이 직선을 오일러 직선이라고 부른다.)

풀이

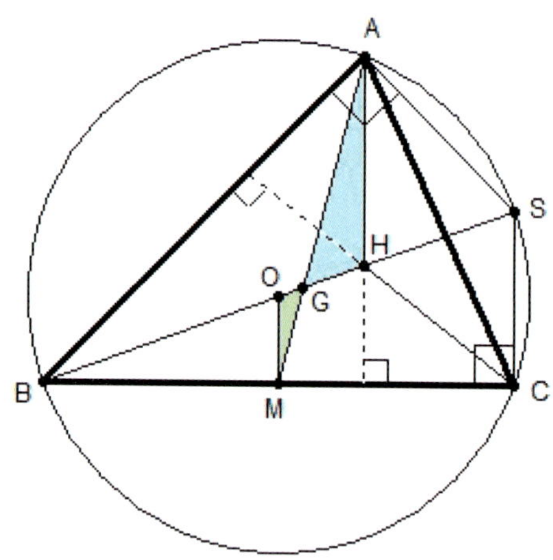

변 BC의 중점을 M이라고 하고, 점 B를 지나는 외접원의 지름이 외접원과 만나는 다른 점을 S라고 하자. 세 점 A, G, M은 한 중선 위에 있으므로, $\angle MGO = \angle AGH$임을 보이면 세 점 O, G, H가 한 직선 위에 있음을 증명하게 된다. 그리고 $\angle MGO = \angle AGH$인 것은 $\triangle MGO$와 $\triangle AGH$가 서로 닮았음을 보이면 증명된다.

먼저 $\overline{OM}$와 $\overline{AH}$는 둘 다 변 BC에 수직이므로 $\overline{OM} // \overline{AH}$이다. 그러므로 $\angle GMO = \angle GAH$이다. 그리고 $\overline{GA} : \overline{GM} = 2 : 1$이다.

이제 $\overline{AH} : \overline{MO}$의 비를 알아보자. $\overline{BS}$는 외접원의 지름이므로 $\angle BCS = 90°$이다. 따라서 $\triangle OBM \sim \triangle SBC$이고 그 닮음비는 $1 : 2$이므로 $\overline{SC} = 2\overline{OM}$이다. 그리고 $\overline{SC}$와 $\overline{AH}$는 둘 다 변 BC에 수직이므로 $\overline{SC} // \overline{AH}$이다. 마찬가지로 $\overline{SA}$와 $\overline{CH}$는 둘 다 변 AB에 수직이므로 $\overline{SA} // \overline{CH}$이다. 그러므로 사각형 $ASCH$는 평행사변형이고, 따라서 $\overline{SC} = \overline{AH}$이므로 $\overline{AH} = 2\overline{OM}$이다. 즉, $\overline{AH} : \overline{OM} = 2 : 1$이다.
즉 한 각이 같고 그 인접한 두 변의 대응비가 같아서 $\triangle MGO \sim \triangle AGH$가 성립한다. ♦

문제 **1.6.4** 평면에서 임의의 삼각형 ABC에 대하여 꼭짓점 A의 맞은 편에 생기는 방심을 E_A, B의 맞은 편에 생기는 방심을 E_B, C의 맞은 편에 생기는 방심을 E_C라고 하자. 그리고 점 E_A를 중심으로 하는 방접원과 직선 $\overline{AB}$, $\overline{AC}$, $\overline{BC}$의 접점을 각각 P, Q, R라고 하자. 이때 다음 물음에 답하시오.

(1) 삼각형 $E_AE_BE_C$의 수심과 삼각형 ABC의 내심이 일치함을 보이시오.

(2) 선분 $\overline{AP}$의 길이는 삼각형 ABC의 둘레 길이의 $\frac{1}{2}$임을 보이시오.

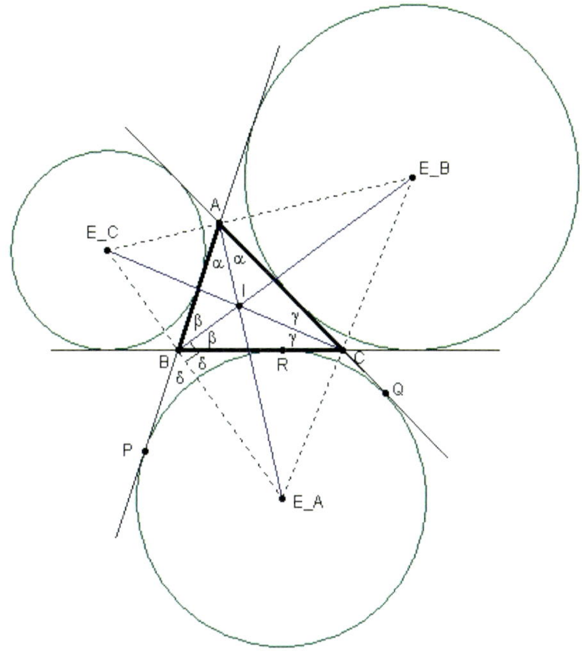

풀이

(1) $\angle E_ABP = \angle E_ABC = \delta$이다. 그리고 삼각형 ABC의 내심을 I라고 하면, $\angle ABI = \angle CBI = \beta$이다. 따라서 $\angle E_ABE_B = \angle E_ABC + \angle CBI = \angle E_ABC + \angle CBI = 90°$이다. 마찬가지로 $\angle E_BCE_C = 90°$, $\angle E_CAE_A = 90°$이다. 따라서 점 I는 삼각형 $E_AE_BE_C$의 수심이다.

(2) 원의 외부의 한 점에서 원에 그은 두 접선의 길이는 같으므로 $\overline{AP} = \overline{AQ}$, $\overline{BP} = \overline{BR}$, $\overline{CQ} = \overline{CR}$이다. 따라서

$$2\overline{AP} = \overline{AP} + \overline{AQ} = \overline{AB} + \overline{BR} + \overline{CR} + \overline{CA} = \overline{AB} + \overline{BC} + \overline{CA}$$

이 성립한다. ♦

다음으로, 정사각형 모양의 색종이를 간단히 접는 방법으로 한 변을 n등분 또는 $\sqrt{n}$등분하는 방법에 관련된 수학적 문제들을 살펴보자.

먼저, 정사각형의 한 변을 2등분, 4등분, 8등분, $\cdots$ 하는 것은 단순히 종이를 반으로 계속 접으면 된다. 하지만 3등분, 5등분, 7등분, $\cdots$ 하는 점을 정확히 찾는 것은 대충 눈대중으로 접는 방법으로는 되지 않는다. 다음 정리는 삼각형의 닮음비와 넓이를 이용하여 3등분점과 5등분점을 찾는

한 가지 수학적 방법을 보여준다.

문제 1.6.5 오른쪽 그림과 같이 정사각형 $ABCD$ 모양의 종이에서 직선 CE를 접은 후 꼭짓점 B, D가 점 G에서 만나도록 접고, 다시 직선 $\overline{AF}$와 평행하도록 직선 $\overline{GJ}$를 접을 때, $\overline{BF}=\frac{1}{3}$, $\overline{AJ}=\frac{1}{5}$ 임을 보이시오.

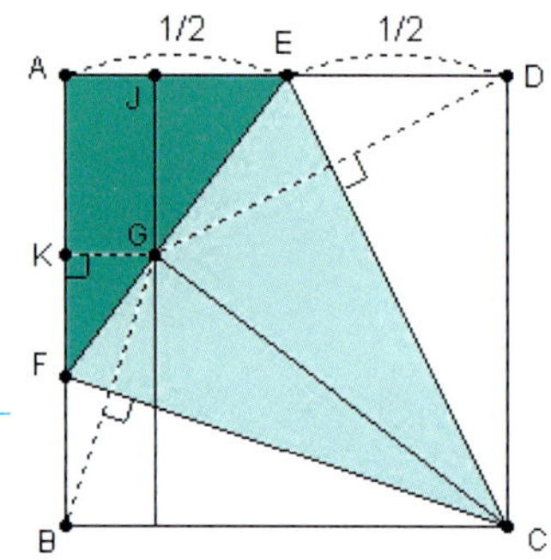

풀이

정사각형의 한 변의 길이를 1이라 하자. $\overline{CG}$는 $\overline{CD}$와 $\overline{CB}$가 접힌 선이므로 $\overline{CG}=1$이다. 정사각형 $ABCD$의 넓이를 다음과 같이 5개의 삼각형의 넓이의 합으로 나타낼 수 있다.

$$1=\square ABCD=\triangle CDE+\triangle CGE+\triangle CGF+\triangle CBF+\triangle AEF=\frac{1}{2}+\overline{BF}+\frac{1}{4}\overline{AF}$$

여기에서 $\overline{AF}=1-\overline{BF}$ 이므로 $1=\frac{1}{2}+\frac{1}{4}+\frac{3}{4}\overline{BF}$ 이다. 따라서 $\overline{BF}=\frac{1}{3}$ 이다.
그리고 $\triangle FKG$와 $\triangle FAE$는 닮은 삼각형이며, 그 닮음비를 빗변의 길이의 비로 나타내면

$$\frac{1}{3}:\left(\frac{1}{3}+\frac{1}{2}\right)=\frac{1}{3}:\frac{5}{6}=2:5$$

이다. 따라서 $\overline{AJ}=\overline{KG}=\frac{2}{5}\overline{AE}=\frac{2}{5}\times\frac{1}{2}=\frac{1}{5}$ 이다. ♦

문제 1.6.6 오른쪽 그림과 같이 정사각형 모양의 종이를 접을 때 점 F와 점 Q의 좌표를 p에 대하여 나타내시오($0<p<1$).
이 결과를 이용하여 한 변의 길이를 n등분하는 점과 $\sqrt{n}$ 등분하는 점을 표시하시오. (단, n은 3 이상의 자연수)

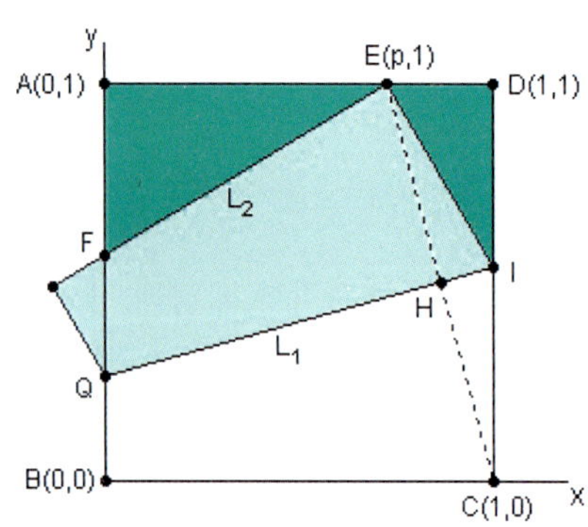

풀이

점 $C(1,0)$과 점 $E(P,1)$의 중점은 $H\left(\frac{(1+p)}{2},\frac{1}{2}\right)$ 이고, 직선 CE의 기울기는 $\frac{1}{p-1}$ 이므로

직선 L_1 의 방정식은 다음과 같다.

$$L_1: \quad y = (1-p)\left(x - \frac{(1+p)}{2}\right) + \frac{1}{2} = (1-p)x + \frac{1}{2}p^2$$

따라서 $Q\left(0, \frac{1}{2}p^2\right)$ 이다. 그리고 $I\left(1, 1-p+\frac{1}{2}p^2\right)$ 이고, 직선 IE 의 기울기는 $\frac{p-\frac{1}{2}p^2}{p-1} = \frac{p(2-P)}{2(p-1)}$ 이므로 직선 L_2 의 방정식은 다음과 같다.

$$L_2: \quad y = \frac{2(1-p)}{p(2-p)}(x-p) + 1 = \frac{2(1-p)}{p(2-p)}x - \frac{2(1-p)}{2-p} + 1 = \frac{2(1-p)}{p(2-p)}x + \frac{p}{2-p}$$

따라서 $F\left(0, \frac{p}{2-p}\right)$ 이다.

3 이상의 자연수 n은 음이 아닌 정수 m과 2 이상의 자연수 k에 대하여 $n = 2^m(2k-1)$ 꼴로 나타낼 수 있다. $p = \frac{1}{k}$ 이면 $\frac{p}{2-p} = \frac{1/k}{2-1/k} = \frac{1}{2k-1}$ 이므로, $E\left(\frac{1}{k}, 1\right)$ 로부터 $F\left(0, \frac{1}{2k-1}\right)$ 를 찾는다. 그리고 자연수 m에 대하여 $\frac{1}{2^m(2k-1)}$ 은 길이 $\frac{1}{(2k-1)}$ 을 반으로 접기를 m번 시행하여 나타낼 수 있다.

또, 2 이상의 자연수 n에 대하여 $\frac{1}{2}p^2 = \frac{1}{2n}$ 이면 $p = \frac{1}{\sqrt{n}}$ 이므로, $Q\left(0, \frac{1}{2n}\right)$ 으로부터 $E\left(\frac{1}{\sqrt{n}}, 1\right)$ 를 찾는다. ♦

연습문제 1.6.1 정사각형 모양의 종이를 접어 한 변의 길이의 $\frac{1}{7}$ 점과 $\frac{1}{\sqrt{7}}$ 점을 찾는 방법을 설명하고, 이 두 점을 찾아 표시하시오.

풀이

위의 문제 1.6.6에서 정사각형의 한 변을 반으로 두 번 접어 나타낸 $E\left(\frac{1}{4}, 1\right)$ 에 대하여 점 $F\left(0, \frac{1}{7}\right)$ 를 찾는다. 다음으로 선분 $\overline{BF}$ 를 반으로 접어 점 $\left(0, \frac{1}{14}\right)$ 를 표시하고, 이 점이 Q 의 위치에 있도록 정사각형 모양의 종이를 접으면 $E\left(0, \frac{1}{\sqrt{7}}\right)$ 을 찾는다. ♦

연습문제 1.6.2 정사각형 모양의 종이를 접어 한 변의 길이의 $\frac{1}{9}$ 점과 $\frac{1}{\sqrt{5}}$ 점을 찾는 방법을 설명하고, 이 두 점을 찾아 표시하시오.

문제 1.6.7 위의 문제 1.6.6에서 삼각형 AEF 와 DEI 의 넓이의 최댓값을 각각 구하시오.

풀이

$0 \le p \le 1$ 에 대하여 $F\left(0, \frac{p}{2-p}\right)$ 이고, $I\left(1, 1-p+\frac{1}{2}p^2\right)$ 이므로

$$\begin{aligned} f(p) &= \triangle AEF = \tfrac{p}{2}\left(1-\tfrac{p}{2-p}\right) = \tfrac{p(1-p)}{2-p} \\ g(p) &= \triangle DEI = \tfrac{1-p}{2}\left(p-\tfrac{1}{2}p^2\right) = \tfrac{p(1-p)(2-p)}{4} \end{aligned}$$

$$\begin{aligned} f'(p) &= \tfrac{p^2-4p+2}{(2-p)^2} = 0 \iff x = 2-\sqrt{2} \\ g'(p) &= \tfrac{3p^2-6p+2}{4} = 0 \iff x = 1-\tfrac{1}{\sqrt{3}} \end{aligned}$$

그리고 $f(0)=f(1)=0$, $g(0)=g(1)=0$ 이므로, $0 \le p \le 1$ 에서 f 와 g 의 최댓값은 다음과 같다.

$$f\left(2-\sqrt{2}\right) = 3-2\sqrt{2} \approx 0.171573, \qquad g\left(1-\tfrac{1}{\sqrt{3}}\right) = \tfrac{\sqrt{3}}{18} \approx 0.096225$$ ♦

실습문제 1.6.2 GSP 측정도구 & 계산기능 사용 실습 GSP프로그램으로 위의 문제 1.6.6에서와 같이 정사각형 $ABCD$ 의 꼭짓점 C 가 변 AD 위의 점 E 에 닿도록 접을 때, 점 E, F, I 를 표시하시오. 또 4개의 점 A, B, C, D 를 선택하고 "작도-사각형의 내부" 메뉴를 선택하여 정사각형 $ABCD$ 를 흰색으로 그리자. "측정-넓이" 메뉴를 이용하여 사각형 $ABCD$ 와 삼각형 AEF, DEI 의 넓이를 각각 구하시오. 그리고 "측정-계산" 메뉴를 이용하여 넓이의 비 $\frac{\triangle AEF}{\square ABCD}$, $\frac{\triangle DEI}{\square ABCD}$ 를 계산하고, p 의 값을 변화시켜 넓이의 비 $\frac{\triangle AEF}{\square ABCD}$, $\frac{\triangle DEI}{\square ABCD}$ 각각의 최댓값이 무엇인지 살펴 문제 1.6.7의 결과와 비교해보자.

연습문제 1.6.3 정사각형 모양의 종이를 접어 한 변의 길이의 $2-\sqrt{2} = 2\left(1-\frac{1}{\sqrt{2}}\right)$ 점과 $1-\frac{1}{\sqrt{3}}$ 점을 찾는 방법을 설명하고, 이 두 점을 찾아 표시하시오.

풀이

위의 문제 1.6.6에서 정사각형의 한 변을 반으로 두 번 접어 나타낸 $Q\left(\frac{1}{4}, 1\right)$ 에 대하여 점 $E(\frac{1}{\sqrt{2}}, 1)$ 을 찾고, 변 AD 를 반으로 접어 점 $E(0, \frac{1}{\sqrt{2}})$ 의 대칭점을 표시하면 이 점의 좌표가 $(1-\frac{1}{\sqrt{2}}, 1)$ 이다. 길이 $1-\frac{1}{\sqrt{2}}$ 의 2배 지점을 찾아 점 $(2(1-\frac{1}{\sqrt{2}}), 1)$ 를 표시한다.
다시 위의 문제 1.6.5에서와 같이 정사각형의 한 변의 $\frac{1}{3}$ 점을 찾아 그 길이를 반으로 접어 나타낸 $Q\left(\frac{1}{6}, 1\right)$ 에 대하여 점 $E(\frac{1}{\sqrt{3}}, 1)$ 을 찾고, 변 AD 를 반으로 접어 점 $E(0, \frac{1}{\sqrt{3}})$ 의 대칭점을 표시하면 이 점의 좌표가 $(1-\frac{1}{\sqrt{3}}, 1)$ 이다. ♦

1.7 입체도형의 문제

이 절에서는 입체도형 중에서 다면체에 관련된 문제들을 살펴보고, 종이접기로 입체도형을 만드는 실습을 해보도록 한다.

각 면이 다각형으로 이루어진 입체도형을 다면체(polyhedra)라고 하고, 다면체 중에서 다음 두 조건을 만족시키는 것을 정다면체(Platonic Solid)라고 한다.

(1) 각 면이 합동인 정다각형이다.
(2) 각 꼭짓점에 모인 면의 수가 모두 같다.

그리고 다음 두 조건을 만족시키는 다면체는 준정다면체(Archimedean Solid)라고 한다.

(1) 두 종류 이상의 정다각형으로 이루어졌다.
(2) 각 꼭짓점에 모이는 정다각형의 구성이 모두 같다.

이 외에도 다양한 종류의 다면체가 있다.

인터넷 사이트에서 여러 가지 다면체를 접어 만들 수 있는 전개도를 찾을 수 있다.

http://www.Korthalsaltes.com

http://www.hbmeyer.de/flechten/indexeng.htm

http://www.worksheetworks.com/math/geometry/polyhedra.html

다면체의 꼭짓점, 모서리, 면의 연결상태를 평면에 정사영시켜 평면연결그래프로 나타낼 때 꼭짓점, 모서리의 수는 그대로 유지하고, 면의 수만 하나 줄어들게 정사영시킬 수 있다. 따라서 평면연결그래프에 대한 오일러 공식 $v-e+f=1$로부터 볼록다면체에 대한 오일러 공식 $v-e+f=2$을 얻는다.

원기둥이나 원뿔과 같은 다면체가 아닌 입체도형에서는 오일러 공식이 일반적으로 성립하지는 않는다.

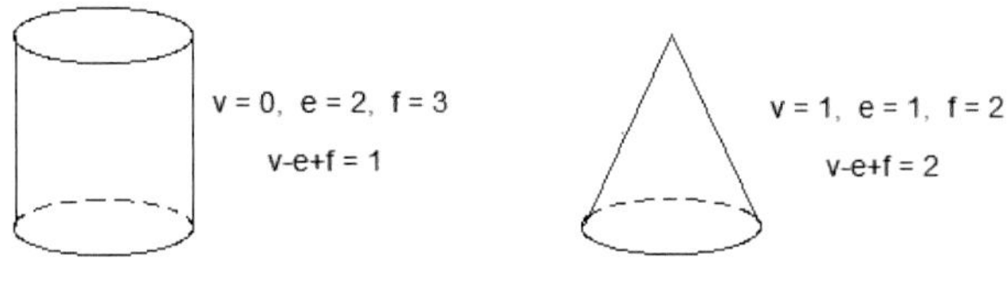

문제 1.7.1 정다면체는 정 4, 6, 8, 12, 20면체뿐임을 보이시오.

풀이

한 정다면체의 각 면이 모두 합동인 정 m각형이라고 하고, 각 꼭짓점에 모인 면의 수가 k개라고 하면 $m \geq 3, \quad k \geq 3$이며, 또 다음이 성립한다.

$$v = \frac{mf}{k} \quad \text{(한 꼭짓점에 } k\text{개의 면이 모이므로)}$$

$$e = \frac{mf}{2} \quad \text{(한 모서리는 두 개의 면에 공통이므로)}$$

$$v - e + f = \frac{mf}{k} - \frac{mf}{2} + f = f\left(\frac{m}{k} - \frac{m}{2} + 1\right) = 2$$

따라서 다음 관계식을 얻는다.

$$f(2m - km + 2k) = 4k \tag{1.9}$$

여기에서 만일 $m \geq 4, k \geq 4$이라고 가정하면 $km \geq 4m$, $km \geq 4k$으로부터 $2mk \geq 4(m+k)$, 즉 $mk \geq 2(m+k)$이므로 식 (1.9)에서 좌변이 영 이하가 되어 등호가 성립하지 않아 모순이다. 따라서 m과 k가 모두 4 이상일 수는 없다.

그러므로 만일 $m \geq 6$이라고 가정하면 $k < 4$이므로 $k = 3$이 되어야 하는데, 그러면 식 (1.9)로부터 $f(2m - 3m + 6) = f(6 - m) = 12$이다. 하지만 이 식에서 좌변이 영 이하이므로 등호가 성립하지 않아 모순이다. 따라서 $m < 6$이다.

마찬가지로 $k < 6$임을 보일 수 있다.

위 사실을 종합하면 $3 \leq m \leq 5, \quad 3 \leq k \leq 5$이고 m과 k가 모두 4 이상일 수는 없다. 따라서 다음 표에서와같이 정다면체는 정 4, 6, 8, 12, 20면체 뿐이다.

m	k	$f(2m - km + 2k) = 4k$	f
3	3	$f(6 - 9 + 6) = 12$	정4면체(Tetrahedron)
	4	$f(6 - 12 + 8) = 16$	정8면체(Octahedron)
	5	$f(6 - 15 + 10) = 20$	정20면체(Icosahedron)
4	3	$f(8 - 12 + 6) = 12$	정6면체(Cube)
5	3	$f(10 - 15 + 6) = 12$	정12면체(Dodecahedron)

♦

연습문제 1.7.1 정다면체의 꼭짓점과 모서리의 개수를 구하는 다음 표를 완성하시오.

f	m	k	$v = \frac{mf}{k}$	$e = \frac{mf}{2}$
정4면체	3	3		
정8면체	3	4		
정20면체	3	5		
정6면체	4	3		
정12면체	5	3		

연습문제 1.7.2 정다면체에서 각 꼭짓점에 모인 모서리의 3등분 점 중 꼭짓점에 가까운 것을 지나는 평면으로 잘라내고 남은 부분을 "잘린 정다면체(truncated polyhedra)"라고 부른다. 잘린 정다면체는 준정다면체이다.
정다면체의 m, k, v, e, f 값을 이용하여 잘린 정다면체의 꼭짓점, 모서리, 면의 개수 V, E, F를 구하는 다음 표를 완성하시오.

	$V = kv$	$E = e + kv$	$F = f + v$
잘린 정4면체			
잘린 정8면체			
잘린 정20면체			
잘린 정6면체			
잘린 정12면체			

문제 1.7.2 정다면체에서 각 꼭짓점에 모인 모서리의 2등분 점을 지나는 평면으로 잘라내고 남은 부분을 "교정된 다면체(rectified polyhedra)"라고 부른다. 이 남은 부분이 어떤 모양이 되는지 살펴보고, 그 꼭짓점, 모서리, 면의 개수 V, E, F를 구해보자.

(1) 정4면체를 위와 같이 자르면 정8면체가 된다.

(2) 정6면체와 정8면체를 각각 위와 같이 자르면 같은 모양의 도형(Cuboctahed-ron)이 된다.

(3) 정12면체와 정20면체를 각각 위와 같이 자르면 같은 모양의 도형(Icosidode-cahedron)이 된다.

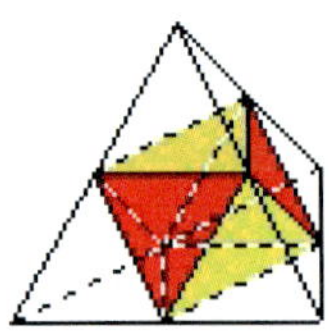

풀이

정다면체에서 각 꼭짓점에 모인 모서리의 2등분 점을 지나는 평면으로 잘라내면 원래 도형의 모서리는 모두 없어지고, 정다면체의 각 꼭짓점마다 그 점에 모인 면의 수 k개 만큼의 새로운 모서리와 꼭짓점이 생긴다. 이때 새로 생긴 각 꼭짓점은 원래 정다면체의 두 꼭짓점에서 잘라진 면에 공통이다. 그리고 정다면체에 있던 각 면은 크기가 작아진 면으로 남고, 정다면체의 꼭짓점마다 새로운 면이 하나씩 더 생긴다. 따라서 정다면체의 k, v, f로부터 교정된 정다면체의 V, E, F를 다음과 같이 구한다.

$$V = \frac{kv}{2} \qquad E = kv, \qquad F = f + v$$

(1) 정4면체에서는 $k=3,\ v=4,\ f=4$ 이므로 교정된 정4면체에서 $V=\frac{kv}{2}=6,\ E=kv=12,$ $F=f+v=4+4=8$ 이다.

위의 그림에서와 같이 실제로 잘라보면 교정된 정4면체는 정8면체 모양이 된다.

(2) 정6면체에서는 $k=3,\ v=8,\ f=6$ 이고, 정8면체에서는 $k=4,\ v=6,\ f=8$ 이므로 교정된 정6면체와 교정된 정8면체에서 $V=\frac{kv}{2}=12,\ E=kv=24,\ F=f+v=6+8=14$ 이다.

위의 그림에서와 같이 실제로 잘라보면 교정된 정6면체와 교정된 정8면체는 같은 모양이 된다.

(3) 정12면체에서는 $k=3,\ v=20,\ f=12$ 이고, 정20면체에서는 $k=5,\ v=12,\ f=20$ 이므로 교정된 정12면체와 교정된 정20면체에서 $V=\frac{kv}{2}=30,\ E=kv=60,\ F=f+v=20+12=32$ 이다.

위의 그림에서와 같이 실제로 잘라보면 교정된 정12면체와 교정된 정20면체는 같은 모양이 된다.

♦

문제 1.7.3 정6면체 $ABCD-EFGH$를 세 꼭짓점을 지나는 평면들 $DEB,\ EBG,\ BGD,\ GDE$로 모두 자를 때 생기는 조각들은 어떤 모양의 입체인지 알아보고, 그 입체의 부피를 각각 구하시오.

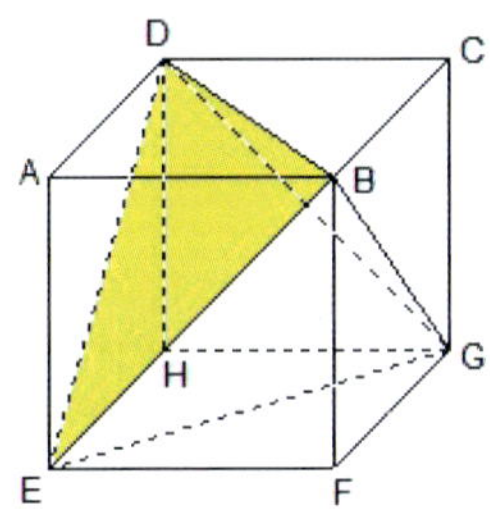

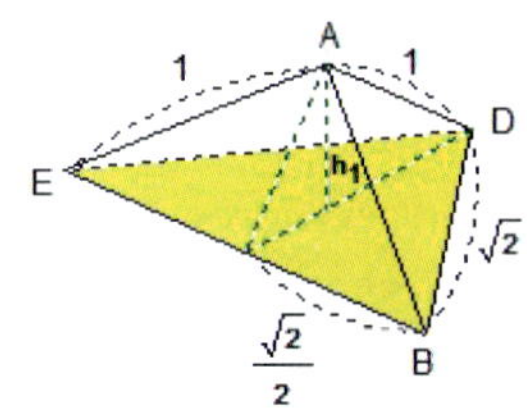

풀이

합동인 네 개의 4면체 $A-DEB,\ F-EBG,\ C-BGD,\ H-GDE$가 잘라져 나오고 가운데에는 정4면체 $G-BDE$가 남는다.

4면체 $A-DEB$의 높이를 h_1, 정4면체 $G-BDE$의 높이를 h_2라고 하면

$$h_1=\sqrt{\left(\frac{\sqrt{2}}{2}\right)^2-\left(\frac{1}{3}\sqrt{\sqrt{2}^2-(\frac{\sqrt{2}}{2})^2}\right)^2}=\frac{1}{\sqrt{3}},\qquad h_2=\sqrt{3}-h_1=\frac{2}{\sqrt{3}}$$

이다. 그리고 4면체 $A-DEB$의 밑면과 정4면체 $G-BDE$의 밑면은 모두 한 변의 길이가 $\sqrt{2}$인 정삼각형이므로, 그 넓이는 $\frac{1}{2}\times\sqrt{2}\times\frac{\sqrt{6}}{2}=\frac{\sqrt{3}}{2}$ 이다. 따라서 4면체 $A-DEB$의 부피는 $\frac{1}{3}\times\frac{\sqrt{3}}{2}\times\frac{1}{\sqrt{3}}=\frac{1}{6}$ 이고, 정4면체 $G-BDE$의 부피는 $\frac{1}{3}\times\frac{\sqrt{3}}{2}\times\frac{2}{\sqrt{3}}=\frac{1}{3}$ 이다. 이때 잘린 조각들 5개의 부피를 모두 더하면 $4\times\frac{1}{6}+\frac{1}{3}=\frac{2}{3}+\frac{1}{3}=1$ 이 됨을 확인할 수 있다. ♦

실습문제 1.7.1 위 문제 1.7.3에서와 같이 정육면체를 잘라낸 조각들을 전개도를 접어 만들어 보자.(www.polyhedra.net/en/model.php?name-en=five-pyramids-that-form-a-cube)

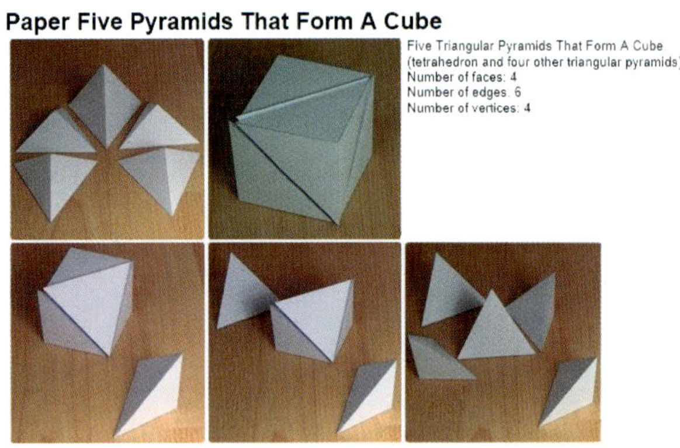

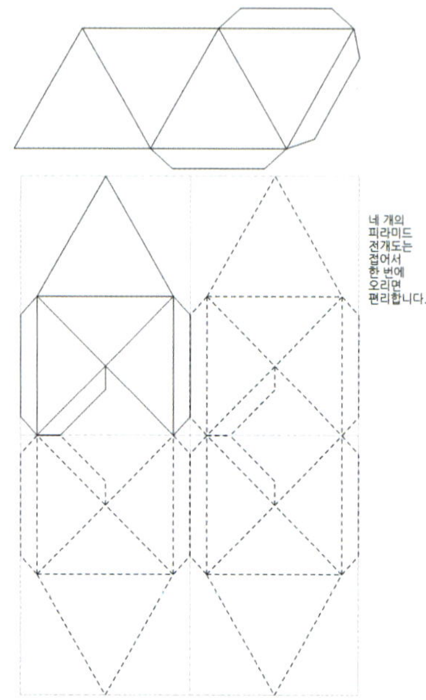

실습문제 1.7.2 정12면체나 마름모 면의 12면체 모양의 입체달력을 종이로 만들어보자.

https://folk.uib.no/nmioa/kalender/

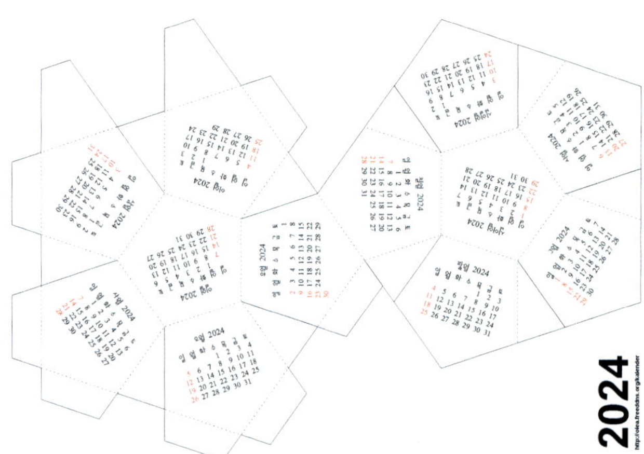

1.8 종이접기 기하학

종이가 발명된 이후 종이는 문자를 기록하는 본래의 용도 이외에 물건을 포장하거나 의식(儀式)에 사용되는 등의 용도로도 쓰여왔는데, 근대에 들어 종이를 접는 활동이 어린이 교육 활동의 한 분야로 자리잡게 되었다. 취미나 놀이 활동으로 여겨지던 '종이접기의 원리'를 발전시켜 다양한 평면을 접어 입체적 구조물을 만드는 데 적용하게 되면서, 최근 수학, 과학, 공학의 다양한 분야에서 활발하게 연구되고 있다. 탑승자의 목을 보호하면서도 순식간에 펼쳐지도록 에어백을 접어 장착하는 기술, 스스로 접히고 펼쳐져 움직이는 로봇, 종이처럼 얇게 접혀있는 것을 펼쳐서 사용하는 현미경, 태양전지판, 혈관 삽입 스텐트 등의 정교한 기술들이 개발되었고, 토목, 우주항공, 의료공학 등의 여러 분야에서 미래기술로 주목받고 있다.

이 절에서는 '종이접기 원리'를 수학적으로 엄밀하게 밝히기 위하여 먼저 '종이접기 기하학의 공리'를 세우고, 이에 의거하여 '종이접기'에서 성립하는 여러 정리들을 증명할 것이다.

● 종이접기 기하학의 공리(axiom)

<table>
<tr>
<td>① 두 점을 지나는 직선을 접을 수 있다.
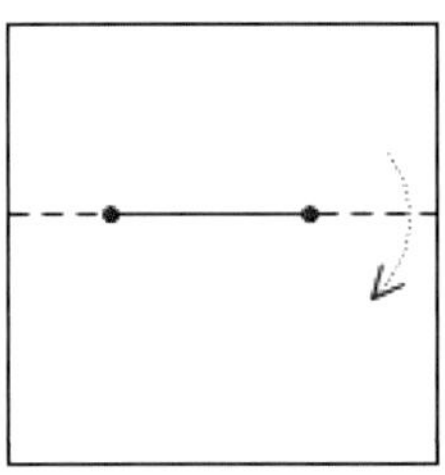</td>
<td>② 두 점이 겹쳐지게 접을 수 있다. (수직이등분선)
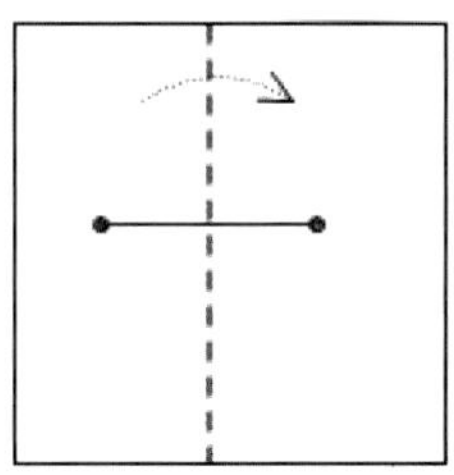</td>
<td>③ 두 직선이 겹쳐지게 접을 수 있다.
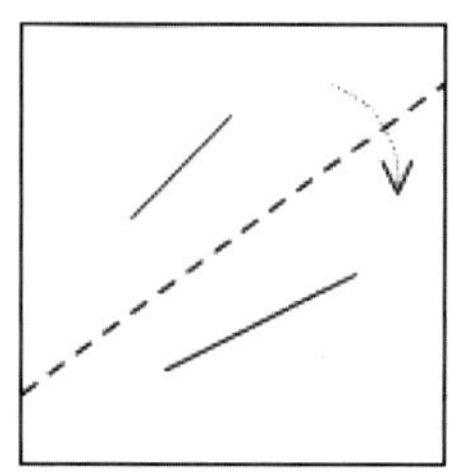</td>
</tr>
<tr>
<td>④ 한 점을 지나고 한 선분을 겹쳐지게 하는 직선을 접을 수 있다. (수선)
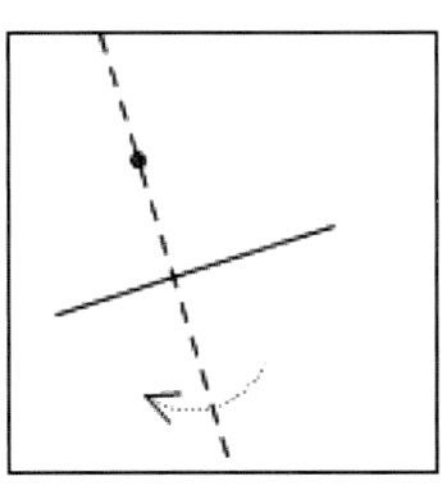</td>
<td>⑤ 점 A가 직선 l에 닿도록 하는 점 B를 지나는 직선을 접을 수 있다.
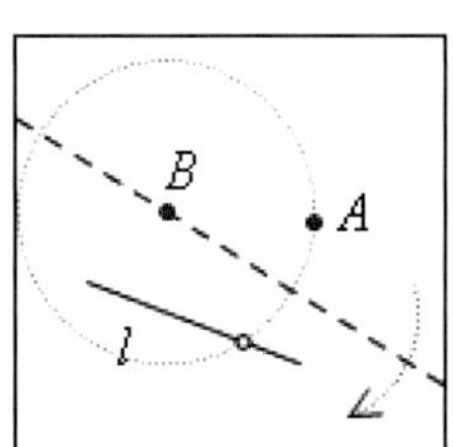</td>
<td>⑥ 점 A는 직선 l에 닿고, 점 B는 직선 m에 닿도록 하는 한 직선을 접을 수 있다.
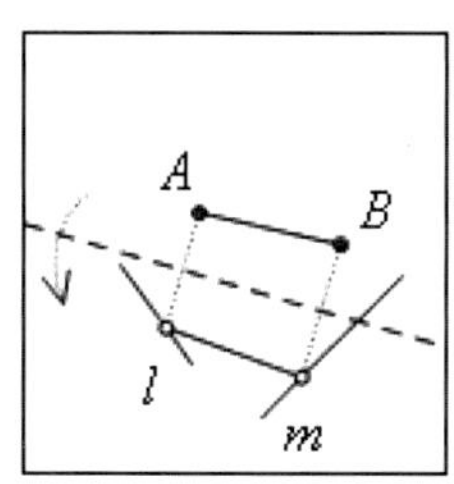</td>
</tr>
</table>

(※ 점과 선이 종이의 양면 모두에서 보인다고 생각한다.)

'눈금없는 자와 컴퍼스로 하는 작도(Straightedge and compass construction)'에 의거하여 서술된 공리체계를 바탕으로 하는 '유클리드 기하학'과 '종이접기 기하학'은 공통점도 있지만, 차이점도 있다. '종이접기 기하학의 공리' 중에서 ①~⑤번은 '눈금없는 자와 컴퍼스로 하는 작도'로도 가능하다. 그런데 마지막 ⑥번 공리는 '눈금없는 자와 컴퍼스'로 하는 작도로는 되지 않는 것이다. 이 ⑥번 공리로 인하여 유클리드 기하의 작도법으로 불가능하다고 증명된 것 중 몇 가지가 종이접기로는 가능하게 된다. 특히 '눈금없는 자와 컴퍼스로 하는 작도'의 3대 불가능 문제 중에서 임의의 예각의 3등분선 작도 문제는 뒤의 문제 1.8.1에서 종이접기 공리로는 가능함을 보이고, 또한 문제 1.8.2에서 정사각형 종이의 한 변을 $1 : \sqrt[3]{2}$로 내분하는 점을 접어서 찾을 수 있음을 보인다(정육면체의 부피를 2배로 만들기). 하지만 세 번째 작도 불가능 문제인 "주어진 원과 넓이와 같은 정사각형 작도하기", 즉 $\sqrt{\pi}$의 작도는 '종이접기 기하학'에서도 아직 증명되지 않고 있다.

'종이접기 공리'의 ①~⑤번을 이용하여 '눈금없는 자와 컴퍼스'를 이용하는 기하에서 자주 쓰이는 기본적인 작도를 할 수 있음을 다음 표에서와 같이 확인할 수 있다.

자와 컴퍼스로 하는 작도	종이접기로 하는 작도
두 점을 지나는 직선	①번 공리
한 점 B를 중심으로 반지름이 $\overline{AB}$인 원	⑤번 공리 점B를 지나는 여러 직선 접기
선분의 중점	②번 공리 이용
각의 이등분선	③번 공리 이용
한 점에서 한 직선에 내린 수선의 발	④번 공리 이용
한 점 A을 지나며 한 직선 l에 평행한 직선	④번 공리로 수선 접기 2번 이용

이제 ⑥번 공리를 이용하여 유클리드 기하의 작도법으로 불가능하다고 증명된 것 중 다음 두 가지는 종이접기 작도를 이용하면 가능하다는 사실을 증명해보자.

문제 1.8.1 종이접기 공리를 이용하면 임의의 예각의 3등분선을 접을 수 있음을 증명하시오.

풀이

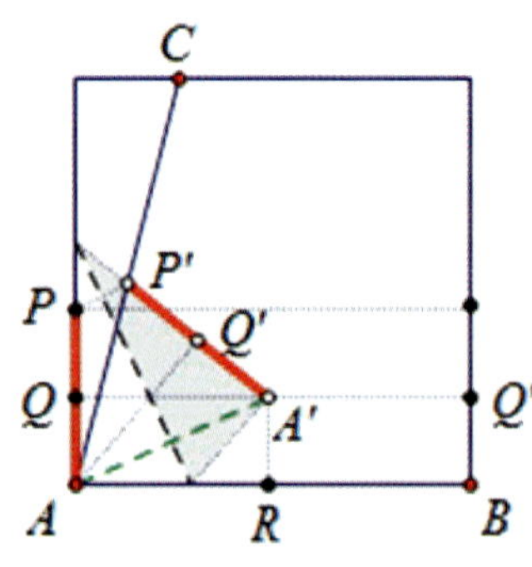

각 $\angle CAB$를 3등분하기위해서 먼저 직선 AB와 평행한 직선 QQ''을 임의의 간격으로 접고, 다시 한 번 더 접어 $\overline{AQ} = \overline{PQ}$인 평행선 PP''를 표시한다. 그리고 ⑥번 공리를 이용하여 점 P는 직선 AC에 닿고, 점 A는 직선 QQ''에 닿도록 접어, A, Q, P가 닿은 점을 각각 A', Q', P'이라고 하자. 그리고 점 A'에서 직선 AB에 내린 수선의 발을 R이라고 하자.

여기에서 세 직각삼각형 $\triangle P'AQ'$, $\triangle A'AQ'$, $\triangle A'AR$ 이 모두 합동임을 아래와 같이 보여 직선 AA' 이 각 $\angle CAB$ 의 3등분선임을 증명하게 된다.

종이를 접어 선분을 그대로 옮겼으므로 $\overline{PQ} = \overline{P'Q'}$, $\overline{AQ} = \overline{A'Q'}$ 이며, $\angle AQA' = \angle A'Q'A = 90^\circ$ 이 성립한다. 그리고 $\overline{AQ} = \overline{A'R}$ 이며, $\angle ARA' = 90^\circ$ 이다. 따라서 $\triangle P'AQ' \equiv \triangle A'AQ' \equiv \triangle A'AR$ 이다. ♦

문제 1.8.2 종이접기 공리를 이용하면 정사각형 종이의 한 변을 $1 : \sqrt[3]{2}$ 로 내분하는 점을 작도할 수 있음을 증명하시오.

풀이

그림에서와 같이 정사각형 종이 $ABCD$를 3등분하는 두 직선 PQ와 RS를 접어 표시한다(앞의 문제 1.6.5 참고).

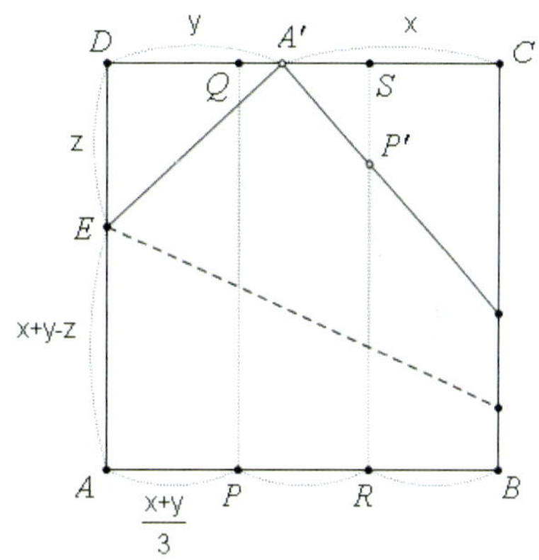

이제 ⑥번 공리를 이용하여 꼭짓점 A는 변 CD에, 점 P는 선분 RS에 닿도록 접어 그 닿은 점을 각각 A', P' 이라고 하고, 변 AD 위에 접히는 점을 E로 표시한다. 그리고 $\overline{A'C} = x$, $\overline{A'D} = y$, $\overline{DE} = z$로 나타낸다.

이때, 선분을 그대로 접어 올렸으므로

$$\overline{AP} = \overline{A'P'} = \frac{x+y}{3}, \qquad \overline{AE} = \overline{A'E} = x+y-z, \qquad \angle EAP = \angle EA'P' = 90^\circ$$

이다. 그리고 직각삼각형 $A'DE$에서

$$(x+y-z)^2 = y^2 + z^2, \qquad \text{즉} \qquad z = \frac{x^2+2xy}{2(x+y)}$$

이다. 한편, $\overline{SC} = \dfrac{x+y}{3}$ 이므로 $\overline{A'S} = x - \dfrac{x+y}{3} = \dfrac{2x-y}{3}$ 이다. 이제 두 닮은 직각삼각형 $A'DE$와 $A'SP'$에서

$$\frac{\overline{ED}}{\overline{A'S}} = \frac{\overline{EA'}}{\overline{A'P'}}, \qquad \text{즉} \qquad \frac{\frac{x^2+2xy}{2(x+y)}}{\frac{2x-y}{3}} = \frac{x+y-\frac{x^2+2xy}{2(x+y)}}{\frac{x+y}{3}}$$

가 성립하고, 식을 정리하면

$$x^3 = 2y^3, \qquad \text{즉} \quad x = \sqrt[3]{2}\,y$$

이다. 따라서 이렇게 종이접기로 작도한 점 A' 은 변 DC를 $1 : \sqrt[3]{2}$ 로 내분하는 점이다. ♦

다음 주제로 종이접기로 정다각형을 작도하는 문제에 대하여 생각해보자. 먼저, 우리가 흔히 사용하는 색종이의 모양인 정사각형을 처음부터 작도하여 만드는 방법을 살펴보자.

문제 1.8.3 넓은 종이 위에 임의의 간격으로 찍힌 두 점 A, B에 대하여 선분 AB를 한 변으로 하는 정사각형을 종이접기로 작도하는 방법을 설명하시오.

풀이

종이접기의 ①번 공리로 긴 직선 AB를 접고, ④번 공리로 점 B를 지나며 직선 AB에 수직인 직선 l을 접는다. 다음으로 ③번 공리로 두 직선 AB와 직선 l을 겹쳐지게 접어 점 A가 닿는 점을 C라 하고, 선분 AC를 접어 점 B가 닿는 점을 D라고 하면 다음 그림에서와 같이 정사각형 $ABCD$가 만들어진다. ♦

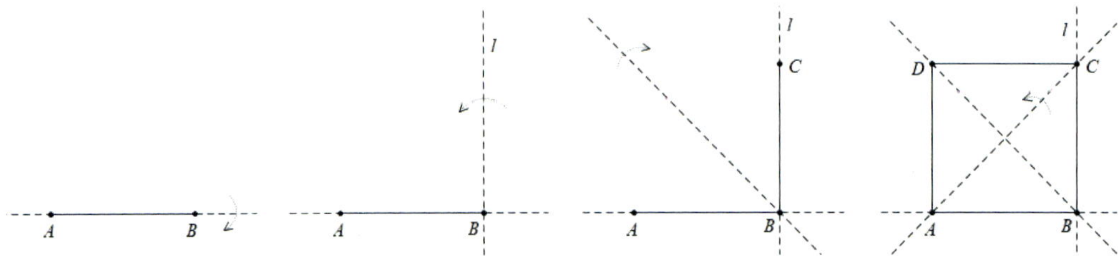

'눈금없는 자와 컴퍼스'를 이용하여 작도할 수 있는 정n각형은

$$n = 2^k \times (\text{서로 다른 Fermat 소수들의 곱}), \qquad (k = 0, 1, 2, \cdots)$$

일 때임이 알려져 있다. 여기에서 Fermat 소수는 $F_m = 2^{2^m} + 1$ $(m = 0, 1, 2, \cdots)$ 꼴의 소수를 뜻하며, $F_0 = 3$, $F_1 = 5$, $F_2 = 17$, $F_3 = 257$, $F_4 = 65537$까지는 소수인데, F_5는 소수가 아니다. 따라서 '눈금없는 자와 컴퍼스'로는 $n = 3,\ 4,\ 5,\ 6,\ 8,\ 10,\ \cdots$에 대하여 정$n$각형을 작도할 수 있고, 정7각형이나 정9각형은 작도할 수 없다.

'종이접기'로 작도할 수 있는 정n각형은

$$n = 2^k 3^l \times (\text{서로 다른 Pierpont 소수들의 곱}), \qquad (k, l = 0, 1, 2, \cdots)$$

일 때임이 알려져 있다. 여기에서 Pierpont 소수는 $P_{u,v} = 2^u 3^v + 1$ $(u, v = 0, 1, 2, \cdots)$ 꼴의 소수를 뜻하며, 나열하면 2, 3, 5, 7, 13, 17, 19, 37, 73, 97, 109, $\cdots$ 이다. 따라서 '종이접기'로는 $n = 3,\ 4,\ 5,\ 6,\ 8,\ 10$일 때뿐만 아니라 $n = 7,\ 9$에 대해서도 정n각형을 작도할 수 있다.

그런데 실제로 정7각형(regular heptagon)과 정9각형(regular nonagon)을 종이접기로 작도하는 것은 간단하지는 않다. 정7각형을 종이접기로 작도하는 한 가지 방법은 3차 방정식의 근을 두 포물선의 공통접선의 기울기로 구할 수 있다는 사실과 종이접기로 기울기가 $\cos\frac{2\pi}{7}$인 직선을 접을 수 있다는 것을 이용한다(참고 `https://cms.math.ca/crux/v23/n2/page81-88.pdf`). 정9각형도 마찬가지 방법으로 기울기가 $\cos\frac{2\pi}{9}$인 직선을 접을 수 있다는 것을 이용한다(참고 `https://cms.math.ca/crux/v23/n4/page210-217.pdf`, `https://www.geogebra.org/m/h4pykruu`).

여기에서 우리는 정사각형 모양이나 원 모양의 종이를 접어 정삼각형, 정오각형, 정육각형을 작도하는 방법과 그에 연관된 문제들을 살펴본다.

연습문제 1.8.1 정사각형 모양의 종이를 접어 정삼각형을 작도하는 방법을 설명하시오.

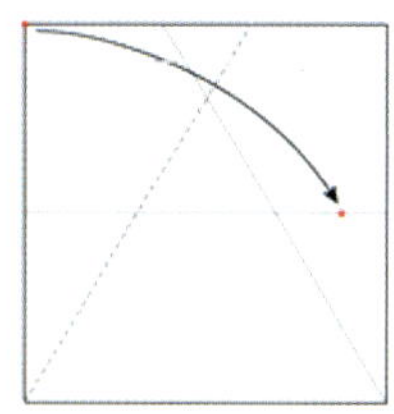

연습문제 1.8.2 위 연습문제 1.8.1의 그림을 참고하여, 종이접기로 직각을 3등분하는 직선을 접는 방법을 설명하시오. 또, 종이접기로 평각(180°)을 3등분하는 직선을 접는 방법을 설명하시오.

(참고: 앞의 문제 1.8.1에서 임의의 예각의 3등분선을 '종이접기'로 작도하는 방법을 살펴보았는데, 이는 '눈금없는 자와 컴퍼스로 하는 작도'로는 불가능한 것이었다. 그런데 직각이나 평각을 3등분하는 것은 '눈금없는 자와 컴퍼스로 하는 작도'로도 가능하다.)

연습문제 1.8.3 원 모양의 종이를 접어 정사각형과 정삼각형을 작도하는 방법을 설명하시오.

연습문제 1.8.4 다음 그림에서와 같이 정사각형 $ABCD$의 2등분선 HF, EG와 4등분선 JK를 표시한 후, 점 I를 지나면서 점 G가 직선 JK에 닿도록 하는 직선을 접어 점 G'과 점 L을 표시하였다. 그리고 다시 직선 HF를 접어 점 G'과 점 L이 닿은 점을 각각 G'', L'으로 표시하였다. 이렇게 접어서 만든 도형 $EG'G''GL'L$이 정육각형임을 증명하시오.

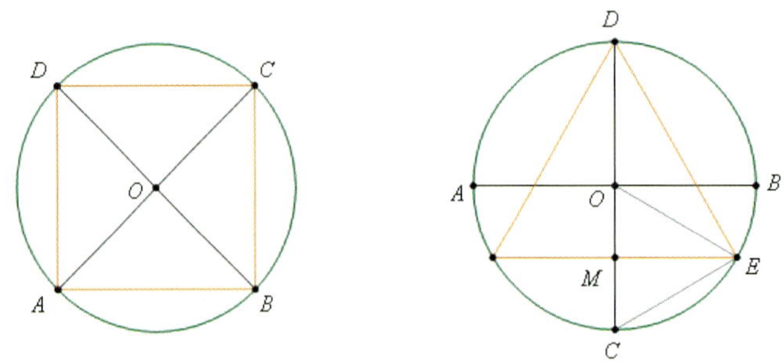

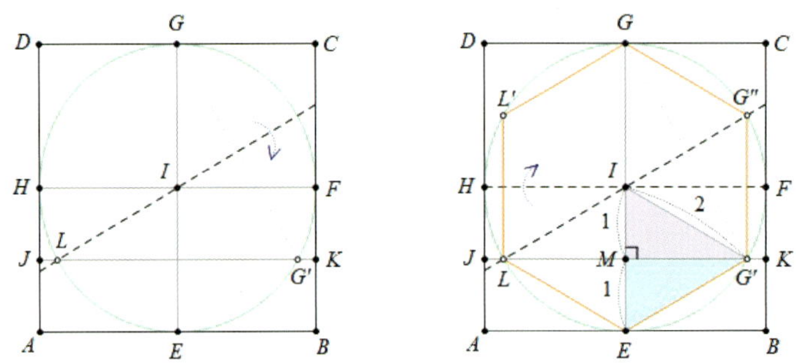

연습문제 1.8.5 다음 그림에서와 같이 정사각형 $ABCD$의 2등분선 EF를 표시하고, 대각선 EC를 뒷쪽으로 접은 후, 대각선 EC와 변 BC가 겹쳐지도록 접어 $\angle BCE$의 이등분선 CG를 표시하였다. 그리고 선분 AG의 중점 M을 표시하고, 전체 정사각형의 이등분선 HI를 접어 M이 닿은 점을 N이라고 하였다. 마지막으로 선분 MN과 길이가 같은 선분 NM', $M'J$, JN', MN'을 그림 1.19에서와 같이 표시하였다. 이렇게 접어서 만든 도형 $MNM'JN'$이 정오각형임을 증명하시오.

(참고: 정오각형에서 대각선의 길이가 2이면 한 변의 길이는 $\sqrt{5}-1$가 된다. 그리고 $\tan 2\alpha = 2$이면 탄젠트의 2배각 공식으로부터 $2 = \frac{2\tan\alpha}{1-\tan^2\alpha}$이므로 $\tan\alpha = \frac{\sqrt{5}-1}{2}$이다.)

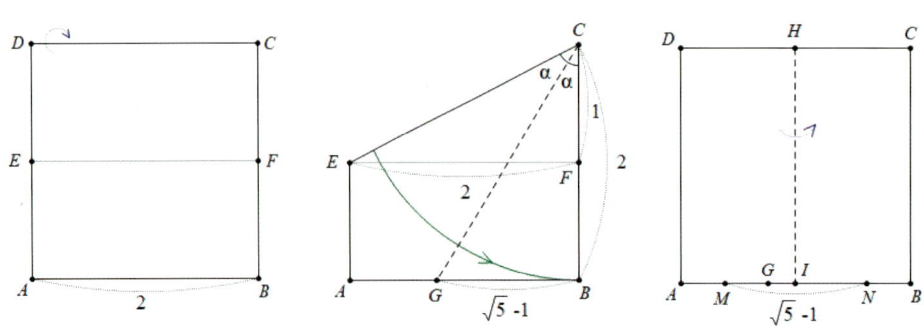

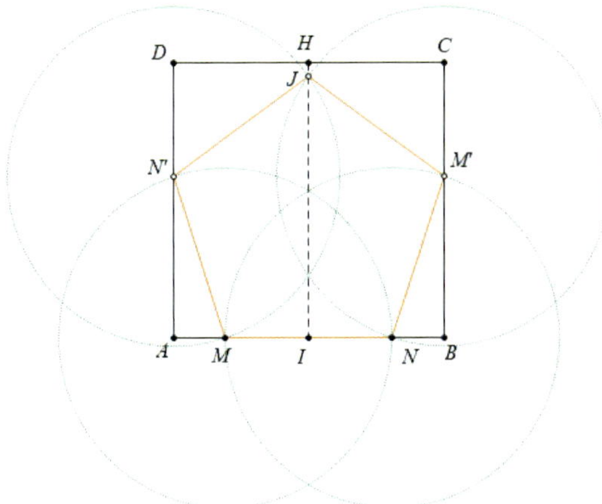

그림 1.19: 정오각형 종이접기 작도 결과

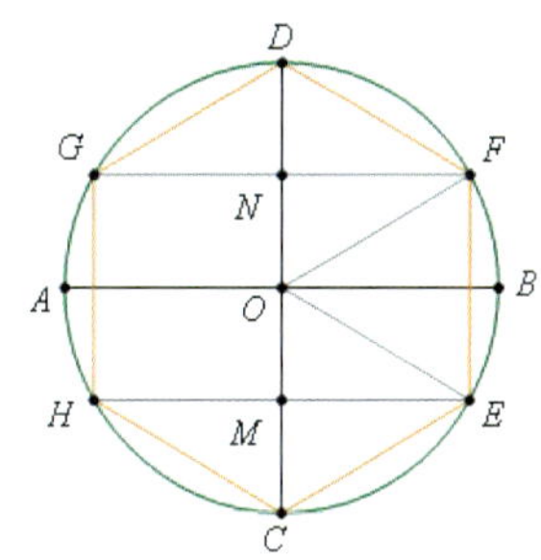

연습문제 1.8.6 다음 그림에서와 같이 원 O에 수직인 두 지름 AB와 CD를 접고, 반지름 OC와 OD 각각의 수직이등분선을 접어서 원과 만나는 점 E, F, G, H를 표시하였다. 이렇게 만든 도형 $CEFDGH$가 정육각형임을 증명하시오.

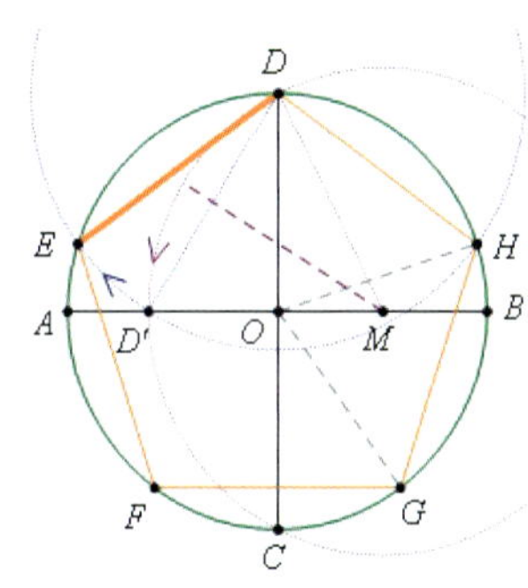

연습문제 1.8.7 다음 그림에서와 같이 원 O에 수직인 두 지름 AB와 CD를 접고, 반지름 OB의 중점 M을 표시하였다. 그리고 선분 DM과 지름 AB가 겹쳐지도록 접어 D가 닿은 점을 D'이라고 하였다. 다음으로 점 D를 중심으로 선분 DD'을 회전하여 원 O의 둘레에 닿는 점을 E라고 하였다. 마지막으로 선분 ED를 그림에서와 같이 선대칭으로 다섯번 이동하여 만든 도형 $DEFGH$가 정오각형임을 증명하시오.

(참고: 외접원의 반지름의 길이가 2인 정오각형의 한 변의 길이는 $\sqrt{10-2\sqrt{5}}$이다.)

실습문제 1.8.1 원 모양의 종이로 정삼각형, 정사각형, 정오각형, 정육각형을 여러 개 접은 후, 접힌 정다각형의 가장자리 호 부분끼리 풀로 붙여 연결하여 5가지 정다면체 만들기

실습문제 1.8.2 정육각형으로 별 펜던트 접기

실습문제 1.8.3 정오각형으로 별꽃 접기 http://homeworks.tistory.com/186

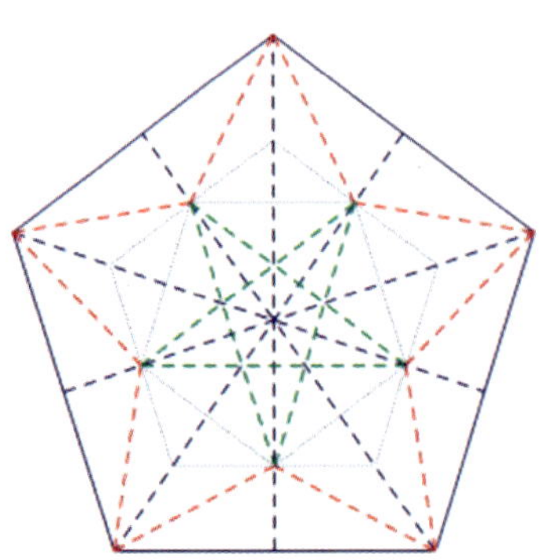

제 2 장

세기에 관련된 문제(Counting Problems)

제2장에서는 자연수에 관한 기본 원리들을 바탕으로 하여 세는(counting) 방법으로 해결할 수 있는 문제, 경우의 수와 확률 문제, 짝을 맞추는 원리를 이용하는 게임을 살펴본다.

2.1 자연수에 관한 원리

자연수는 가장 기본적인 수학적 사고인 세기(counting)으로부터 자연스럽게 얻어졌지만, 현대수학에서는 일반적으로 집합 개념을 바탕으로 하여 공리적으로 정의된다. 여기에서는 자연수에 대한 수학기초론적인 이론이 아니라, 자연스러운 세기(counting) 방법으로 해결하는 다양한 문제들을 다룰 것인데, 그를 위한 몇 가지 기본 개념과 원리를 먼저 정리한다.

자연수의 정렬성 (The well ordering axiom) 자연수의 공집합이 아닌 임의의 부분집합은 반드시 최소원을 갖는다.

소수(prime number)의 정의는 "2 이상의 자연수로서 1과 자기 자신 이외에는 어떤 자연수로도 나누어 떨어지지 않는 수"이다. 소수는 산술의 기본이 되는 수로서 여러 가지 중요한 성질을 가진다.

정리 2.1.1 (산술의 기본원리, The fundamental principle of Arithmetic) 1보다 큰 모든 자연수는 소인수를 갖는다.

증명

1보다 큰 자연수이면서 소인수를 갖지 않는 수가 존재한다고 가정하면 자연수의 정렬성에 의하여 그 중에서 최소인 원소 n이 존재한다. 이때 $n > 1$이고 n은 소수가 아니다. 따라서 n은 합성수이므로 어떤 1보다 큰 두 자연수 a, b가 존재하여 $n = a \cdot b$이다. 여기에서 $1 < a < n$이고 $1 < b < n$이므로, a와 b는 소인수를 갖는 자연수이다. 그런데 a와 b의 소인수는 곧 n의 소인수가 되므로, n이 소인수를 갖지 않는다는 가정에 모순이다.
따라서 1보다 큰 모든 자연수는 소인수를 갖는다. ■

정리 2.1.2 소수는 무한히 많다.

증명

(Euclid, "Elements", B.C. 400) 전체 소수의 개수가 n개라고 가정하자.(n은 자연수)
모든 소수를 $p_1, p_2, \cdots, p_n$으로 나타내었을 때, $a = 1 + p_1p_2\cdots p_n$은 1보다 큰 자연수인데 어떤 소수로도 나누어 떨어지지 않는다.
이는 산술의 기본원리에 위배되어 모순이다. ■

정리 2.1.3 (수학적 귀납법 I) $p(x)$가 자연수 전체의 집합에서의 조건명제일 때 다음 두 조건이 성립하면 모든 자연수 n에 대하여 $p(n)$이 참이다.
(1) $p(1)$이 참이다.
(2) 자연수 k에 대하여 $p(k)$가 참이면 $p(k+1)$도 참이다.

증명

$S = \{x \in \mathbb{N} \mid p(x)\text{는 참}\}$이라 하고 $S = \mathbb{N}$임을 보이면 된다.
만일 $S \neq \mathbb{N}$이면 $\mathbb{N} \setminus S$는 공집합이 아니므로 자연수의 정렬성에 의하여 최소원을 갖는데, 이것을 a라고 하자. 조건 (1)에 의하여 $1 \in S$이므로 $a \neq 1$이다. 따라서 $a - 1 > 0$이므로 $a - 1 \in \mathbb{N}$이다. a가 $\mathbb{N} \setminus S$의 최소원이므로 $a - 1 \notin \mathbb{N} \setminus S$이다. 따라서 $a - 1 \in S$이고 조건 (2)에 의하여 $a = (a-1) + 1 \in S$이다. 이것은 $a \in \mathbb{N} \setminus S$라는 사실에 모순이다.
그러므로 $S = \mathbb{N}$이다. 따라서 모든 자연수 n에 대하여 $p(n)$이 참이다. ■

정리 2.1.4 (수학적 귀납법 II) $p(x)$가 자연수 전체의 집합에서의 조건명제일 때 다음 두 조건이 성립하면 모든 자연수 n에 대하여 $p(n)$이 참이다.

(1) $p(1)$이 참이다.

(2) k가 자연수일 때, $m \leq k$인 모든 자연수 m에 대하여 $p(m)$이 참이면 $p(k+1)$도 참이다.

증명

$S = \{x \in \mathbb{N} \mid p(x)\text{는 참}\}$이라 하고 $S = \mathbb{N}$임을 보이면 된다.

만일 $S \neq \mathbb{N}$이면 $\mathbb{N} \setminus S$는 공집합이 아니므로 자연수의 정렬성에 의하여 $\mathbb{N} \setminus S$는 최소원을 갖는데, 이것을 a_0라고 하자. 조건 (1)에 의하여 $1 \in S$이므로 $a_0 > 1$이다.

a_0는 $\mathbb{N} \setminus S$의 최소원이므로 모든 $m \leq a_0 - 1$에 대하여 $m \notin \mathbb{N} \setminus S$, 즉 $m \in S$이다. 따라서 $m \leq a_0 - 1$인 모든 자연수 m에 대하여 $p(m)$이 참이므로 조건 (2)에 의하여 $p(a_0)$도 참이다.

이것은 $a_0 \in S$임을 의미하므로 a_0가 $\mathbb{N} \setminus S$의 최소원임에 모순이다.

따라서 $S = \mathbb{N}$이므로 모든 자연수 n에 대하여 $p(n)$이 참이다. ■

정리 2.1.5 (비둘기집의 원리) n개의 비둘기집에 $n+1$마리의 비둘기가 들어 갔다면, 두 마리 이상 들어간 집이 반드시 존재한다.

증명

(귀류법 이용) 두 마리 이상 들어간 집이 없다고 가정하면 n개의 집 각각에 한 마리 이하로 들어간 것이므로 전체 비둘기의 수는 n 이하여야 한다. 이는 전체 비둘기가 $n+1$ 마리라는 사실에 모순이다. 따라서 두 마리 이상 들어간 집이 반드시 존재한다. ■

이산수학의 한 분야인 그래프 이론에서 다루는 그래프란 꼭짓점의 집합 V와, V에 속하는 꼭짓점 사이를 연결하는 모서리들의 집합 E로 구성된 쌍 $G = (V, E)$을 말한다. 모서리는 서로 다른 두 꼭짓점 사이를 연결하거나, 또는 한 꼭짓점에서 다시 그 꼭짓점으로 돌아오는 loop도 가능하다. 그리고 아무 모서리에도 연결되지 않는 꼭짓점이 있어도 된다.

평면 그래프(planar graph)는 모서리들이 서로 교차하지 않도록 평면에 그릴 수 있는 그래프이고, 평면 연결 그래프(planar connected graph)는 모든 꼭짓점들이 몇 개의 모서리를 통하여 서로 연결되는 그래프이다.

평면 그래프나 일반적인 도형에서 꼭짓점, 모서리, 면의 수를 보통 문자 v, e, f를 써서 나타낸다. 여기에서 면(face)이란 모서리로 둘러싸여 분리된 영역을 의미한다.

정리 2.1.6 (평면 연결 그래프에 대한 오일러 공식) 평면 연결 그래프에서 $v - e + f = 1$이다.

증명

모서리의 수 e에 대한 수학적 귀납법으로 증명한다.

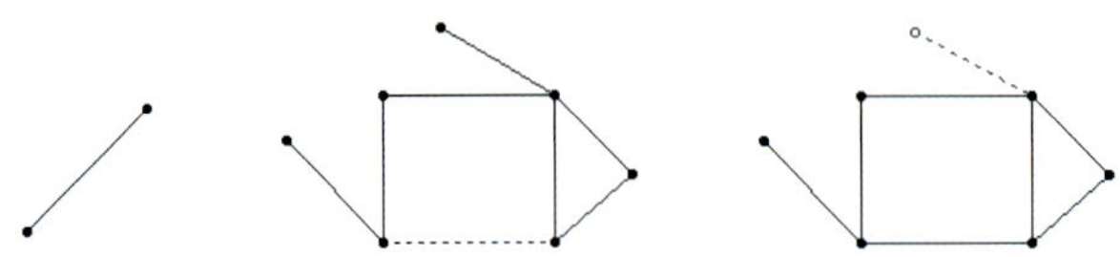

$e = 1$인 그래프에서는 $v = 2$, $f = 0$이므로 $v - e + f = 2 - 1 + 0 = 1$이 성립한다.
$e = n$인 그래프에서 $v_n - n + f_n = 1$이 성립한다고 가정하자.
$e = n + 1$인 그래프에서 모서리 한 개를 지워 $e = n$인 그래프를 만들 때, 면이 한 개 줄어드는 경우와 그렇지 않은 경우를 각각 생각해보자.
(경우 1) 면이 한 개 줄어드는 경우 : $v_n = v_{n+1}$, $f_n = f_{n+1} - 1$이고 $v_n - n + f_n = 1$이므로 $v_{n+1} - (n+1) + f_{n+1} = v_n - (n+1) + f_n + 1 = 1$이 성립한다.
(경우 2) 면이 줄어들지 않는 경우 : $v_n = v_{n+1} - 1$, $f_n = f_{n+1}$이고 $v_n - n + f_n = 1$이므로 $v_{n+1} - (n+1) + f_{n+1} = v_n - 1 - (n+1) + f_n = 1$이 성립한다.
따라서 모든 자연수 e에 대하여 $v - e + f = 1$이 성립한다. ■

참고. (다면체에 대한 오일러 공식) 다면체에서는 $v - e + f = 2$가 성립한다. 다면체 표면의 연결구조를 한 밑면으로 투영시키면 꼭짓점과 모서리의 수는 그대로 유지되고 면의 수는 하나가 줄어든 평면연결그래프로 나타낼 수 있다.
그래프이론이나 위상수학에서 한 곡면의 오일러 지표 $\chi = v - e + f$는 그 곡면의 크기나 휘어짐에 관계없이 연결상태에만 의존하는 정수값이다. 모든 다면체의 경우 그 표면의 연결구조는 구면과 같다. 따라서 모든 다면체의 오일러 지표는 구면의 지표와 같은 값이다.
아래 그림은 구면(sphere)과 원환면(torus)의 오일러 지표를 구하는 방법을 설명하고 있다.
이제 자연수의 기본 성질을 바탕으로 세기(counting) 방법을 이용하여 해결할 수 있는 다양한 문제들을 살펴보자.

문제 2.1.1 (1) 자연수가 3의 배수인 것과 그 수의 자릿값의 합이 3의 배수인 것은 동치임을 보이시오.

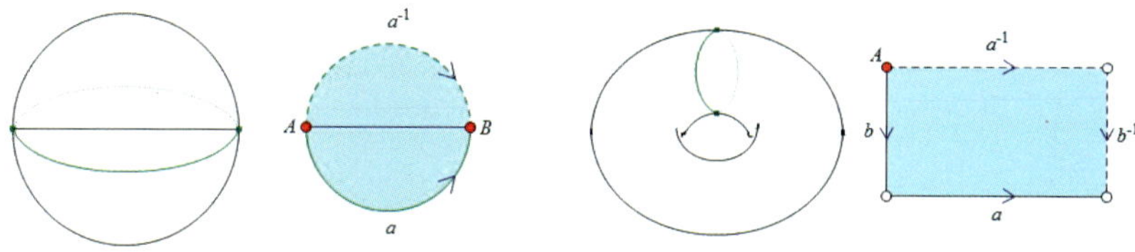

그림 2.1: 구면 $v-e+f=2-1+1=2$, 원환면 $v-e+f=1-2+1=0$

(2) 자연수가 9의 배수인 것과 그 수의 자릿값의 합이 9의 배수인 것은 동치임을 보이시오.

풀이

n자리 자연수 $a_1a_2\cdots a_n$ 에 대하여 다음과 같은 등식이 성립한다.

$$\begin{aligned} a_1a_2\cdots a_n &= a_1\cdot 10^{n-1}+a_2\cdot 10^{n-2}+\cdots+a_{n-1}\cdot 10+a_n \\ &= a_1\cdot\left(10^{n-1}-1\right)+a_2\cdot\left(10^{n-2}-1\right)+\cdots+a_{n-1}\cdot(10-1) \\ &\quad +(a_1+a_2+\cdots+a_n) \end{aligned}$$

여기에서 (10^k-1)꼴의 수는 모두 9의 배수이다.
따라서 (1) 자연수 $a_1a_2\cdots a_n$ 이 3의 배수인 것과 그 수의 자릿값의 합 $a_1+a_2+\cdots+a_n$ 이 3의 배수인 것은 동치이며, 또한 (2) 자연수 $a_1a_2\cdots a_n$ 이 9의 배수인 것과 그 수의 자릿값의 합 $a_1+a_2+\cdots+a_n$ 이 9의 배수인 것도 동치이다. ♦

실습문제 **2.1.1** 문제 2.1.1의 원리를 이용하여 만든 간단한 게임을 해보자.
(https://www.transum.org/Maths/Investigation/Mind_Reader/)

문제 **2.1.2** 상대방에게 다음 순서와 같이 시행하게 하여 그 결과를 듣고, 그가 마음속으로 골랐던 수를 알아 맞혀보자.

① 네 자리 수 하나를 선택한다.
② 그 수의 자릿값들의 순서를 임의로 바꾸어 다른 네 자리수 하나를 더 만든다.
③ 두 개의 네 자리 수 중 큰 수에서 작은 수를 뺀 값을 구한다.
④ 그 수의 자리값 중에서 0이 아닌 임의의 수 하나를 마음속으로 고른다.
⑤ 위에서 고른 수를 제외한 나머지 자릿값들을 임의로 섞어서 말한다.

풀이

자릿값들의 순서를 바꾸어 만든 두 개의 네 자리 수 중 큰 수를 $a_1a_2a_3a_4$, 작은 수를 $b_1b_2b_3b_4$ 라고 하면, $a_1 + a_2 + a_3 + a_4 = b_1 + b_2 + b_3 + b_4$ 이므로

$$(a_4 - b_4) = -(a_1 - b_1) - (a_2 + b_2) - (a_3 + b_3)$$

이다. 이제 큰 수에서 작은 수를 빼면

$$\begin{aligned}
&(a_1 \cdot 10^3 + a_2 \cdot 10^2 + a_3 \cdot 10 + a_4) - (b_1 \cdot 10^3 + b_2 \cdot 10^2 + b_3 \cdot 10 + b_4) \\
&\quad = (a_1 - b_1)10^3 + (a_2 - b_2)10^2 + (a_3 - b_3)10 + (a_4 - b_4) \\
&\quad = (a_1 - b_1)10^3 + (a_2 - b_2)10^2 + (a_3 - b_3)10 - (a_1 - b_1) - (a_2 + b_2) - (a_3 + b_3) \\
&\quad = (a_1 - b_1)(10^3 - 1) + (a_2 - b_2)(10^2 - 1) + (a_3 - b_3)(10 - 1) \\
&\quad = 999(a_1 - b_1) + 99(a_2 - b_2) + 9(a_3 - b_3)
\end{aligned}$$

이므로 9의 배수가 얻어지는 것을 확인할 수 있다.
그리고 9의 배수는 그 자릿값들을 더하면 다시 9의 배수가 되는 특징이 있다(문제 2.1.1). 따라서 상대방이 말해준 자릿값들로부터 나머지 하나의 자릿값을 맞출 수 있다. ♦

문제 2.1.3 자연수 n에 대하여 $n!$은 1에서 n까지 1씩 커지는 자연수들의 곱으로 정의된다. 그리고 1은 어느 진법에서나 같은 값이므로 n이나 $n!$을 여러 가지 진법으로 표현할 수 있다.

(1) $100!$의 값을 십진법으로 나타낸 수의 오른쪽 끝에 연속하여 나타나는 0의 개수는?

(2) 이진법으로 나타낸 수 $10000_{(2)}!$의 값을 이진법으로 나타낸 수의 오른쪽 끝에 연속하여 나타나는 0의 개수는?

(3) 십이진법으로 나타낸 수 $100_{(12)}!$의 값을 십이진법으로 나타낸 수의 오른쪽 끝에 연속하여 나타나는 0의 개수는?

풀이

(1) $100! = 1 \cdot 2 \cdot 3 \cdot 4 \cdot 5 \cdot \cdots \cdot 99 \cdot 100$ 에서 소인수 5의 개수만큼 10의 거듭제곱이 나타난다.(소인수 2는 5보다 훨씬 많이 들어 있으므로)
(소인수 5의 개수)=(5의 배수의 개수)+(25의 배수의 개수)$= 20 + 4 = 24$개.

(2) $10000_{(2)}! = (2^4)! = 16! = 1 \cdot 2 \cdot 3 \cdot 4 \cdot 5 \cdot \cdots \cdot 15 \cdot 16$ 에서 소인수 2의 개수만큼 2의 거듭제곱이

나타난다.

(소인수 2의 개수)=(2의 배수의 개수)+(4의 배수의 개수)+(8의 배수의 개수)+(16의 배수의 개수)$= 8 + 4 + 2 + 1 = 15$개.

(3) $100_{(12)}! = (12^2)! = 144! = 1 \cdot 2 \cdot 3 \cdot 4 \cdot 5 \cdot \cdots \cdot 143 \cdot 144$ 에서 12의 거듭제곱의 개수를 구해야 한다. $12 = 2^2 \cdot 3$이므로 $144!$에서 소인수 2와 3의 개수를 구해보면 각각 다음과 같다.

(소인수 2의 개수)=(2의 배수의 개수)+(4의 배수의 개수)+(8의 배수의 개수)$+\cdots+$(128의 배수의 개수)$= 72 + 36 + 18 + 9 + 4 + 2 + 1 = 142$개.

(소인수 3의 개수)=(3의 배수의 개수)+(9의 배수의 개수)+(27의 배수의 개수)+(81의 배수의 개수)$= 48 + 16 + 5 + 1 = 70$개.

따라서 $144!$에 대한 12의 거듭제곱의 수는 70이다.

그러므로 $100_{(12)}!$를 십진법으로 나타낸 수의 오른쪽 끝에 연속하여 나타나는 0의 개수는 70개이다. ♦

연습문제 2.1.1 (1) $1000!$의 값을 십진법으로 나타낸 수의 오른쪽 끝에 연속하여 나타나는 0의 개수는?

(2) $1000!$의 값을 72진법으로 나타낸 수의 오른쪽 끝에 연속하여 나타나는 0의 개수는?

(3) 십이진법으로 나타낸 수 $100_{(12)}!$의 값을 십진법으로 나타낸 수의 오른쪽 끝에 연속하여 나타나는 0의 개수는?

(4) 십오진법으로 나타낸 수 $100_{(15)}!$의 값을 십진법으로 나타낸 수의 오른쪽 끝에 연속하여 나타나는 0의 개수는?

실습문제 2.1.2 앞에서 수학적 원리로 풀어보았던 큰 수에 대한 문제들의 답을 다음과 같은 명령을 이용하여 컴퓨터 수학 프로그램으로 구하여 확인해보자. (https://wolframcloud.com)

```
IntegerExponent[100!,10]
IntegerDigits[100!,10]
Length[%]
1+Floor[Log[10,N[100!]]]
Ceiling[Log[10,N[100!]]]
IntegerExponent[FromDigits[{1,0,0,0,0},2]!,2]
```

```
IntegerExponent[FromDigits[{1,0,0},12]!,12]
IntegerExponent[FromDigits[{1,0,0},12]!,10]
```

문제 2.1.4 n개의 직선을 그어 원 내부를 최대 몇 개의 영역으로 나눌 수 있는가?

풀이

(방법 1) 점화식 이용.

어느 두 직선도 서로 평행하지 않게 그리고, 또 직선을 추가할 때마다 먼저 그려진 직선들과 원 내부에서 모두 만나도록 그려야 최대한 여러 영역으로 나눌 수 있다.

$$a_n = (n\text{개의 직선을 그어 나눌 수 있는 원 내부 영역의 최대 개수})$$

$a_1 = 2, \quad a_n = a_{n-1} + n \ (n \geq 2)$이 성립하므로 일반항은 $a_n = 1 + \dfrac{n(n+1)}{2}$.

(방법 2) 오일러 공식 이용.

원의 내부에서 n개의 직선이 모두 서로 다른 점에서 만나도록 그려야 최대한 여러 영역으로 나눌 수 있다.

$$v = 2n + {}_nC_2 = 2n + \frac{n(n-1)}{2} = \frac{n(n+3)}{2}$$

$$e = \frac{1}{2}\left(2n \times 3 + \frac{n(n-1)}{2} \times 4\right) = n(n+2)$$

이때 면의 수는 $f = 1 - v + e = 1 - \dfrac{n(n+3)}{2} + n(n+2) = 1 + \dfrac{n(n+1)}{2}$ 이다. ♦

실습문제 2.1.3 점화식으로 주어진 수열에 대하여 다음과 같은 명령을 이용하여 컴퓨터 수학 프로그램으로 알아보자. 간단한 경우는 일반항을 찾을 수도 있다. (https://wolframcloud.com)

```
RSolve[{a[n]==a[n-1]+n,a[1]==2},a[n],n]
Clear[a]
RecurrenceTable[{a[n]==a[n-1]+n,a[1]==2},a,{n,2,20}]
ListPlot[%]
```

```
Clear[a]
a[n_]:=a[n-1]+n;
        a[1]=2;
        AA=Table[a[n],{n,1,20}]
        ListPlot[AA]
```

문제 2.1.5 한 평면에 크기가 같은 n개의 원을 그려 만들 수 있는 닫힌 영역의 최대 개수는?

풀이

(방법 1) 점화식 이용.

한 원과 다른 한 원이 두 점에서 만나게 그릴 때마다 닫힌 영역이 2개씩 늘어난다. 그런 방법으로 그려진 $n-1$개의 원 각각과 두 점에서 만나도록 한 원을 더 그려야 n개의 원으로 최대한 여러 개의 닫힌 영역을 만들 수 있다.

$$a_n = (n\text{개의 원을 그려 만들 수 있는 닫힌 영역의 최대 개수})$$

$a_1 = 1,\ \ a_n = a_{n-1} + 2(n-1)\ (n \geq 2)$ 이 성립하므로 일반항은 다음과 같다.

$$a_n = 1 + \sum_{k=1}^{n} 2(k-1) = n^2 - n + 1$$

(방법 2) 오일러 공식 이용.

n개의 원에서 모든 두 원이 서로 다른 두 점에서 만나도록 그려야 최대한 여러 영역으로 나눌 수 있다.

$$v = 2 \times {}_nC_2 = n(n-1), \qquad e = \frac{1}{2} \times 4v = 2v = 2n(n-1)$$

이때 면의 수는 $f = 1 - v + e = 1 - v + 2v = 1 + v = 1 + n(n-1) = n^2 - n + 1$ 이다. ♦

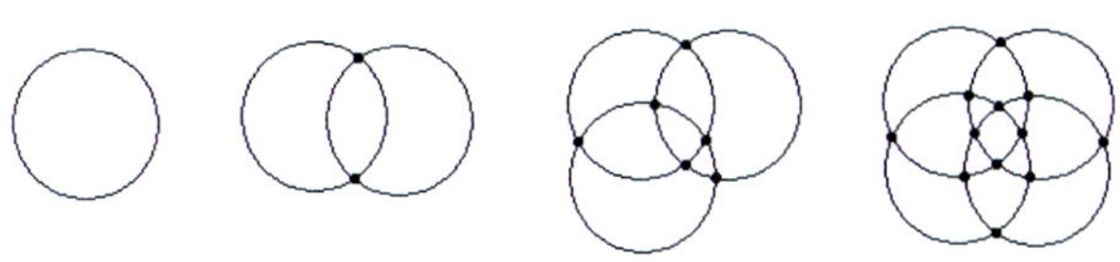

연습문제 2.1.2 (1) 한 평면에 크기가 같은 n개의 정삼각형을 그려 만들 수 있는 닫힌 영역의 최대 개수는?

(2) 한 평면에 크기가 같은 n개의 정사각형을 그려 만들 수 있는 닫힌 영역의 최대 개수는?

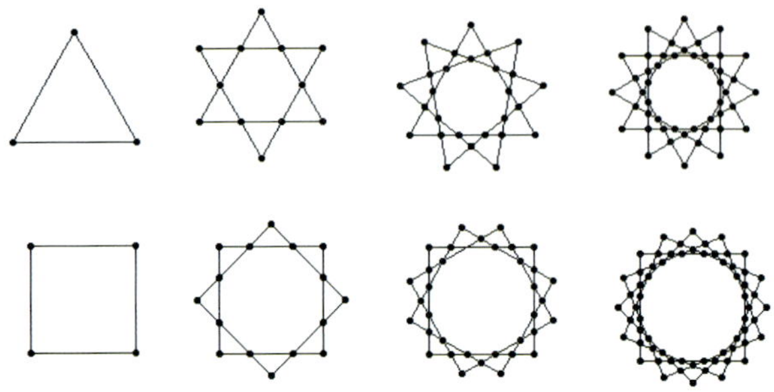

실습문제 2.1.4 점화식으로 풀 수 있는 문제인 하노이 탑(Tower of Hanoi) 옮기기를 게임으로 해보자. (https://www.mathsisfun.com/games/towerofhanoi.html)

문제 2.1.6 n명의 모임에서 몇 사람들이 서로 악수를 교환했을 때 같은 횟수만큼 악수한 두 사람이 항상 있을까? (단, 한 사람이 여러 명과 악수를 할 수 있고, 같은 사람과 두 번 이상 악수하지는 않는다.)

풀이

항상 있다.

먼저, n명 중에 0번 악수한 사람이 있다면, n명이 악수한 횟수가 될 수 있는 값은 $0, 1, 2, \cdots, n-2$로 모두 $n-1$개이다.
그리고 n명 중에 0번 악수한 사람이 없다면, n명이 악수한 횟수가 될 수 있는 값은 $1, 2, \cdots, n-1$로 역시 모두 $n-1$개이다.
따라서 어느 경우에나 n명이 악수한 횟수가 될 수 있는 값은 $n-1$개이므로, 비둘기집의 원리에 의하여 같은 횟수만큼 악수한 두 사람이 반드시 존재한다. ♦

실습문제 2.1.5 몇 명의 모듬에서 위의 문제 2.1.6의 결과를 직접 확인해보자.

(1) 각자 자신과 어떤 한 친구의 이름을 나란히 적은 쪽지를 몇 명의 친구에 대하여 만든다.

(2) 쪽지에 이름이 쓰인 각 친구에게 쪽지의 자신의 이름이 쓰인 반쪽을 잘라서 주고, 그 친구의 이름이 있는 반쪽은 자신이 가진다.

(3) 쪽지를 모두 나누어 가진 후 모듬의 모든 사람이 각자 가진 쪽지의 개수를 세어 같은 사람이 있는지 확인한다.(단, 한 사람이 가진 쪽지 중에 같은 이름이 두 장 나오면 한 장으로 센다.)

문제 2.1.7 유리수는 유한소수이거나 순환무한소수임을 보이시오.

풀이

1보다 작은 양의 유리수에 대해서만 증명하면 충분하다.
p, q가 서로소인 두 자연수이고 $p < q$라고 하자. $\frac{p}{q}$의 값을 소수로 나타내기위하여 나눗셈을 할 때 나머지로 0이 나오면 $\frac{p}{q}$는 유한소수이고, 나머지로 $1, 2, \cdots, q-1$ 중의 수가 계속 나오면 무한소수이다.
$\frac{p}{q}$가 무한소수인 경우, 나눗셈의 과정에서 나오는 나머지를 차례로 $r_1, r_2, \cdots$ 라고 하면, $q-1$개 이하의 수들이 무한히 반복되므로 어떤 자연수 $k\,(\le q-1)$가 존재하여 $r_n = r_{n+k}\ (n = 1, 2, \cdots)$이다. 따라서 이 경우 $\frac{p}{q}$는 순환무한소수이다. ♦

연습문제 2.1.3 $1 \le a_1 < a_2 < \cdots < a_{54} < a_{55} \le 100$을 만족하는 55개의 자연수 $a_1, a_2, \cdots, a_{55}$ 중에는 10 차이가 나는 두 수가 항상 존재함을 보이시오.

풀이

$S = \{a_1, a_2, \cdots, a_{55}\}$로 두자. 1부터 100까지의 수를 20개씩 끊어서 나눈 5개의 집합 $A_1 = \{1, 2, \cdots, 20\}$, $A_2 = \{21, 22, \cdots, 40\}$, $\cdots$, $A_5 = \{81, 82, \cdots, 100\}$ 중에는 S의 원소를 11개 이상 포함하는 것이 반드시 존재한다(by 귀류법). 이 집합을 A_i라고 하자.
이제 A_i에서 값이 10 차이가 나는 2개의 원소끼리 묶은 10개의 쌍 중에는 S의 원소를 2개 포함하는 쌍이 반드시 존재한다(by 비둘기집의 원리).
따라서 집합 S 안에는 10 차이가 나는 두 수가 항상 존재한다. ♦

연습문제 2.1.4 임의의 n개의 정수 $a_1, a_2, \cdots, a_n$에 대하여 연속한 몇 개의 항의 합이 n의 배수인 경우가 반드시 존재함을 보이시오.

실습문제 2.1.6 비둘기집의 원리는 아주 간단한 내용이지만, 실제로 복잡해 보이는 여러 문제를 해결하는 원리로 사용된다. 비둘기집의 원리를 이용하여 해결할 수 있는 다양한 문제를 조사하여 발표해보자.

문제 2.1.8 오일러 수 $e = \sum_{n=0}^{\infty} \frac{1}{n!}$ 는 무리수임을 보이시오.

풀이

만일 $e = \frac{p}{q}$ $(p, q \in \mathbb{N},\ p, q$는 서로소$)$ 라고 가정하면

$$\sum_{k=q+1}^{\infty} \frac{1}{k!} = \frac{1}{(q+1)!}\left(1 + \frac{1}{q+2} + \frac{1}{(q+3)(q+2)} + \cdots\right) < \frac{1}{(q+1)!}\left(1 + \frac{1}{q+1} + \frac{1}{(q+1)^2} + \cdots\right) = \frac{1}{q \cdot q!}.$$

이므로 $0 < q!\left(e - \sum_{k=0}^{q} \frac{1}{k!}\right) < \frac{1}{q} \le 1$이 성립한다. 여기에서 $q!\,e$는 가정에 의하여 자연수이고, $q!\sum_{k=0}^{q} \frac{1}{k!}$ 도 자연수인데, $q!\left(e - \sum_{k=0}^{q} \frac{1}{k!}\right)$가 0과 1 사이에 있다고 함은 모순이다.
따라서 e는 무리수이다. ♦

문제 2.1.9 평면 위에 n개의 빨간 점과 n개의 파란 점이 있고, 이들 $2n$개의 점들 중 어느 세 점도 한 직선 위에 있지 않다. 이때 빨간 점과 파란 점 하나씩 짝을 지어 잇는 n개의 선분들을 서로 만나지 않도록 그릴 수 있는가?

풀이

빨간 점과 파란 점 하나씩 짝을 지어 n개의 선분으로 연결하는 모든 방법의 수는 $n!$이다. 이 중 n개의 선분의 길이의 합이 최소인 경우가 존재하고, 이 경우에는 n개의 선분들이 서로 만나지 않는다.

(증명) 만일 빨간 점 A, C와 파란 점 B, D가 존재하여 두 선분 $\overline{AB}$와 $\overline{CD}$가 서로 만난다고 가정해보자. $\overline{AB} + \overline{CD} > \overline{AD} + \overline{CB}$이므로 $\overline{AB}$와 $\overline{CD}$ 대신 $\overline{AD}$와 $\overline{CB}$로 잇는 경우 선분의 길이의 합이 더 작다. ♦

실습문제 **2.1.7** 위의 문제 2.1.9의 결과를 직접 확인하여보자.

(1) 각자의 공책에 가로 10cm 세로 6cm 정도 크기의 사각형을 그리고, 그 안에 같은 수의 빨간 점과 파란 점을 마음대로 그린다..

(2) 옆의 친구와 공책을 바꾸어 사각형 안의 빨간 점과 파란 점 하나씩 짝을 지어 잇는 n개의 선분들을 서로 만나지 않도록 그려보도록 한다.

(3) 아래의 그림에서 문제 2.1.9의 풀이의 방법으로 선분들이 교차하지 않도록 빨간 점과 파란 점을 다시 이으시오.

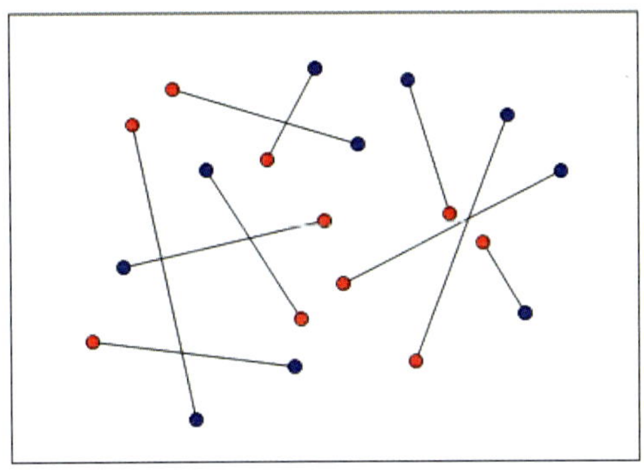

2.2 경우의 수와 확률 문제

n개의 물건을 k개의 상자에 나누어 넣는 방법의 수를 생각할 때, 물건들이 서로 구분이 되는지, 상자들이 서로 구분이 되는지, 또는 빈상자를 허용하는지 등의 조건을 고려해야 한다. 이런 상황들을 다루는 중복순열, 중복조합, 자연수의 분할수, 집합의 분할수 개념을 정리하고 활용하는 문제들을 다룬다. 또한 주어진 문제상황의 핵심 개념을 알아내어 경우들을 하나하나 나열하여 셀 필요없이 공학용 계산기나 컴퓨터 프로그램의 도움을 얻어 빠르게 계산하는 실습을 해 본다. 그리고 간단한 확률 문제들을 살펴본다.

문제 2.2.1 n과 k는 자연수이고, $\mathbb{R}^k = \{(x_1, x_2, \cdots, x_k) \mid x_i \in \mathbb{R}, i = 1, \cdots, k\}$ 일 때 다음 물음에 답하시오.

(1) n개의 서로 다른 구슬을 k명에게 나누어 주는 방법의 수는?

(2) 똑같이 생긴 n개의 구슬을 k명에게 나누어 주는 방법의 수는?

(3) $\mathbb{R}^k$에서 방정식 $x_1 + x_2 + \cdots + x_k = n$의 음이 아닌 정수해의 개수는?

(4) $n > k$일 때 $\mathbb{R}^k$에서 방정식 $x_1 + x_2 + \cdots + x_k = n$의 자연수해의 개수는?

풀이

(1) 중복순열 ${}_k\Pi_n = k^n$

(2) 중복조합 ${}_kH_n$: ○ | ○○ | ⋯ | ○ 에서처럼 $k-1$개의 구분막대의 위치를 골라 n개의 구슬을 k개의 모둠으로 나누는 것으로 생각할 수 있다. 따라서 그 방법의 수는 다음과 같다.

$${}_{k+n-1}C_{k-1} = \binom{k+n-1}{k-1} = \frac{(k+n-1)!}{n!(k-1)!} = {}_{k+n-1}C_n = {}_kH_n$$

(3) 예를 들어, 방정식의 해 중 하나가 $2+0+1+\cdots+3 = n$이면, 이를 x_1을 2번 뽑고 x_2는 0번, x_3는 1번, $\cdots$, x_k을 3번 뽑아서 총 n번을 뽑는 것으로 생각할 수 있다. 따라서 전체 경우의 수는 (2)번과 같다.

(4) 방정식 $(x_1-1)+(x_2-1)+\cdots+(x_k-1) = (n-k)$의 음이 아닌 정수해의 개수와 같으므로

$${}_{k+(n-k)-1}C_{k-1} = {}_{n-1}C_{k-1} = \frac{(n-1)!}{(k-n)!(k-1)!}$$ ◆

연습문제 **2.2.1** (1) 똑같이 생긴 100원짜리 동전 4개를 3사람에게 나누어 주는 방법의 수는?
(2) $\mathbb{R}^5 = \{(x_1, x_2, \cdots, x_5) \mid x_i \in \mathbb{R},\ i = 1, 2, \cdots, 5\}$ 에서 계수가 1인 3차 단항식의 개수는?

실습문제 **2.2.1** 컴퓨터 수학 프로그램이나 스마트폰의 공학용 계산기 앱으로 다음을 계산해 보자. (https://wolframcloud.com)

(1) Binomial[4+3-1,3-1]　　　　(2) Binomial[3+5-1,5-1]

두 자연수 n, k에 대하여 '자연수 n을 k개의 자연수의 합으로 분할하는 방법의 수'는 다음 조건을 만족하는 방정식의 자연수 해의 개수를 말하며, $p(n, k)$로 나타낸다.

$$n = n_1 + n_2 + \cdots + n_k \qquad (n_1 \geq n_2 \geq \cdots \geq n_k \geq 1)$$

예를 들어, $4 = 3 + 1$, $4 = 2 + 2$이므로 $p(4, 2) = 2$이다. 그리고 정의에 따라 모든 자연수 n에 대하여

$$p(n, 1) = 1, \qquad p(n, n) = 1$$

이다. $k > n$인 경우에는 $p(n, k) = 0$이라고 둔다. 이렇게 정의된 자연수의 분할에서는 분할된 수들을 배열하는 여러 순서를 고려하지 않고, 크기 순서로만 생각하기때문에, 앞에서 살펴보았던 중복조합 ${}_kH_n = {}_{k+n-1}C_{k-1}$과는 다르다. 이제 $k = 1, 2, \cdots, n$에 대하여 구한 $p(n, k)$ 모두의 합을 $p(n)$으로 나타내며, 'n의 분할수(partition number)'라고 부른다. 즉,

$$p(n) = \sum_{k=1}^{n} p(n, k)$$

분할수 $p(n)$의 값은 점화식을 이용하여 계산할 수 있다. $p(n)$의 일반항 자체를 식으로 나타내는 문제는 아직 해결되지 않고 있지만, 생성함수를 찾아 그 계수로 $p(n)$을 표현할 수는 있다.

자연수의 분할의 각 방법을 점들을 배치하여 그림으로 나타내는 것을 패러스 다이어그램(Ferrers diagram)이라고 한다. 예를 들어, $p(4) = 5$인데 4를 분할하는 5가지 방법, $4 = 4$, $4 = 3 + 1$, $4 = 2 + 2$, $4 = 2 + 1 + 1$, $4 = 1 + 1 + 1 + 1$을 다음과 같이 나타낸다.

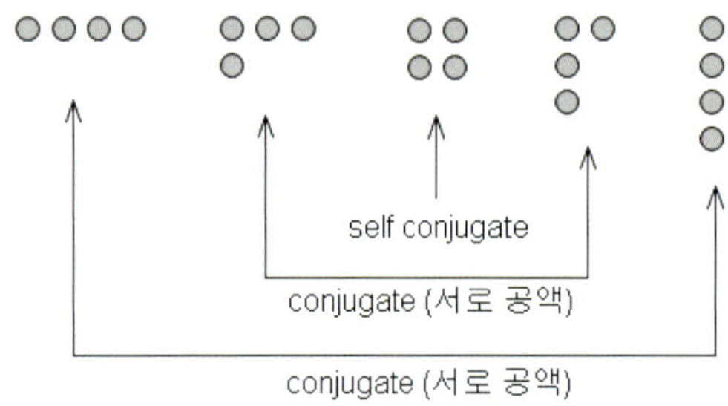

위 그림에서 점들 배열의 가로와 세로를 서로 바꾼 것들끼리 서로 **공액**(conjugate)이라고 한다. 공액분할을 활용하여 확인할 수 있는 사실 한 가지로, 각 부분의 값이 m 이하인 분할의 수는 부분의 개수가 m 이하인 분할의 수와 같다.

문제 2.2.2 두 자연수 n, k $(k = 1, 2, \cdots, n)$에 대하여 다음이 성립함을 증명하시오.

(1) $k < n$ 일 때, $p(n, k) = p(n-k, 1) + p(n-k, 2) + \cdots + p(n-k, k)$

(2) $1 < k < n$ 일 때, $p(n, k) = p(n-1, k-1) + p(n-k, k)$

풀이

(1) n개의 물건을 1번부터 k번까지의 칸에 조건 $n_1 \geq n_2 \geq \cdots \geq n_k \geq 1$을 만족하도록 나누어 놓는다고 생각하자. 각 칸에 물건을 최소 1개 이상 놓아야 하므로, 일단 k개의 칸 모두에 각각 1개씩 두고 남은 $n-k$개를 생각하면 된다. 이제 남은 $n-k$개의 물건을 분할의 조건에 맞추어 1번 칸 하나에 다 놓아도 되고, 1번, 2번 두 칸에 나누어 놓아도 되고, $\cdots$, k개의 칸에 나누어 놓아도 된다. 따라서 $p(n, k) = p(n-k, 1) + p(n-k, 2) + \cdots + p(n-k, k)$가 성립한다.

(2) 자연수 n을 k개의 자연수의 합으로 분할할 때, $n = n_1 + n_2 + \cdots + n_k$의 우변에 1이 있는 경우와 없는 경우로 나누어 생각하면 된다.
우변에 1이 있는 경우에는 $n = n_1 + n_2 + \cdots + n_{k-1} + 1$일 것이므로, 식을 $n - 1 = n_1 + n_2 + \cdots + n_{k-1}$로 이항하여 생각하면, 이 경우의 분할하는 방법의 수는 $p(n-1, k-1)$이다.
우변에 1이 없는 경우에는 $n_i \geq 2$ $(i = 1, 2, \cdots, k)$이므로, $n - k = (n_1 - 1) + (n_2 - 1) + \cdots + (n_k - 1)$로 생각하면, 이 경우의 분할하는 방법의 수는 $p(n-k, k)$이다.
따라서 $p(n, k) = p(n-1, k-1) + p(n-k, k)$가 성립한다. ♦

연습문제 2.2.2 (1) 똑같이 생긴 5개의 구슬을 똑같이 생긴 주머니 3개에 빈 주머니가 없도록 나누어 넣는 방법의 수는?

(2) 자연수 6을 3 이하의 자연수들로 분할하는 방법의 수는?
(hint: 이와 동등한 공액 문제로 바꾸어 생각한다.)

(3) 방정식 $x + 2y + 3z = 6$ 의 음이 아닌 정수해의 개수는?
(hint: 예를 들어, 해 $x = 6$, $y = 0$, $z = 0$ 은 6을 1 여섯개로 분할한 것으로, 즉 $6 = 1 + 1 + 1 + 1 + 1 + 1$ 로 생각할 수 있고, 또다른 해 $x = 1$, $y = 1$, $z = 1$ 은 6을 1 한 개, 2 한 개, 3 한 개로 분할한 것으로, 즉 $6 = 1 + 2 + 3$ 로 생각할 수 있다.)

이제 집합의 분할에 대하여 생각해보자. 먼저 '집합의 원소가 n개'라고 할 때 당연히 '서로 다른 n개의 원소'라는 뜻임을 알고 있다. 두 자연수 n, k에 대하여 '원소가 n개인 집합을 공집합이 아니면서 서로소인(즉, 서로 공통인 원소가 없는) 부분집합들 k개의 합집합으로 분할하는 방법의 수'를 기호 $S(n, k)$ 또는 $\left\{ {n \atop k} \right\}$ 로 나타낸다. 이 '집합의 분할수'를 제2종 스털링 수(the second kind Stirling number), 간단히 '스털링 수'라고도 부른다. 예를 들어, 원소가 3개인 집합 $\{a, b, c\}$을 2개의 부분집합으로 분할하는 방법은 $\{a, b\} \cup \{c\}$, $\{a, c\} \cup \{b\}$, $\{b, c\} \cup \{a\}$ 세 가지이므로 $S(3, 2) = 3$ 이다. 그리고 정의에 따라 모든 자연수 n에 대하여

$$S(n, 1) = 1, \qquad S(n, n) = 1$$

이다. 또 점화식을 나타내는 편의상 $S(0, 0) = 1$ 으로 두며, 모든 자연수 n에 대하여 $S(n, 0) = S(0, n) = 0$, 그리고 $k > n$ 인 경우에도 $S(n, k) = 0$ 이라고 둔다. $S(n, k)$ 의 일반항을 다음과 같이 나타낼 수 있다.

$$S(n, k) = \frac{1}{k!} \sum_{i=1}^{k} (-1)^i \binom{k}{i} (k - i)^n$$

그러나 아래의 문제들을 풀 때는, 이러한 일반항 식을 이용하지 말고, 정의를 이용하여 직접 세는 방법을 이용하도록 한다. 그리고 $k = 1, 2, \cdots, n$ 에 대하여 구한 $S(n, k)$ 모두의 합을 $B(n)$ 으로 나타내며, '원소의 개수가 n 인 집합의 분할수', 또는 'n 번째 벨 수(Bell number)'라고도 부른다. 즉,

$$B(n) = \sum_{k=0}^{n} S(n, k)$$

문제 2.2.3 두 자연수 n, k $(k = 1, 2, \cdots, n)$에 대하여 다음이 성립함을 증명하시오.

(1) $S(n, 2) = 2^{n-1} - 1$

(2) $1 < k < n$ 일 때, $S(n, k) = S(n - 1, k - 1) + k\,S(n - 1, k)$

풀이

(1) 원소가 n개인 집합을 2개의 공집합이 아닌 부분집합으로 분할하는 것을 다음과 같은 단계로 생각할 수 있다.
n개의 원소 각각을 두 부분집합 A, B 중 어느 하나에 넣는 방법의 수는 2^n 인데, A 또는 B가 공집합인 2가지 경우를 제외해야 한다. 그리고 A, B로 구분하지 않고 분할만 하기때문에 $2!$으로 나누어야 한다.
따라서 $S(n,2) = (2^n - 2) \times \frac{1}{2!} = 2^{n-1} - 1$ 이다.

(2) 원소가 n개인 집합을 k개의 부분집합으로 분할할 때, 특정한 원소 a가 혼자 한 부분집합을 이루는 경우와 그렇지 않은 경우로 나누어 생각하면 된다.
특정한 원소 a가 혼자 한 부분집합을 이루는 경우는 나머지 $n-1$개의 원소를 $k-1$개의 부분집합으로 분할하는 것으로 생각하여, 이 경우의 집합의 분할 방법의 수는 $S(n-1, k-1)$ 이다.
특정한 원소 a가 다른 원소와 함께 부분집합을 이루는 경우는 먼저 $n-1$개의 원소를 k개의 부분집합으로 분할하고, 분할된 부분집합 k개 중 어느 하나를 골라 a를 넣는 것으로 생각하여, 이 경우의 집합의 분할 방법의 수는 $k\,S(n-1,k)$ 이다.
따라서 $S(n,k) = S(n-1,k-1) + k\,S(n-1,k)$ 가 성립한다. ♦

연습문제 2.2.3 (1) 서로 다른 5개의 구슬을 똑같이 생긴 주머니 3개에 빈 주머니가 없도록 나누어 넣는 방법의 수는?

(2) 서로 다른 5개의 구슬을 서로 다른 주머니 3개에 빈 주머니가 없도록 나누어 넣는 방법의 수는?

(3) $X = \{a, b, c, d\}$, $Y = \{e, f, g\}$ 일 때, 전사함수 $f : X \to Y$ 의 개수는?

풀이

(1) $S(5,3)$을 계산하면 된다. 서로 다른 5개의 원소를 3개의 부분집합으로 나누는 방법은 먼저 원소의 개수를 분할(자연수의 분할)하는 경우들을 생각하고, 각 경우마다 조합을 이용하여 방법의 수를 찾는다.
5개의 원소를 3개, 1개, 1개로 나누는 경우에는 ${}_5C_3 \times {}_2C_1 \times {}_1C_1 \times \frac{1}{2!} = 10$가지 방법이 있다.
(원소를 1개, 1개로 분할한 두 부분집합의 순서를 고려하지 않으므로 $2!$로 나눔)
5개의 원소를 2개, 2개, 1개로 나누는 경우에는 ${}_5C_2 \times {}_3C_2 \times {}_1C_1 \times \frac{1}{2!} = 15$가지 방법이 있다.
따라서 서로 다른 5개의 구슬을 똑같이 생긴 주머니 3개에 빈 주머니가 없도록 나누어 넣는 방법의 수는 $S(5,3) = 10 + 15 = 25$ 이다.

(2) $S(5,3)\times 3! = 25\times 6 = 150$

(3) Y 의 3개 원소 모두에 대응되는 X 의 원소가 있어야 하므로, 집합 X 를 세 개의 공집합이 아닌 부분집합으로 분할한 후, Y 의 3개에 분배하면 된다. 따라서 전체 경우의 수는 $S(4,3)\times 3!$ 이다. 그리고 $S(4,3)$ 은 4개의 원소를 2개, 1개, 1개로 나누는 경우뿐이므로 $S(4,3) = {}_4C_2\times{}_2C_1\times{}_1C_1\times\frac{1}{2!} = 6$ 이다.
따라서 전사함수 $f : X\to Y$ 의 개수는 36이다. ♦

문제 2.2.4 (1) $1,\cdots,N$ 까지의 자연수 중에서 k 개의 수를 중복을 허락하여 뽑을 때 같은 수가 들어있을 확률은? (단, $k\geq 2$)

(2) k 에 비하여 N 이 아주 큰 경우 위의 (1)의 확률이 근사적으로 $1-e^{-\frac{k(k-1)}{2N}}$ 에 가까움을 보이시오.

(3) $k = 20,\ 30,\ 40,\ 50,\ 60$ 일 때 각각 k 명의 모임에서 생일이 같은 두 사람이 있을 확률을 위의 (2)에서 구한 근삿값을 이용하여 구하시오. (단, 1년은 365일로 하고, $e^{-\frac{38}{73}}\approx 0.594,\ \ e^{-\frac{87}{73}}\approx 0.304,\ \ e^{-\frac{156}{73}}\approx 0.118,\ \ e^{-\frac{245}{73}}\approx 0.035,\ \ e^{-\frac{354}{73}}\approx 0.008$)

풀이

(1) $1-\frac{N}{N}\cdot\frac{N-1}{N}\cdot\frac{N-2}{N}\cdot\cdots\cdot\frac{N-k+1}{N} = 1 \quad \left(1-\frac{1}{N}\right)\left(1-\frac{2}{N}\right)\cdots\left(1-\frac{k-1}{N}\right)$

(2) $\lim\limits_{n\to\infty}\left(1-\frac{x}{n}\right)^n = \lim\limits_{n\to\infty}\left(\left(1-\frac{x}{n}\right)^{-\frac{n}{x}}\right)^{-x} = e^{-x}$ 이므로 N 이 k 에 비해 충분히 크면
$\left(1-\frac{1}{N}\right)^N\approx e^{-1},\ \ \left(1-\frac{2}{N}\right)^N\approx e^{-2},\ \ \cdots,\ \ \left(1-\frac{k-1}{N}\right)^N\approx e^{-(k-1)}$ 이다.
따라서 $\left(1-\frac{1}{N}\right)^N\left(1-\frac{2}{N}\right)^N\cdots\left(1-\frac{k-1}{N}\right)^N\approx e^{-\frac{k(k-1)}{2}}$, 즉

$\left(1-\frac{1}{N}\right)\left(1-\frac{2}{N}\right)\cdots\left(1-\frac{k-1}{N}\right)\approx e^{-\frac{k(k-1)}{2N}}$ 이 성립한다.

(3) $N = 365$ 일 중에서 k 명의 생일로 임의의 날짜 k 개를 뽑을 때 같은 날짜가 들어있을 확률은

$k = 20$ 일 때 $\ 1-e^{-\frac{20\cdot 19}{2\cdot 365}} = 1-e^{-\frac{38}{73}}\approx 1-0.594 = 0.406,$

$k = 30$ 일 때 $\ 1-e^{-\frac{30\cdot 29}{2\cdot 365}} = 1-e^{-\frac{87}{73}}\approx 1-0.304 = 0.696,$

$k = 40$ 일 때 $\ 1-e^{-\frac{40\cdot 39}{2\cdot 365}} = e^{-\frac{156}{73}}\approx 1-0.118 = 0.882,$

$k = 50$ 일 때 $\ 1-e^{-\frac{50\cdot 49}{2\cdot 365}} = e^{-\frac{245}{73}}\approx 1-0.035 = 0.965,$

$k = 60$ 일 때 $\ 1-e^{-\frac{60\cdot 59}{2\cdot 365}} = e^{-\frac{354}{73}}\approx 1-0.008 = 0.992.$ ♦

문제 2.2.5 (Urn problems) (1) **[기하분포(geometric distribution)]**
흰색 공 a개와 검은색 공 b개가 들어 있는 상자에서 무작위로 한 개의 공을 꺼내어 색을 확인하고 되돌려 놓는 시행을 n번 반복하는 실험에서 흰색 공이 나올 때까지의 시행 횟수의 평균과 분산을 구하시오. (단, $p = \frac{a}{a+b}$)

(2) **[이항분포(Binomial distribution)]**
흰색 공 a개와 검은색 공 b개가 들어 있는 상자에서 무작위로 한 개의 공을 꺼내어 색을 확인하고 되돌려 놓는 시행을 n번 반복하는 실험에서 흰색 공이 k번 뽑힐 확률을 구하시오. 그리고 이 실험에서 뽑히는 흰색 공의 개수의 평균과 분산을 구하시오. (단, $p = \frac{a}{a+b}$)

(3) **[초기하분포(Hypergeometric distribution)]**
흰색 공 a개와 검은색 공 b개가 들어 있는 상자에서 무작위로 한 개의 공을 꺼내어 색을 확인하고 빼버리는 시행을 n번 반복하는 실험에서 흰색 공이 k번 뽑힐 확률을 구하시오.

(4) **[폴리아 항아리 모델(Pòlya's urn model)]**
흰색 공 a개와 검은색 공 b개가 들어 있는 상자에서 무작위로 한 개의 공을 꺼내어 색을 확인하고 되돌려 놓고 또 같은 색의 공 c개를 추가로 상자에 넣는 시행을 n번 반복하는 실험의 i번째 시행에서 뽑히는 공의 색을 나타내는 변수 Y_i의 값을 흰색이면 $Y_i = 1$, 검은색이면 $Y_i = 0$으로 부여하자. 이때 $i = 1, 2, \cdots, n$에 대하여 확률 $P(Y_i = 1)$을 구하시오. ($c = 0$이면 이항분포, $c = -1$이면 초기하분포가 된다)

(5) 위 (4)의 실험에서 $n = 3$, $c = 1$일때 흰색 공이 나온 횟수가 2일 확률을 구하시오.

풀이

두 자연수 n과 k가 $k \le n$이면 조합의 수는 $\binom{n}{k} = \frac{n!}{k!(n-k)!}$이다. $n > k$이면 $\binom{n}{k} = 0$으로 생각한다.

(1) 이 실험에서 흰색 공이 나올 때까지의 시행 횟수를 확률변수 X로 나타낼 때, 자연수 k에 대하여 $X = k$일 확률은 $P(X = k) = (1-p)^{k-1}p$이고, 확률변수 X의 평균(기댓값)은 $E(X) = \sum_{k=1}^{\infty} k\,P(X = k) = \sum_{k=1}^{\infty} k(1-p)^{k-1}p$이다.

이때, $E(X) - (1-p)E(x) = \sum_{k=1}^{\infty} k(1-p)^{k-1}p - \sum_{k=1}^{\infty} k(1-p)^{k}p = \sum_{k=0}^{\infty}(k+1)(1-p)^{k}p - \sum_{k=1}^{\infty} k(1-p)^{k}p = p + \sum_{k=1}^{\infty}(1-p)^{k}p = p + \frac{(1-p)p}{1-(1-p)} = 1$이므로 $E(X) = \frac{1}{p}$이다.

분산은 $V(x) = E(X^2) - \{E(X)\}^2$으로 구한다.

여기에서 $E(X^2) = \sum_{k=1}^{\infty} k^2\,P(X = k) = \sum_{k=1}^{\infty} k^2(1-p)^{k-1}p$이고, 앞에서와 마찬가지로 계산하면

$E(X^2)-(1-p)E(X^2) = \sum_{k=1}^{\infty}(2k-1)(1-p)^{k-1}p = 2\sum_{k=1}^{\infty}k(1-p)^{k-1}p - \sum_{k=1}^{\infty}(1-p)^{k-1}p = \frac{2}{p}-1$ 이므로 $E(X^2) = \frac{2-p}{p^2}$ 이다.

따라서 $V(X) = \frac{2-p}{p^2} - \frac{1}{p^2} = \frac{1-p}{p^2}$ 이다.

(2) 이 실험에서 흰색 공이 뽑히는 횟수를 확률변수 X로 나타낼 때, $k = 0, 1, 2, \cdots, n$에 대하여 $X = k$일 확률은 $P(X = k) = \binom{n}{k}p^k(1-p)^{n-k}$ 이다. 평균은

$$E(X) = \sum_{k=0}^{n} k\,P(X=k) = \sum_{k=0}^{n} k\binom{n}{k}p^k(1-p)^{n-k} = \sum_{k=0}^{n} k\,\frac{n!}{(n-k)!\,k!}\,p^k(1-p)^{n-k}$$

$$= np\sum_{k=1}^{n}\frac{(n-1)!}{((n-1)-(k-1))!\,(k-1)!}p^{k-1}(1-p)^{(n-1)-(k-1)} = np\sum_{k=1}^{n}\binom{n-1}{k-1}p^{k-1}(1-p)^{(n-1)-(k-1)}$$

$$= np\sum_{j=0}^{n-1}\binom{n-1}{j}p^j(1-p)^{(n-1)-j} = np(p+(1-p))^{n-1} = np$$ 이다. (이항전개식 이용)

분산을 구하기 위해서 먼저 $E(X^2)$을 구한다.

$$E(X^2) = \sum_{k=0}^{n} k^2\,P(X=k) = \sum_{k=0}^{n} k^2\binom{n}{k}p^k(1-p)^{n-k}$$

$$= np\sum_{k=1}^{n} k\,\frac{(n-1)!}{((n-1)-(k-1))!\,(k-1)!}\,p^{k-1}(1-p)^{(n-1)-(k-1)}$$

$$= np\sum_{j=0}^{n-1}(j+1)\,\frac{(n-1)!}{((n-1)-j)!\,j!}\,p^j(1-p)^{(n-1)-j}$$

$$= np\sum_{j=0}^{n-1} j\,\frac{(n-1)!}{((n-1)-j)!\,j!}\,p^j(1-p)^{(n-1)-j} + np\sum_{j=0}^{n-1}\frac{(n-1)!}{((n-1)-j)!\,j!}\,p^j(1-p)^{(n-1)-j}$$

$$= np\cdot(n-1)p + np\cdot 1 = (np)^2 + np(p-1)$$ 이다.

(앞에서 구한 이항분포의 평균 공식과 이항전개식 이용)

따라서 분산은 $V(X) = E(X^2) - \{E(X)\}^2 = \{(np)^2 + np(p-1)\} - (np)^2 = np(1-p) = npq$ 이다. ($q = 1-p$)

(3) $a+b$개의 공 중에서 n개를 동시에 뽑는다고 생각하고, 그중에 흰색 공이 k개 들어있을 확률을 구하면 된다. 따라서 이 실험에서 흰색 공이 뽑히는 횟수를 확률변수 X로 나타낼 때, $k = 0, 1, 2, \cdots, n$에 대하여 $P(X=k) = \frac{\binom{a}{k}\binom{b}{n-k}}{\binom{a+b}{n}}$ 이다.

(초기하분포의 평균과 분산은 $E(X) = \frac{an}{a+b}$, $V(X) = \frac{ab(a+b-n)n}{(a+b)^2(a+b-1)}$ 인데, 이를 계산하는 과정이 복잡하여 여기에서는 생략한다.)

(4) $P(Y_1 = 1) = \frac{a}{a+b}$

$$\begin{aligned} P(Y_2 = 1) &= P(Y_1 = 1) \cdot P(Y_2 = 1 \mid Y_1 = 1) \\ &\quad + P(Y_1 = 0) \cdot P(Y_2 = 1 \mid Y_1 = 0) \\ &= \frac{a}{a+b} \cdot \frac{a+c}{a+b+c} + \frac{b}{a+b} \cdot \frac{a}{a+b+c} \\ &= \frac{a}{a+b} \cdot \frac{a+c}{a+b+c} + \frac{a}{a+b} \cdot \frac{b}{a+b+c} \\ &= \frac{a}{a+b} \end{aligned}$$

처음에 흰색 공 a개와 검은색 공 b개로 시작할 때 k번째 시행에서 $P(Y_k = 1) = \frac{a}{a+b}$이라고 가정하면

$$\begin{aligned} P(Y_{k+1} = 1) &= P(Y_k = 1) \cdot P(Y_{k+1} = 1 \mid Y_k = 1) \\ &\quad + P(Y_k = 0) \cdot P(Y_{k+1} = 1 \mid Y_k = 0) \\ &= \frac{a}{a+b} \cdot \frac{a+c}{a+b+c} + \frac{b}{a+b} \cdot \frac{a}{a+b+c} \\ &= \frac{a}{a+b} \end{aligned}$$

따라서 수학적 귀납법에 의하여 $i = 1, 2, \cdots, n$에 대하여 $P(Y_i = 1) = \frac{a}{a+b}$이다.

(5) $Y_1 + Y_2 + Y_3 = 2$인 모든 경우, 즉 $(Y_1, Y_2, Y_3) = (1,1,0)$, $(1,0,1)$, $(0,1,1)$인 경우의 확률을 더하면 된다.

$$\begin{aligned} P(1,1,0) &= \frac{a}{a+b} \cdot \frac{a+1}{a+b+1} \cdot \frac{b}{a+b+2}, \\ P(1,0,1) &= \frac{a}{a+b} \cdot \frac{b}{a+b+1} \cdot \frac{a+1}{a+b+2}, \\ P(0,1,1) &= \frac{b}{a+b} \cdot \frac{a}{a+b+1} \cdot \frac{a+1}{a+b+2} \end{aligned}$$

따라서 구하는 확률은 $P(1,1,0) + P(1,0,1) + P(0,1,1) = \frac{3a(a+1)b}{(a+b)(a+b+1)(a+b+2)}$. ♦

연습문제 2.2.4 흰색 공 3개와 검은색 공 2개가 들어 있는 상자에서 무작위로 한 개의 공을 꺼내어 색을 확인하고 되돌려 놓고, 또 같은 색의 공 c개를 추가로 상자에 넣는 시행을 4번 반복하는 실험에서 다음을 구하시오.

(1) $c = 0$일 때, 이 실험에서 흰색 공이 3번 뽑힐 확률

(2) $c = 0$일 때, 이 실험에서 뽑히는 흰색 공의 개수의 평균과 분산

(3) $c = -1$일 때, 이 실험에서 흰색 공이 3번 뽑힐 확률

(4) $c = 1$일 때, 이 실험에서 2번째로 뽑히는 공이 흰색일 확률

(5) $c = 1$일 때, 이 실험에서 흰색 공이 3번 뽑힐 확률

(6) $c = 2$일 때, 이 실험에서 흰색 공이 3번 뽑힐 확률

2.3 정수의 모듈러 연산의 원리와 암호체계

이 절에서는 먼저 정수의 모듈러 연산의 개념에 대하여 간단히 정리하고 나서, 이를 이용하여 정수에 관한 몇 가지 원리들을 살펴본다. 그리고 큰 소수에 대한 모듈로 연산을 바탕으로 하는 암호체계들을 알아본다.

정수 $k \geq 1$ 에 대하여 두 정수 a, b의 차이가 k로 나누어 떨어질 때 "a와 b는 모듈로(modulo) k로 합동"이라고 하고, 다음과 같이 나타낸다.

$$a \equiv b \pmod{k}$$

그리고 모듈로 합동인 정수쌍에 대하여 다음과 같은 연산 등식이 성립한다.

$$\begin{aligned} &a_1 \equiv a_2 \pmod{k}, \quad b_1 \equiv b_2 \pmod{k} \\ &\qquad \Rightarrow \quad a_1 \pm b_1 \equiv a_2 \pm b_2 \pmod{k}, \quad a_1 \cdot b_1 \equiv a_2 \cdot b_2 \pmod{k} \end{aligned}$$

또한, k와 서로소인 정수 a는 곱셈에 대한 역원을 가진다.

$$\gcd(a, k) = 1 \quad \Rightarrow \quad \exists x \in \mathbb{Z}, \quad a \cdot x \equiv 1 \pmod{k}, \quad \text{즉,} \ \ x \equiv a^{-1} \pmod{k}$$

이때 a의 곱셈에 대한 역원 a^{-1}을 분수 $\frac{1}{a}$로도 나타낸다. 그리고 곱셈에 대한 역원을 이용하여 모듈로 나눗셈 연산도 정의한다.

예를 들어, mod 12로 계산할 때, 12와 서로소인 정수 5는 곱셈에 대한 역원을 가지며, $\frac{1}{5}$에 해당하는 정수 x가 존재하고, 다음 식을 만족한다.

$$5x \equiv 1 \pmod{12}$$

mod 12로 계산할 때는 모든 정수의 값은 $0, 1, 2, \cdots, 11$ 가운데 하나와 합동이므로, 이 중에서 위 방정식의 해 x의 값을 찾으면 $x = 5$이다. 따라서

$$\tfrac{1}{5} \equiv 5 \pmod{12}$$

임을 알 수 있다. 그리고 예를 들어 분수 $\frac{4}{5}$의 값은

$$\tfrac{4}{5} = 4 \cdot \tfrac{1}{5} \equiv 4 \cdot 5 \equiv 8 \pmod{12}$$

와 같이 계산한다.

정수의 모듈러 연산에 대하여 성립하는 여러 가지 원리들을 살펴보기에 앞서, 먼저 두 자연수의 최대공약수를 구하는 방법인 유클리드의 호제법(Euclidean algorithm)을 알아보기로 하자. 이 방법은 기원전 300년 경에 쓰인 유클리드의 원론(Euclid's Elements) 제 7권 명제1에서 명제3까지에 해당하는 것이다. 알고리즘이란 잘 정의된 규칙에 의하여 어떤 계산을 하기위한 단계별로 제시된 과정을 말하는데, 유클리드의 호제법은 명시적으로 기술된 가장 오래된 알고리즘으로 알려져있다.

정리 2.3.1 (Euclidean algorithm) $a > b$인 두 양의 정수 a와 b의 최대공약수 $\gcd(a, b)$를 다음과 같은 단계로 구할 수 있다.

(1) $r_0 = a$, $r_1 = b$로 두고 r_0를 r_1으로 나눈 몫 q_1과 나머지 r_2를 구한다.

$$r_0 = r_1 \cdot q_1 + r_2 \qquad (0 \le r_2 < r_1)$$

(2) $n \ge 2$에 대하여 r_{n-1}을 r_n으로 나눈 몫 q_n과 나머지 r_{n+1}을 구한다.

$$r_{n-1} = r_n \cdot q_n + r_{n+1} \qquad (0 \le r_{n+1} < r_n)$$

(3) $r_{m+1} = 0$이 되면 멈춘다($m \in \mathbb{N}$). 이때 $r_m = \gcd(a, b)$이다.

증명

(2)의 점화식을 반복할 때 r_n, r_{n+1}이 정수이고 $0 \le r_{n+1} < r_n$이므로 무한히 반복될 수 없고, 어떤 자연수 m이 존재하여 $r_{m+1} = 0$이 된다.

먼저, r_m이 a와 b의 공약수임을 보이자. $r_{m+1} = 0$이므로 r_m은 r_{m-1}의 약수이다. 따라서 주어진 점화식에 의하여 r_m은 r_{m-2}의 약수이고, 이 과정을 계속 반복하면 r_m은 a와 b의 약수이다. 따라서 $r_m \le \gcd(a, b)$이다.

다음으로, a와 b의 임의의 공약수 c에 대하여 c가 r_m의 약수임을 보이자. 첫 단계의 식에 의하여 c는 r_2의 약수이고, 그 다음 점화식을 계속 반복하면 c는 r_3, r_4, $\cdots$ 의 약수이다. 따라서 $\gcd(a, b)$는 r_m의 약수이므로 $\gcd(a, b) \le r_m$이다. 그러므로 $r_m = \gcd(a, b)$이다. ■

문제 2.3.1 스프레드 시트에 수식입력 기능을 이용하여 Euclidean algorithm을 수행하는 표를 만들어 두 수 2024와 748의 최대공약수를 구해보자.

풀이

$a = 2024$, $b = 748$을 r_0, r_1에 해당하는 칸에 입력하고, $n = 2$인 행의 q_1, r_2에 해당하는 칸에 수식 TRUNC(r_0/r_1)과 $r_0 - r_1 \cdot q_1$을 입력한다. 이때 r_0, r_1, q_1에 해당하는 칸을 클릭하여 그 칸의 이름으로 입력한다.

n	q_{n-1}	r_n	$\gcd(a,b)$
0		r_0	
1		r_1	
2	q_1 =TRUNC(r_0/r_1)	$r_2 = r_0 - r_1 \cdot q_1$	
⋮	⋮	⋮	
⋮	⋮	⋮	
m	q_{m-1}	r_m	r_m
$m+1$	q_m	0	

$n \geq 3$인 행은 $n = 2$인 행을 복사하여 붙이면 자동으로 계산된다. $r_{m+1} = 0$이 되는 행에서 끝나게 하면 r_m의 값이 $\gcd(a,b)$이다. ♦

n	q_{n-1}	r_n	$\gcd(2024, 748)$
0		2024	
1		748	
2	2	528	
3	1	220	
4	2	88	
5	2	44	44
6	2	0	

정리 2.3.2 (Extended Euclidean algorithm) $a > b$인 두 양의 정수 a와 b에 대하여 최대공약수 $\gcd(a,b)$와 $ax + by = \gcd(a,b)$를 만족하는 정수 x, y를 다음과 같은 단계로 구할 수 있다.

(1) $r_0 = a$, $r_1 = b$로 두고, 또 $s_0 = 1$, $s_1 = 0$, $t_0 = 0$, $t_1 = 1$로 둔다.

(2) $n \geq 1$에 대하여 r_{n-1}을 r_n으로 나눈 몫 q_n과 나머지 r_{n+1}를 구하고, 또 s_{n+1}, t_{n+1}을 다음과 같은 식으로 구한다.

$$r_{n-1} = r_n \cdot q_n + r_{n+1} \qquad (0 \leq r_{n+1} < r_n)$$

$$s_{n+1} = s_{n-1} - q_n s_n, \qquad t_{n+1} = t_{n-1} - q_n t_n$$

(3) $r_{m+1} = 0$이 되면 멈춘다($m \in \mathbb{N}$).

이때 $r_m = \gcd(a, b)$이고, $a\,s_m + b\,t_m = r_m = \gcd(a, b)$이다.

증명

$r_m = \gcd(a, b)$인 것은 Euclidean algorithm에 대한 증명과 같다.

먼저, $a\,s_0 + b\,t_0 = r_0$, $a\,s_1 + b\,t_1 = r_1$이 성립하는 것은 정의에 의하여 자명하다.
그리고 모든 $k \leq n$에 대하여 $a\,s_k + b\,t_k = r_k$이 성립한다고 가정하면 다음이 성립한다.

$$\begin{aligned} r_{n+1} = r_{n-1} - r_n \cdot q_n &= (a\,s_{n-1} + b\,t_{n-1}) - (a\,s_n + b\,t_n)q_n \\ &= a(s_{n-1} - s_n\,q_n) + b(t_{n-1} - t_n\,q_n) \\ &= a\,s_{n+1} + b\,t_{n+1} \end{aligned}$$

따라서 $n = 2, 3, 4, \cdots$에 대하여 $a\,s_n + b\,t_n = r_n$이 성립한다.
그러므로 $n = m$일 때, $a\,s_m + b\,t_m = r_m = \gcd(a, b)$이다. ■

문제 2.3.2 스프레드 시트에서 Extended Euclidean algorithm을 수행하는 표를 만들어 두 수 $a = 2024$와 $b = 748$의 최대공약수 $\gcd(a, b)$를 구하고, $ax + by = \gcd(a, b)$를 만족하는 정수 x, y를 찾아보자.

풀이

$a = 2024$, $b = 748$을 r_0, r_1에 해당하는 칸에 입력하고, 1, 0, 0, 1을 s_0, s_1, t_0, t_1에 해당하는 칸에 입력한다. $n = 2$인 행의 q_1, r_2, s_2, t_2에 해당하는 칸에 수식 TRUNC(r_0/r_1), $r_0 - r_1 \cdot q_1$, $s_0 - q_1 s_1$, $t_0 - q_1 t_1$을 입력한다.

n	q_{n-1}	r_n	s_n	t_n	$ax + by = \gcd(a, b)$
0		r_0	1	0	
1		r_1	0	1	
2	q_1	r_2	s_2	t_2	
$\vdots$	$\vdots$	$\vdots$	$\vdots$	$\vdots$	
$\vdots$	$\vdots$	$\vdots$	$\vdots$	$\vdots$	
m	q_{m-1}	r_m	s_m	t_m	$a\,s_m + b\,t_m = r_m$
$m+1$	q_m	0	s_{m+1}	t_{m+1}	

이때 r_0, r_1, q_1, s_0, s_1, t_0, t_1에 해당하는 칸을 클릭하여 그 칸의 이름으로 입력한다. $n \geq 3$인 행은 $n = 2$인 행을 복사하여 붙이면 자동으로 계산된다. $r_{m+1} = 0$이 되는

n	q_{n-1}	r_n	s_n	t_n	$2024x + 748y = \gcd(2024, 748)$
0		2024	1	0	
1		748	0	1	
2	2	528	1	-2	
3	1	220	-1	3	
4	2	88	3	-8	
5	2	44	-7	19	$2024 \cdot (\quad 7) + 748 \cdot 19 = 44$
6	2	0	17	-46	

행에서 끝나게 하면 r_m의 값이 $\gcd(a, b)$이고, $a\,s_m + b\,t_m = r_m = \gcd(a, b)$이다. ♦

문제 2.3.3 $a = 7$, $k = 11$에 대하여 $\gcd(a, k) = 1$이다. 스프레드 시트에서 Extended Euclidean algorithm을 수행하는 표를 만들어 $ky + ax = \gcd(a, k)$를 만족하는 정수 x, y를 찾아보자.

이때 $ax \equiv ky + ax \equiv 1 \pmod{k}$이므로 $x \equiv a^{-1} \pmod{k}$이다.

풀이

$k = 11$, $a = 7$을 r_0, r_1에 해당하는 칸에 입력하고, 1, 0, 0, 1을 s_0, s_1, t_0, t_1에 해당하는 칸에 입력하여 Extended Euclidean algorithm을 수행하면, $r_5 = 0$이 되므로 $r_4 = 1 = \gcd(a, k)$이고, $k\,s_4 + a\,t_4 = r_4$, 즉 $11 \cdot 2 + 7 \cdot (-3) = 1$이다. 따라서 $-3 \equiv 7^{-1} \pmod{11}$, 즉 $8 \equiv 7^{-1} \pmod{11}$이다. ♦

n	q_{n-1}	r_n	s_n	t_n	$11y+7x=\gcd(11,7)$
0		11	1	0	
1		7	0	1	
2	1	4	1	-1	
3	1	3	-1	2	
4	1	1	2	-3	$11\cdot 2+7\cdot(-3)=1$
5	3	0	-7	11	

실습문제 2.3.1 컴퓨터 수학 프로그램이나 공학용 계산기로 PowerMod$[a,-1,k]$를 실행하여 다음 각 경우에 $a^{-1} \pmod{k}$를 계산해보자. (https://wolframcloud.com)

(1) $a=7,\quad k=11$

(2) $a=7814,\quad k=17449$

다음에 소개하는 'Fermat의 작은 정리'와 'Euler의 정리'는 정수론에서 중요한 의미를 가지며, 특히 수학적 암호학에서 큰 소수를 이용하는 Diffie-Hellman key exhange(문제 2.3.5), ElGamal public key(문제 2.3.6), RSA public key(문제 2.3.7) 등의 알고리즘에 핵심적으로 활용된다. 이 두 정리에 대한 증명은 여기에서는 생략하기로 한다.

정리 2.3.3 (Fermat의 작은 정리) p가 소수이고, a가 임의의 정수일 때 다음이 성립한다.

$$a^{p-1} \equiv \begin{cases} 1 \pmod{p} & p\text{가 } a\text{의 약수가 아닌 경우} \\ 0 \pmod{p} & p\text{가 } a\text{의 약수인 경우} \end{cases}$$

Fermat의 작은 정리는 간단한 계산으로 자연수 m이 소수가 아님을 판별할 수 있는 한 가지 충분조건으로 활용된다. 예를 들어, $m=6$은 $a=2$의 약수가 아니므로, 만일 m이 소수라면 Fermat의 작은 정리에서 $2^{m-1}\equiv 1 \pmod{m}$가 성립해야 하는데, 실제로는

$$2^{6-1}=32\equiv 2 \pmod{6}$$

이므로, 6은 소수일 수 없음을 판별할 수 있다. 또 다른 예로

$$2^{43114027-1}\equiv 39195594 \pmod{43114027}$$

이므로 $m = 43114027$도 소수가 아님을 판별할 수 있다. 그러나 Fermat의 작은 정리는 자연수 m이 소수가 아님을 판별할 수 있는 필요충분조건은 아니다. 예를 들어, $2^{341-1} \equiv 1 \pmod{341}$ 이지만, $m = 341 = 31 \times 11$은 소수가 아니다. 이런 수들을 '밑 2에 대한 유사 소수(psuedoprimes to base 2)' 라고 따로 분류한다. 실제로 341은 그 중 가장 작은 수이며, 2.5×10^{10}까지의 자연수 중에 겨우 21,853개 뿐이다. 그런 이유로 RSA public key cryptographic algorithm과 같은 현실적으로 사용되는 암호체계에서는 key 생성단계에서 Fermat의 작은 정리를 소수 판별에 사용하고 있다. (참고: Wikipedia, primality test)

소수를 판별하는 알고리즘에 대한 연구는 암호론 등에서 중요한 분야이다. 2002년 세 명의 인도의 컴퓨터 과학자 Manindra Agrawal, Neeraj Kayal, Nitin Saxena의 논문에서 제시된 AKS primality test는 아마도 최초의 일반적, 무조건적, 결정론적인 다항 시간 알고리즘이라고 인정받고 있다. 세 저자는 이 연구로 2006년 괴델상, 풀커슨상을 포함하여 각종 상을 수상하였다. ASK 소수 판별법은 기본적으로 Fermat의 작은 정리를 다항식에 대하여 일반화한 정리를 이용한다. (참고: 위키백과 ASK 소수판별법)

실습문제 2.3.2 컴퓨터 수학 프로그램이나 공학용 계산기로 $\text{Mod}[2^{m-1}, m]$을 다음의 각 m에 대하여 구해보자. (https://wolframcloud.com) 그 결과로 m이 소수인지 아닌지 판정할 수 있는가?

(1) $m = 13765417$ (2) $m = 15485863$

실습문제 2.3.3 $m = 561 = 3 \times 11 \times 17$이다. 컴퓨터 수학 프로그램이나 공학용 계산기로 $\text{Mod}[a^{560}, 561]$을 다음의 각 a에 대하여 구해보자. (https://wolframcloud.com) 그 결과를 Fermat의 작은 정리의 내용과 비교하여 설명해보자.

(1) $a = 2$ (2) $a = 5$

자연수 n에 대하여 다음과 같이 정의된 함수 $\phi(n)$은 Euler totient function이라고 한다.

$$\phi(n) = n \text{ 이하의 } n\text{과 서로소인 자연수의 개수}$$

p가 소수이고 k가 자연수일 때, p^k와 서로소가 아닌 자연수는 p의 배수뿐이므로

$$\phi(p^k) = p^k - p^{k-1}$$

이다. 그리고 m_1, m_2가 서로소이면 $\phi(m_1 \cdot m_2) = \phi(m_1) \cdot \phi(m_2)$ 임을 확인할 수 있다. 따라서 자연수 n의 소인수분해가 $n = p_1^{k_1} p_2^{k_2} \cdots p_s^{k_s}$ 이면

$$\begin{aligned}
\phi(n) &= \phi\left(p_1^{k_1}\right)\phi\left(p_2^{k_2}\right)\cdots\phi\left(p_s^{k_s}\right) \\
&= \left(p_1^{k_1} - p_1^{k_1-1}\right)\left(p_2^{k_2} - p_2^{k_2-1}\right)\cdots\left(p_s^{k_s} - p_s^{k_s-1}\right) \\
&= p_1^{k_1}p_2^{k_2}\cdots p_s^{k_s}\left(1-p_1^{-1}\right)\left(1-p_2^{-1}\right)\cdots\left(1-p_s^{-1}\right) \\
&= n \times \prod_{p\text{는 } n\text{의 소인수}} \left(1-\frac{1}{p}\right)
\end{aligned}$$

예를 들어, $n = 12$의 소인수는 2와 3이므로

$$\phi(12) = 12 \times \left(1-\frac{1}{2}\right)\left(1-\frac{1}{3}\right) = 4$$

그리고 p와 q가 소수일 때는 다음이 성립함을 확인할 수 있다.

$$\phi(pq) = pq\left(1-\frac{1}{p}\right)\left(1-\frac{1}{q}\right) = (p-1)(q-1)$$

정리 2.3.4 (Euler의 정리) 서로소인 두 자연수 a와 n에 대하여 다음 식이 성립한다.

$$a^{\phi(n)} \equiv 1 \pmod{n}$$

문제 2.3.4 (1) 3^{4798}의 십진법표현의 일의 자리의 수는?

(2) 3^{4798}의 십진법표현의 오른쪽 끝의 세 자리 수는?

풀이

(1) $3^1, 3^2, 3^3, 3^4, 3^5$의 일의 자리의 수는 3, 9, 7, 1, 3, $\cdots$ 이다.

그리고 $4798 \equiv 2 \pmod{4}$이므로 3^{4798}의 일의 자리의 수는 9이다.

(2) 3과 1000은 서로소인 두 자연수이므로, Euler의 정리에 의하여

$$3^{\phi(1000)} \equiv 1 \pmod{1000}$$

이 성립한다. 그리고 $\phi(1000) = 1000 \times \left(1-\frac{1}{2}\right)\left(1-\frac{1}{5}\right) = 400$ 이므로

$$3^{400} \equiv 1 \pmod{1000}$$

이다. 그런데 $4798 \equiv 398 \pmod{400}$ 이므로

$$3^{4798} \equiv 3^{398} \equiv \tfrac{1}{9} \pmod{1000}$$

이고, 문제 2.3.3에서와 같이 Extended Euclidean algorithm을 수행하면

n	q_{n-1}	r_n	s_n	t_n	$1000y + 9x = \gcd(1000, 9)$
0		1000	1	0	
1		9	0	1	
2	111	1	1	-111	$1000 \cdot 1 + 9 \cdot (-111) = 1$
3	9	0	-9	1000	

이므로 $\frac{1}{9} \equiv -111 \equiv 889 \pmod{1000}$ 이다. 따라서

$$3^{4798} \equiv 889 \pmod{1000}$$

이므로 3^{4798} 의 십진법표현의 오른쪽 끝의 세 자리 수는 889이다. ◆

연습문제 2.3.1 (1) 7^{6439} 의 십진법표현의 일의 자리의 수는?

(2) 7^{6439} 의 십진법표현의 오른쪽 끝의 두 자리 수는?

실습문제 2.3.4 컴퓨터 수학 프로그램이나 공학용 계산기로 Mod[x,10^m]를 실행하여 다음을 구해보자. (https://wolframcloud.com)

(1) 3^{4798} 의 십진법표현의 일의 자리의 수는?

(2) 3^{4798} 의 십진법표현의 오른쪽 끝의 세 자리 수는?

이제 소수 p의 모듈로 연산에 대한 로그 함수(**이산로그**)를 정의하고, 뒤에서 이 개념을 활용하는 암호체계를 살펴본다. 이산로그 문제(Discrete Logarithm Problem, DLP)는 소수 p와 p의 배수가 아닌 어떤 자연수 g가 존재하여

$$\{1, g, g^2, \cdots, g^{p-2}\} \equiv \mathbb{F}_p^* := \{1, 2, \cdots, p-1\} \pmod{p} \tag{2.1}$$

를 만족할 때(g를 'a primitive root modulo p'라고 함), 집합 $\mathbb{F}_p^*$의 각 원소 x에 대하여

$$g^y \equiv x \pmod{p} \tag{2.2}$$

를 만족하는 정수 y를 찾는 문제를 말한다. (지수함수 g^y의 값은 0은 아니다.) 주어진 x에 대하여 식 (2.2)을 만족하는 정수 y는 $0, 1, \cdots, p-2$ 중에 반드시 단 하나가 존재함을 쉽게 확인할 수 있다. 그리고 여기에서 페르마의 작은 정리에 의하여

$$g^{y+k(p-1)} = g^y \cdot \left(g^{p-1}\right)^k \equiv x \cdot 1^k \equiv x \pmod{p}, \qquad \forall k \in \mathbb{Z}$$

이다. 따라서 집합 $\mathbb{F}_p^* := \{1, 2, \cdots, p-1\}$의 각 원소 x에 대하여

$$y \equiv \log_g x \pmod{p-1}$$

인 y 값이 집합 $\mathbb{F}_{p-1} := \{0, 1, \cdots, p-2\}$ 안에 유일하게 존재하므로 이산로그 함수 $\log_g : \mathbb{F}_p^* \to \mathbb{F}_{p-1}$이 잘 정의된다.

한편, p가 소수일 때 식 (2.1)을 만족하는 정수 g로 사용할 수 있는 '모듈로 p의 원시근(a primitive root)'의 개수는 $\phi(p-1)$임이 밝혀져 있다. 예를 들어, 모듈로 $p = 13$의 원시근은 $\phi(12) = 4$개 이며, 실제로 $2, 6, 7, 11$이다. 이 중에서 $g = 2$를 밑으로 하는 이산로그 값 y를 Wolfram 명령 MultiplicativeOrder[2,13,x]로 구해보면 다음과 같다. (식 $2^y \equiv x \pmod{13}$으로 검산할 수 있다.)

$x \in \mathbb{F}_{13}^*$	1	2	3	4	5	6	7	8	9	10	11	12
$y = \log_2 x \in \mathbb{F}_{12}$	0	1	4	2	9	5	11	3	8	10	7	6

p가 아주 큰 소수인 경우, 이산로그의 값을 구하는 문제는 컴퓨터로 계산하여도 긴 시간이 소요되며, 현재까지는 $p > 2^{80}$에 대해서는 계산 알고리즘이 개발되어있지 않다. 다음에 소개하는 Diffie-Hellman key exhange 암호체계와 ElGamal public key 암호체계는 큰 소수에 대한 이산로그의 계산의 어려움에 기반한 것이다.

문제 2.3.5 (Diffie-Hellman key exhange 암호체계) Alice와 Bob이 A'이라는 어떤 값을 암호로 서로 공유하려고 하고, Eve는 그 암호를 알아내려고 한다.

(1단계) 소수 p와 그의 한 primitive root g를 공개한다.

(2단계) Alice와 Bob이 각자의 정수 a, b를 비밀리에 선택하여 다음의 A, B를 각각 계산한다.

$$A \equiv g^a \pmod p, \qquad B \equiv g^b \pmod p$$

(3단계) Alice와 Bob이 A, B를 서로 교환한다.(교환 채널이 안전하지 않아 Eve에게도 A, B가 알려짐)

(4단계) Alice와 Bob이 (2단계)에서 선택했던 각자의 비밀 정수 a, b로 다음의 A', B'를 각각 계산한다.

$$A' \equiv B^a \pmod p, \qquad B' \equiv A^b \pmod p$$

마지막 단계에서 Alice와 Bob이 각자 계산한 A'과 B'은 실제로 같은 값이며, 이 값이 그들이 공유하는 암호가 된다. 다음 물음에 답하시오.

(1) $A' \equiv B' \pmod p$ 임을 보이시오.

(2) Eve가 도청한 A값으로 $\log_g A \pmod{p-1}$ 을 계산할 수 있으면 암호 A'을 알아낼 수 있음을 보이시오.

풀이

(1) $A' \equiv B^a \equiv (g^b)^a \equiv g^{ab} \equiv (g^a)^b \equiv A^b \equiv B' \pmod p$

(2) $a \equiv \log_g A \pmod{p-1}$ 이므로 Eve가 a를 계산할 수 있고, 또 Eve가 B를 알고 있으므로 $A' \equiv B^a \pmod p$ 를 구할 수 있다. ♦

실습문제 2.3.5 소수 $p = 941$과 그의 한 primitive root $g = 627$이 공개된 상황에서 Alice와 Bob이 Diffie-Hellman key exhange 암호체계로 한 암호를 공유하려고 한다. Alice와 Bob이 각자 비밀리에 선택한 정수가 $a = 347$, $b = 781$일 때, 컴퓨터 수학 프로그램이나 공학용 계산기를 이용하여 다음 물음에 답하시오. (https://wolframcloud.com)

(1) $A \equiv g^a \pmod p$ 를 계산하시오.

(2) $B \equiv g^b \pmod p$ 를 계산하시오.

(3) $A' \equiv B^a \pmod p$ 와 $B' \equiv A^b \pmod p$ 을 계산하여 같음을 확인하시오.

문제 2.3.6 (ElGamal public key 암호체계) Bob이 Alice에게 숫자 m $(2 \le m \le p)$ 을 비밀리에 전달하고자 하고, Eve는 그 숫자를 알아내려고 한다.

(1단계) 소수 p와 그의 한 primitive root g를 공개한다.

(2단계) Alice가 한 정수 a $(1 \le a \le p-1)$를 비밀리에 선택하여 다음의 A를 계산하여 공개한다.

$$A \equiv g^a \pmod p$$

(3단계) Bob이 전달하고자 하는 숫자 m과 일회용으로 선택한 무작위 정수 $k \pmod p$로 다음의 두 수 B, C를 계산하여 Alice에게 보낸다. (Eve도 안다.)

$$B \equiv g^k \pmod p, \qquad C \equiv mA^k \pmod p$$

(4단계) Alice가 (2단계)에서 선택했던 비밀의 정수 a로 다음과 같이 계산하여 m을 알아낸다.

$$(B^a)^{-1} \cdot C \pmod p$$

다음 물음에 답하시오.

(1) $m \equiv (B^a)^{-1} \cdot C \pmod p$임을 보이시오.

(2) Eve가 $\log_g A \pmod{p-1}$을 계산할 수 있으면 m을 알아낼 수 있음을 보이시오.

풀이

(1) $(B^a)^{-1} \cdot C \equiv \left(g^{ak}\right)^{-1} \cdot \left(mA^k\right) \equiv \left(g^{ak}\right)^{-1} \cdot \left(m(g^a)^k\right) \equiv m \pmod p$

(2) $a \equiv \log_g A \pmod{p-1}$이므로 Eve가 a를 계산할 수 있고, 또 Eve가 B, C를 알고 있으므로 $m \equiv (B^a)^{-1} \cdot C \pmod p$를 구할 수 있다. ♦

실습문제 2.3.6 소수 $p = 467$과 그의 한 primitive root $g = 2$가 공개되었을 때, Bob이 Alice에게 ElGamal public key 암호체계로 암호숫자 $m = 331$을 전달하려고 한다. Alice가 비밀리에 선택한 정수가 $a = 153$이고, Bob이 무작위로 선택한 정수가 $k = 197$일 때, 컴퓨터 수학 프로그램이나 공학용 계산기를 이용하여 다음 물음에 답하시오. (https://wolframcloud.com)

(1) $A \equiv g^a \pmod p$를 계산하시오.

(2) $B \equiv g^k \pmod p$를 계산하시오.

(3) $C \equiv mg^k \pmod p$를 계산하시오.

(4) $(B^a)^{-1} \cdot C \pmod p$을 계산하여 m을 구하시오.

마지막으로 소개할 RSA public key 암호체계는 아주 큰 서로 다른 두 소수 p, q를 곱하여 만들어진 수 $N = pq$에 대하여 식 $x^n \equiv c \pmod N$을 만족하는 정수해 x, 즉 $c^{\frac{1}{n}} \pmod N$을 찾는 문제가 아주 어렵다는 사실에 기반한 것이다. RSA 암호체계는 N을 소인수분해할 수 있으면 깨어지지만, 큰 수의 소인수분해는 이산로그 문제만큼이나 어려운 문제이다.

큰 소수에 대한 이산로그의 계산이나, 큰 수의 소인수분해를 획기적으로 빠르게 할 수 있는 알고리즘이 발견된다면 Diffie-Hellman key exhange, ElGamal public key, RSA public key 등의 암호체계는 더 이상 쓸 수 없게 될 것이다. 1993년 양자 컴퓨터를 이용하는 소인수분해 알고리즘이 발표되었고, 그 후 20여년 동안 상용화를 위한 많은 연구가 계속되고 있다.

문제 2.3.7 (RSA public key 암호체계) Bob이 Alice에게 숫자 m $(1 \le m \le N-1)$을 비밀리에 전달하고자 한다. Eve는 그 숫자를 알아내려고 한다.

(1단계) Alice가 서로 다른 두 소수 p, q를 비밀리에 선택하여 그 곱 $N = pq$를 계산한다. 그리고 $\gcd(n, (p-1)(q-1)) = 1$인 자연수 n을 선택하여 n과 N의 값을 공개한다.
(2단계) Bob이 전달하고자 하는 숫자 m $(1 \le m \le N-1)$과 Alice가 공개한 수 n, N으로 다음의 수 c를 계산하여 Alice에게 보낸다. (Eve도 안다.)

$$c \equiv m^n \pmod N$$

(3단계) Alice가 (1단계)에서 선택했던 비밀의 소수 p, q로 먼저

$$nd \equiv 1 \pmod{(p-1)(q-1)}$$

을 만족하는 d를 계산하고, 다음으로 $m' \equiv c^d \pmod N$을 계산하여 $m' = m$을 알아낸다.

다음 물음에 답하시오.

(1) $\gcd(m, N) = 1$인 경우에 $m \equiv c^d \pmod N$임을 보이시오.

(2) 일반적으로, $\gcd(s, t) = 1$이고 $a \equiv b \pmod s$, $a \equiv b \pmod t$이면 $a \equiv b \pmod{st}$가 성립함을 보이시오.

(3) $\gcd(m, N) > 1$인 경우에도 $m \equiv c^d \pmod N$임을 보이시오.

(4) Eve가 $c^{\frac{1}{n}} \pmod N$을 계산할 수 있으면 m을 알아낼 수 있음을 보이시오.

풀이

(1) 먼저, $\gcd(m, N) = 1$이므로 오일러의 정리에 의하여

$$m^{\phi(N)} = m^{(p-1)(q-1)} \equiv 1 \pmod N$$

이 성립한다. 그리고 어떤 $k \in \mathbb{Z}$에 대하여 $nd = 1 + k(p-1)(q-1)$이므로 다음이 성립한다.

$$c^d \equiv m^{nd} \equiv m^{1+k(p-1)(q-1)} \equiv m \cdot \left(m^{\phi(N)}\right)^k \equiv m \cdot 1^k \equiv m \pmod N$$

(2) s와 t가 둘 다 $a-b$의 약수이고, s, t가 서로소이므로 st는 $a-b$의 약수이다. 따라서 $a \equiv b \pmod{st}$ 이다.

(3) $\gcd(m, N) > 1$, 즉 m과 N이 서로소가 아니고, $m < N = pq$ 이므로 p와 q 중에서 하나만 m의 약수이다. 여기에서는 q가 m의 약수라고 하자. 그러면 $m \equiv 0 \pmod{q}$ 이므로 당연히

$$m^{1+k(p-1)(q-1)} \equiv m \cdot 1^k \equiv m \equiv 0 \pmod{q}$$

이다. 그리고 p는 m의 약수가 아니므로 Fermat의 작은 정리에 의하여 $m^{p-1} \equiv 1 \pmod{p}$ 가 성립한다. 따라서 $m^{(p-1)(q-1)} \equiv 1^{q-1} \equiv 1 \pmod{p}$ 이고,

$$m^{1+k(p-1)(q-1)} \equiv m \pmod{p}$$

이다. 이때 p와 q가 서로소이므로 (2)에 의하여 $c^d \equiv m^{nd} \equiv m^{1+k(p-1)(q-1)} \equiv m \pmod{pq}$ 이다.

(4) $x \equiv c^{\frac{1}{n}} \pmod{N}$ 를 알면 $c \equiv x^n \pmod{N}$ 이므로 (2단계)의 정의에 따라 $x = m$ 이다. ♦

실습문제 2.3.7 Bob이 Alice에게 RSA public key 암호체계로 암호숫자 $m = 1070777$을 전달하려고 한다. Alice가 비밀리에 두 소수 $p = 1223$, $q = 1987$를 선택하여 $N = pq = 2430101$을 공개하고, 또 $\gcd(n, (p-1)(q-1)) = 1$ 인 자연수 n으로 $n = 948047$을 선택하여 공개할 때, 다음 물음에 답하시오. (https://wolframcloud.com)

(1) $c \equiv m^n \pmod{N}$ 를 계산하시오.

(2) $nd \equiv 1 \pmod{(p-1)(q-1)}$ 를 만족하는 d를 문제 2.3.3에서와 같이 Extended Euclidean algorithm으로 계산하시오.

(3) $m' \equiv c^d \pmod{N}$ 을 계산하여 $m' = m$ 임을 확인하시오.

2.4 짝을 맞추는 원리를 이용하는 게임

물건의 개수나 숫자에 대한 문제를 해결할 때 핵심적인 요소를 찾아 짝을 지어보는 방법이 효과적인 경우들이 있다. 앞에서 자연수의 기본원리 중 하나로 살펴보았던 '비둘기집의 원리'도 그런 경우라고 할 수 있다. 서로 비교할 두 그룹으로 분류하고 어떤 원칙에 따라 짝을 지어 문제 상황의 구조를 이해하는 다양한 예들을 이 절에서 살펴본다. 특히 이러한 종류의 수학적 문제를 게임으로 제시하여 컴퓨터에서나 실제 교실에서 활동으로 해 볼 수 있다.

문제 2.4.1 (Domino tiling 문제) 8×8개의 정사각형 칸들로 나누어진 체스판에서 왼쪽 맨 위와 오른쪽 맨 아래의 두 칸을 뺀 나머지 칸들의 전체 영역을 2×1칸 크기의 타일(domino)로 빈틈없이 덮을 수 있는가?

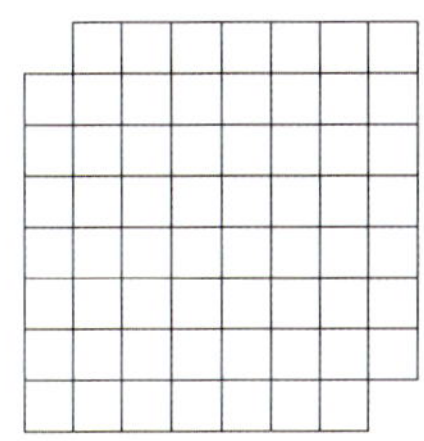

풀이

불가능하다. 그 이유를 다음과 같이 설명할 수 있다.

주어진 영역을 오른쪽 그림과 같이 흰색 칸과 회색 칸이 교대로 나타나도록 색칠했다고 생각해보자.
위아래나 좌우로 인접해 있는 흰색 칸 하나와 회색 칸 하나의 쌍을 2×1칸 크기의 타일 하나로 덮는다고 생각한다.
만일 주어진 영역 전체를 2×1칸 크기의 타일로 빈틈없이 덮는다면 흰색 칸과 회색 칸의 개수가 같을 것이다.

그런데 주어진 영역에서는 흰색 칸과 회색 칸의 개수가 같게 색칠할 수 없다. 따라서 이 영역을 2×1칸 크기의 타일로 빈틈없이 덮을 수 없다. ♦

연습문제 2.4.1 다음 그림의 네 가지 영역에 대하여 각각을 2×1칸 크기의 타일로 빈틈없이 덮을 수 있는지 알아보시오. 단, 검은색 칸은 전체 영역에서 빠진 칸을 뜻한다.
(hint: 홀수개의 칸으로 이루어진 행 2개나 열 2개가 인접해 있는 경우에는 2×1칸 크기의 타일로 빈틈없이 덮을 수 있다.

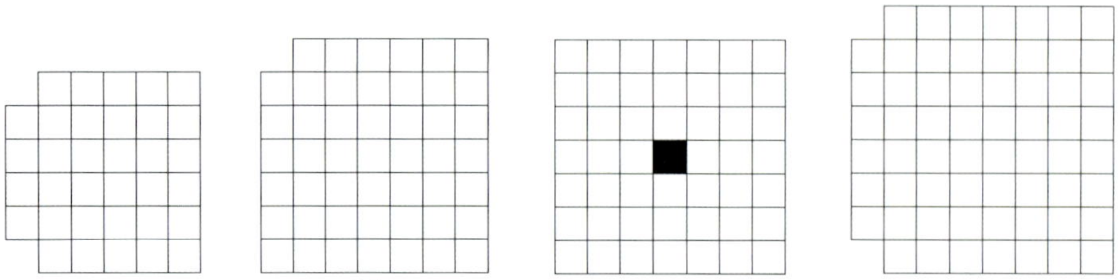

6x6-2 7x7-1 7x7-1 8x8-2

앞에서 살펴본 예들에서 주어진 영역을 도미노, 즉 2×1칸 크기의 타일로 덮을 수 없는 경우들은 전체 영역을 체스판처럼 두 가지 색을 교대로 칠했을 때, 각 색의 칸의 개수가 달라서 짝이 맞지 않았다. 그러면 전체 영역에서 두 가지 색의 칸 수가 같은 경우에는 도미노로 덮을 수 있는 것일까? 이 문제에 대한 일반적인 판별방법이 밝혀져 있다. Philip Hall은 1935년 논문[3]에서

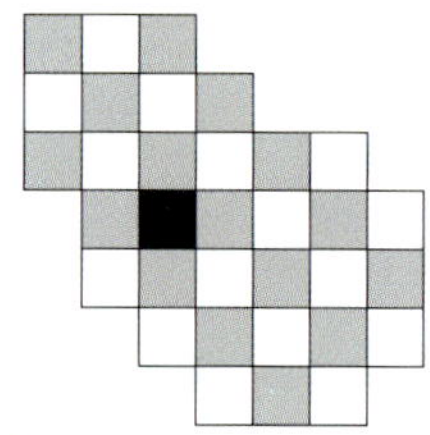

"도미노로 덮을 수 없는 경우에는 항상 어떤 k개의 칸이 존재하여 그 인접한 칸들의 개수가 k보다 작다."

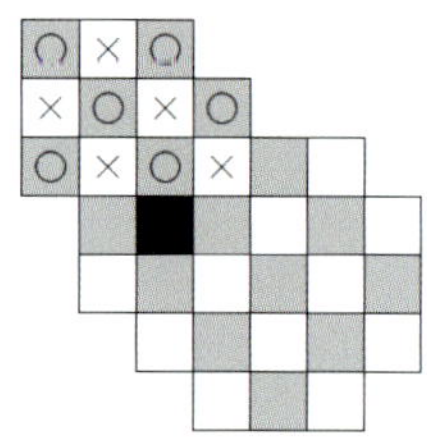

라는 사실을 증명하였다. 오른쪽 그림의 예에서 검은색 칸을 뺀 전체 영역에서 흰색 칸과 회색 칸의 수가 모두 16개로 같은데, 기호 ○로 표시된 6개의 칸이 인접한 ×칸의 개수는 5개이다. 따라서 이 6개의 ○칸에 걸쳐서 도미노로 덮는 방법이 없다. 그러므로 전체 영역을 도미노로 덮는 것도 불가능하다.

다음으로 살펴볼 straight tromino(3×1), straight tetromino(4×1) 등의 경우에는 tiling에 대한 이러한 일반적인 판별방법이 아직 증명되지 않았다.

문제 2.4.2 (Straight tromino tiling 문제) 8×8개의 정사각형 칸들로 나누어진 체스판에서 어느 한칸을 뺀 나머지 칸들의 전체 영역을 3×1칸 크기의 타일(straight tromino)로 빈틈없이 덮을 수 있으려면 어느 한칸을 빼야 하는가?

풀이

체스판을 3×1칸 크기의 타일(straight tromino)로 덮기 위해서 3개의 칸들을 짝지어 알아본다. 아래 그림 (1), (2)에서와 같이 체스판의 각 칸에 세 가지 기호 ○, △, ×를 두 가지 규칙으로 배열한다고 생각하자.

두 가지 배열 (1), (2) 모두에서 기호들의 개수가 ○ 22개, △ 21개, × 21개이다. 따라서 3×1칸 크기의 타일로 전체 영역이 덮어지려면 두 배열 모두에서 기호 ○가 있는 칸을 하나 빼야 한다.

이때 두 배열을 겹쳐보면, 두 배열에 공통으로 ◯가 있는 칸은 네 곳뿐임을 알 수 있다. 그리고 이 네 곳의 ◯칸은 전체 체스판을 $90°$씩 회전하여도 상대적인 위치가 같으므로, 네 곳 중 어느 한 칸을 빼도 전체 체스판의 모양은 같다. ♦

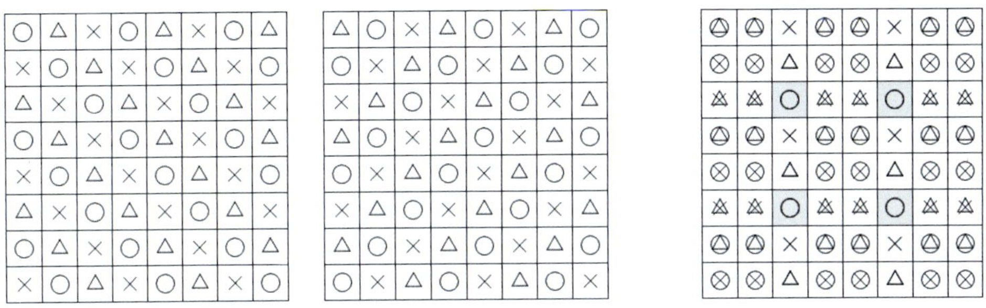

(1) ◯ 22개 △ 21개 × 21개 (2) ◯ 22개 △ 21개 × 21개 (1)+(2)

연습문제 2.4.2 8×8개의 칸에서 오른쪽 그림과 같은 위치의 검은색 칸 하나가 빠진 체스판을 3×1칸 크기의 타일로 빈틈없이 덮는 방법을 구체적 보이시오.

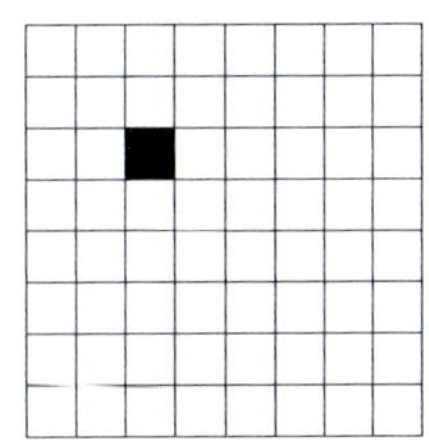

풀이

먼저 오른쪽 그림에서 색칠한 방법대로 3×1칸 크기의 타일을 덮는다. 그리고 나머지 아직 색칠하지 않은 부분은 가로 칸의 수가 3의 배수이므로 3×1칸 크기의 타일로 쉽게 덮을 수 있다. ♦

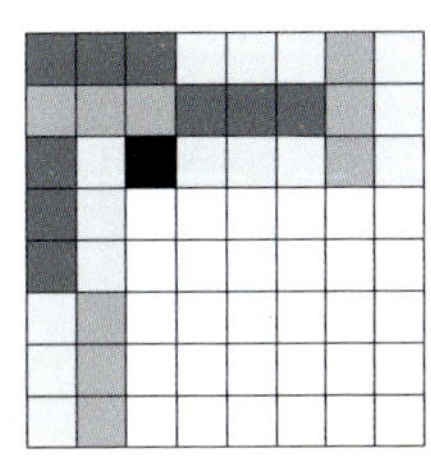

문제 2.4.3 (Straight tetromino tiling 문제) 10×10개의 정사각형 칸들로 나누어진 영역을 4×1칸 크기의 타일(straight tetromino)로 빈틈없이 덮을 수 있는가?

풀이

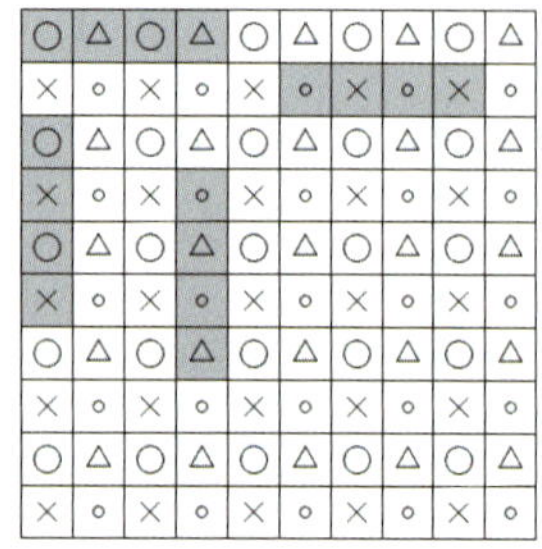

불가능하다. 그 이유를 다음과 같이 4개의 칸들을 짝지어 설명할 수 있다.

10×10개의 칸에 오른쪽 그림과 같이 네 가지 기호 ○, △, ×, ∘를 25개씩 배열한다고 생각하자. 4×1칸 크기의 타일을 하나 놓을 때마다 각 기호 칸은 짝수개(0개, 또는 2개)가 덮인다. 따라서 전체 영역을 4×1칸 크기의 타일로 모두 덮을 수 있다면 전체에서 각 기호 칸은 짝수개이어야 한다.

하지만 전체 영역에서 각 기호칸은 25개로 홀수이다. 그러므로 10×10개의 정사각형 칸들로 나누어진 영역을 4×1칸 크기의 타일로 빈틈없이 덮을 수 없다. ♦

실습문제 2.4.1 Tetromino를 이용하는 게임으로는 잘 알려진 Tetris가 있다. 또 Pentomino 퍼즐을 맞추는 컴퓨터 게임들도 다양하다. 아래의 사이트에서 그런 종류의 게임을 참고하여 수학적 tiling 이론을 게임으로 만드는 것에 대하여 각자 생각해보자.

https://www.mathsisfun.com/games/tetris.html

https://www.transum.org/Maths/Activity/Jigsaw/Pentominoes.asp

https://wellgames.com/free_online/pentomino/

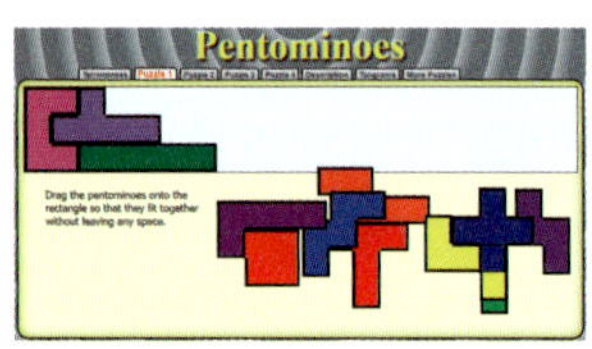

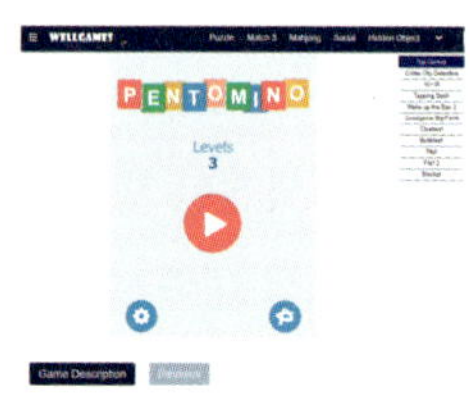

문제 2.4.4 다음에서 주어진 통에 물을 가득 채우거나, 모두 버리거나, 한 통의 물로 다른 통을 가득 채우거나, 한 통에 있는 물을 다른 통으로 모두 옮길 수 있다. 이러한 행동을 각각 하나의 시행이라고 할 때, 각 물음에 답하시오.

(1) 5리터짜리와 3리터짜리 통으로 정확히 4리터를 재어 두 통 중 하나에 담을 수 있는가? 있다면 최소 몇 번의 시행으로 가능한가?

(2) 6리터짜리와 4리터짜리 통으로 정확히 3리터를 재어 두 통 중 하나에 담을 수 있는가?

풀이

(1) 방정식 $5x+3y=4$의 정수해 중에서 예를 들어 $x=2$, $y=-2$를 생각해보면 5리터짜리 통을 2번 채운 물을 3리터짜리 통 2번 만큼 덜어내면 4리터를 얻게 된다. 이를 단계별로 시행하면

① 5리터짜리 통에 가득 채운다.

② 5리터짜리 통의 물로 3리터짜리 통을 가득 채운다.

③ 3리터짜리 통을 비운다.

④ 5리터짜리 통에 남은 2리터의 물을 3리터짜리 통으로 옮긴다.

⑤ 다시 5리터짜리 통을 가득 채운다.

⑥ 5리터짜리 통의 물로 ④의 3리터짜리 통을 가득 채운다.

그러면 5리터짜리 통에 정확히 4리터의 물이 남게 된다.

방정식 $5x+3y=4$의 정수해 중에서 x, y의 절댓값이 작은 다른 해로 $x=-1$, $y=3$도 생각해보면 다음 표에서와 같이 8번의 시행이 필요하다. 따라서 6번이 시행의 최솟값이다.

$5x+3y=4$	①	②	③	④	⑤	⑥	⑦	⑧
$x=2,\ y=-2$	5,0	2,3	2,0	0,2	5,2	4,3		
$x=-1,\ y=3$	0,3	3,0	3,3	5,1	0,1	1,0	1,3	4,0

(2) 방정식 $6x+4y=3$의 정수해는 존재하지 않는다(좌변은 2의 배수이지만 우변은 2의 배수가 아니므로). 따라서 6리터짜리와 4리터짜리 통으로는 정확히 3리터를 잴 수 없다. ♦

연습문제 2.4.3 다음에 주어진 용량의 두 통으로 요구하는 용량을 정확히 재어 두 통 중 하나에 담을 수 있는지 답하고, 만일 담을 수 있다면 위 문제의 풀이에서와 같이 시행과정을 표로 제시하고, 최소 시행 횟수를 구하시오.

(1) 11리터짜리와 8리터짜리 통으로 정확히 9리터를 재어 담기

(2) 12리터짜리와 18리터짜리 통으로 정확히 15리터를 재어 담기

실습문제 2.4.2 위의 문제 2.4.4를 컴퓨터에서 게임으로 실험해 보자. (www.mathsisfun.com/games/jugs-puzzle.html, https://www.transum.org/Software/Investigations/jugs.asp)

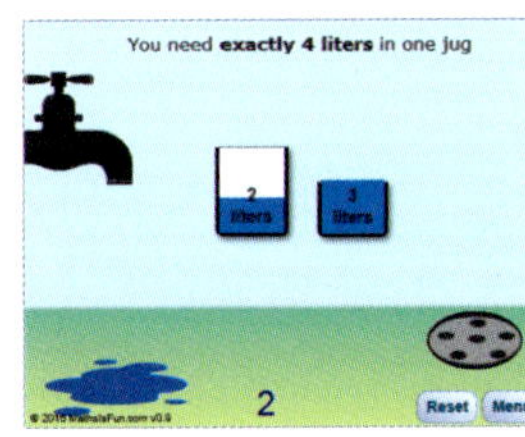

각 레벨에서 요구하는 최소의 시행 회수로 문제를 해결하도록 하자.

실습문제 2.4.3 위의 문제 2.4.4에서 주어진 방정식의 여러 정수해 (x, y) 중에서 절댓값이 작은 몇 개의 해가 필요한데, 이 과정을 컴퓨터 수학프로그램이나 공학용 계산기로 구해보자. (https://wolframcloud.com)

```
Reduce[{6x+5y==4,−10 <x< 10,−10 <y< 10},{x,y},Integers]
```

문제 2.4.5 1번부터 8번까지의 번호가 붙은 8개의 금화자루가 있다. 이들 중 몇 자루에는 21g짜리 금화만 가득 들어 있고, 나머지 자루들에는 20g짜리 금화만 가득 들어 있다고 한다. 무게저울로 단 한번 무게를 재어 21g짜리 금화가 든 자루를 모두 찾는 방법을 설명하고, 구체적으로 한 예를 들어 어느 자루들이 21g짜리 금화자루인지 찾아보시오.

풀이

자연수를 어떤 진법으로 나타낼 때, 각 자리의 값이 유일하게 결정된다는 사실을 이용하여 각 자루마다 꺼내는 동진의 개수를 진법의 서로 다른 자리를 나타내도록 하면 무게가 다른 금화자루를 찾을 수 있다. 그리고 이때 이진법을 쓰면 다루는 전체 개수가 가장 적을 것이다.
1번 자루에서 1개, 2번 자루에서 2개, 3번 자루에서 2^2개, $\cdots$, 8번 자루에서 2^7개의 금화를 각각 꺼내어 총 $1 + 2 + 2^2 + 2^3 + \cdots + 2^7 = 2^8 - 1 = 255$개의 무게를 재었을 때의 무게가 $(255 \times 20 + x)$g이면, x를 이진법 수로 나타내어 그 자리값에 해당하는 자루들이 21g짜리 금화자루임을 알아낼 수 있다.
예를 들어, $x = 10$이면, $10 = 2^3 + 2$이므로, 2번과 4번자루가 21g짜리 금화자루이다. ♦

연습문제 2.4.4 포도주 1000통이 있는데 그 중 한 통은 독이 든 포도주이다. 이 독은 생쥐에게 극소량만 먹여도 정확히 1시간이 지나면 효과가 나타난다고 한다. k시간 안에 독이 든 포도주통을 찾아내려면 다음 각 경우에 최소 몇 마리의 생쥐가 필요한가? (hint: $(k+1)$진법을 이용한다.)

(1) $k = 1$ (2) $k = 2$ (3) $k = 3$

실습문제 2.4.4 이진법을 이용하여 만든 다양한 게임들을 있다. 아래의 사이트에서 그런 종류의 게임을 참고하여, 수학적 진법 개념을 게임으로 만드는 것에 대하여 각자 생각해보자.

https://www.mathsisfun.com/games/2048.html

https://www.mathsisfun.com/games/mind-reader.html

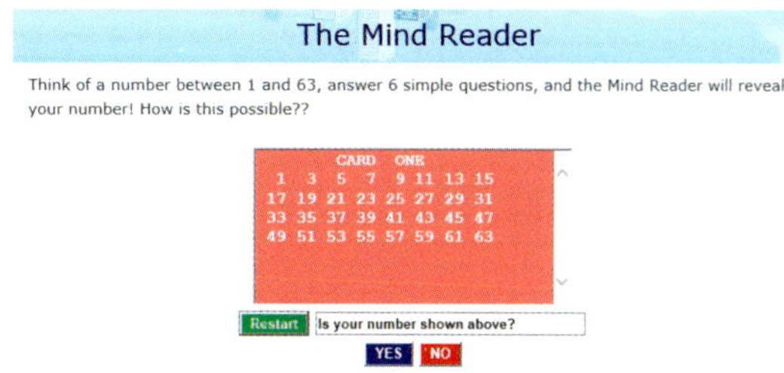

문제 2.4.6 'Nim game(님 게임)'은 두 사람이 번갈아서 바둑돌 세 무더기 중 한 무더기를 택하여 한 개 이상의 바둑돌을 원하는 만큼 가져오다가 마지막 바둑돌을 가져오는 사람이 이기는 게임이다.

'miseére Nim game(역 님게임)'은 똑같이 진행하다가 마지막 구슬을 가져오는 사람이 지는 게임이다.

두 종류의 Nim 게임에서 이길 수 있는 전략을 세워보자.

풀이

세 무더기의 바둑돌의 수를 각각 이진법으로 나타내어 생각한다.

Nim game에서는 같은 자리의 수의 합이 모두 짝수가 되도록 매번 가져올 수 있으면 이기게 된다. 예를 들어, 어느 단계에 남은 세 무더기의 수가 $100_{(2)}, 010_{(2)}, 001_{(2)}$ 이면 첫번째 무더기에서 1개만 가져온다.

그리고 마지막에 $0_{(2)}, 10_{(2)}, 1_{(2)}$ 개가 남았다면 가운데 무더기의 2개 중 1개를 가져오면 이긴다.

miseére Nim game에서는 Nim game과 같이 진행하다가 마지막에 1개씩 남은 무더기의 수가 홀수가 되도록 하면 이긴다. 예를 들어 마지막에 $11_{(2)}, 1_{(2)}, 1_{(2)}$ 개가 남았다면 첫번째 무더기에서 2개를 가져오면 이기게 된다.

두 종류의 Nim 게임에서 처음에 같은 자리의 수의 합이 짝수로 주어졌으면, 먼저 하는 사람은 반드시 이길 수 있는 방법이 없고, 나중에 하는 사람은 반드시 이길 수 있는 방법이 있다. ♦

실습문제 **2.4.5** 위의 문제 2.4.6의 '역 님게임'을 컴퓨터에서 실험해 보자. 상대방이 마지막 구슬을 가져가도록 해야 이긴다.

(https://www.archimedes-lab.org/game_nim/play_nim_game.html)

'nim game'도 해보자. (https://www.transum.org/Software/Nim/)

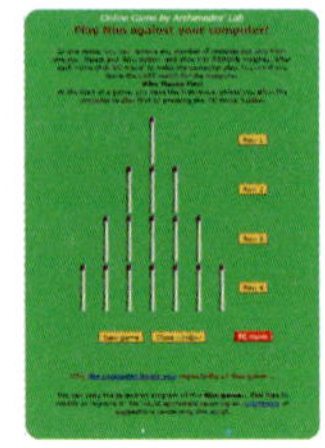

똑같이 생긴 여러 개의 동전 중에 포함된 무게가 다른 가짜 동전 1개를 양팔 저울을 이용하여 찾아낼 때, 양팔 저울로 무게를 비교하는 횟수의 최솟값에 대하여 알아보자.

양팔 저울로 한 번 무게를 비교하여 알아낼 수 있는 정보는 다음 3가지이다.

"양쪽 무게가 같다(=), 왼쪽이 크다(>), 오른쪽이 크다(<)"

따라서 전체 동전을 3개의 모둠으로 나누어 비교하여 가짜가 들어있는 모둠을 찾아가는 해법을 적용할 수 있다. 전체 동전의 개수가 3의 거듭제곱일 때는 3개의 모둠으로 똑같이 나누면 되고, 그렇지 않은 경우에도 3개의 모둠 중 2개를 동전의 개수가 같도록 나누어 먼저 비교하고, 이후 단계에서 3의 거듭제곱 개로 후보를 축소하여 찾아가는 전략을 쓸 수 있다.

먼저, 아래 (1), (2)의 기본 사실을 확인하고, 이를 바탕으로 무게를 비교하는 일반적인 횟수 n에 대하여 성립하는 원리들을 보조정리 2.4.1, 2.4.3, 2.4.5과 정리 2.4.2, 2.4.4, 2.4.6에서 살펴보도록 하자.

(1) 3개의 동전 중에 1개의 가짜 동전이 있을 때는 양팔 저울로 두 번 무게를 비교하면 가짜 동전을 항상 찾을 수 있고, 그것이 다른 동전보다 무거운지 가벼운지도 알 수 있다.

(2) 3개의 동전 중에 1개의 가짜 동전이 있고, 그것이 다른 동전보다 무거운지 가벼운지를 알고 있을 때는 양팔 저울로 한 번만 무게를 비교하면 가짜 동전을 찾을 수 있다.

그리고 무게비교의 각 단계에서 그때까지 알아낸 정보를 바탕으로

{진짜로 판명된 동전들}, {가벼운 가짜 후보 동전들}, {무거운 가짜 후보 동전들}

을 분류해놓아야 그 다음 단계를 진행할 수 있으며, 중간 단계에서 필요에 따라 가짜 후보들을 진짜와 비교하여 정보를 얻을 수 있다.

보조정리 2.4.1 3^n개의 동전 중에 1개의 가짜 동전이 있고, 그것이 다른 동전보다 무거운지 가벼운지 알고 있을 때는 양팔 저울로 n번 무게를 비교하면 가짜 동전을 항상 찾을 수 있다.

증명

수학적 귀납법을 사용한다. $n = 1$일 때, 즉 3개 중에서 가짜 동전이 다른 동전보다 무거운지 가벼운지를 알고 있을 때는 위의 (2)번 사실에 의하여 양팔 저울로 1번 무게를 비교하면 가짜 동전을 항상 찾을 수 있다.

3^k개의 동전 중에 1개의 가짜 동전이 있고, 그것이 다른 동전보다 무거운지 가벼운지 알고 있을 때는 양팔 저울로 k번 무게를 비교하면 가짜 동전을 항상 찾을 수 있다고 가정하자.

3^{k+1}개의 동전 중에 1개의 가짜 동전이 있고, 그것이 다른 동전보다 무거운지 가벼운지 알고 있을 때는 먼저 $3^k + 3^k + 3^k$개의 세 모둠으로 나누면 (2)번 사실에 의하여 양팔 저울로 1번 무게를 비교하여 세 모듬 중에서 가짜 동전을 포함한 모둠을 찾을 수 있다. 이제 가짜 동전을 포함한 3^k개의 모둠에서 가짜 동전이 다른 동전보다 무거운지 가벼운지 알고 있으므로 귀납법 가정에 의하여 양팔 저울로 k번 무게를 비교하여 가짜 동전을 찾을 수 있다. 따라서 3^{k+1}개의 동전 중에 1개의 가짜 동전이 있고, 그것이 다른 동전보다 무거운지 가벼운지 알고 있을 때는 양팔 저울로 $k+1$번 무게를 비교하면 가짜 동전을 항상 찾을 수 있다.

그러므로 수학적 귀납법에 의하여 임의의 자연수 n에 대하여 정리의 사실이 성립한다. ■

정리 2.4.2 3^n개의 동전 중에 1개의 가짜 동전이 있을 때는 양팔 저울로 $n+1$번 무게를 비교하면 가짜 동전을 항상 찾을 수 있고, 그것이 다른 동전보다 무거운지 가벼운지도 알 수 있다.

증명

$n = 1$일 때, 즉 3개의 동전 중에 1개의 가짜 동전이 있을 때는 위의 (1)번 사실에 의하여 양팔 저울로 2번 무게를 비교하면 가짜 동전을 항상 찾을 수 있고, 그것이 다른 동전보다 무거운지 가벼운지도 알 수 있다.

$n \geq 2$일 때는 $3^n = 3^{n-1} + 3^{n-1} + 3^{n-1}$개의 세 모둠으로 나누면 (1)번 사실에 의하여 양팔 저울로 2번 무게를 비교하여 세 모듬 중에서 가짜 동전을 포함한 모둠을 찾을 수 있고, 그 모둠이 다른 모듬보다 무거운지 가벼운지도 알 수 있다.
이제 가짜 동전을 포함한 3^{n-1}개의 모둠에서 가짜 동전이 다른 동전보다 무거운지 가벼운지 알고 있으므로 위의 보조정리 2.4.1에 의하여 양팔 저울로 $n-1$번 무게를 비교하여 가짜 동전을 찾을 수 있다.

따라서 3^n개의 동전 중에 1개의 가짜 동전이 있을 때는 양팔 저울로 $n+1$번 무게를 비교하면 가짜 동전을 항상 찾을 수 있다. ■

보조정리 2.4.3 3^n개의 동전 중에 1개의 가짜 동전이 있고, 무거운 가짜가 있을 수 있는 A 모둠와 가벼운 가짜가 있을 수 있는 B모둠으로 나뉘어져 있을 때는 양팔 저울로 n번 무게를 비교하면 가짜 동전을 항상 찾을 수 있고, 그것이 다른 동전보다 무거운지 가벼운지도 알 수 있다.

증명

수학적 귀납법을 사용한다.

$n=1$일 때, 예를 들어 a_1a_2b 중에 1개의 가짜 동전이 있을 때는 양팔 저울로 1번 a_1와 a_2의 무게를 비교하면 가짜 동전을 항상 찾을 수 있고, 그것이 다른 동전보다 무거운지 가벼운지두 알 수 있다.

$n=k$일때 정리의 명제가 성립한다고 가정하자.

이제 $n=k+1$일때 전체 3^{k+1}개의 동전 중에 1개의 가짜 동전이 있고, 무거운 가짜가 있을 수 있는 A모둠에 $\frac{3^{k+1}+m}{2}$개, 가벼운 가짜가 있을 수 있는 B모둠에 $\frac{3^{k+1}-m}{2}$개로 주어졌다고 하자(m은 홀수).

이때 $A=A_1\cup A_2\cup A_3$를

$$\frac{3^{k+1}+m}{2}=\frac{3^k+m}{2}+\frac{3^k+m}{2}+\frac{3^k-m}{2}$$

개로 나누고, $B=B_1\cup B_2\cup B_3$를

$$\frac{3^{k+1}-m}{2}=\frac{3^k-m}{2}+\frac{3^k-m}{2}+\frac{3^k+m}{2}$$

개로 나눈다.

먼저, 1단계로 저울의 양쪽에 $A_1\cup B_1$과 $A_2\cup B_2$를 올려서 무게를 비교한다.

이때 $=$인 경우에 가짜 후보 모둠은 $A_3\cup B_3$이다.

그리고 $>$인 경우에는 왼쪽 $A_1\cup B_1$에 가짜가 있다면 그것은 A_1에 있어야 하고, 오른쪽 $A_2\cup B_2$에 가짜가 있다면 그것은 B_2에 있어야 하므로 가짜 후보 모둠은 $A_1\cup B_2$이다.

마찬가지로 $<$이면 $A_2\cup B_1$가 가짜 후보 모둠이다.

세 경우 모두 가짜 후보 모둠의 크기는 3^k 이다. 따라서 귀납법 가정에 의하여 어느 경우이든 양팔 저울로 k번 더 무게를 비교하면 가짜 동전을 찾을 수 있고, 그것이 다른 동전보다 무거운지 가벼운지도 알 수 있다.
따라서 $n = k + 1$일때 양팔 저울로 $k + 1$번 무게를 비교하면 가짜 동전을 찾을 수 있고, 그것이 다른 동전보다 무거운지 가벼운지도 알 수 있다. ■

정리 2.4.4 $\frac{3^n - 1}{2}$개의 동전 중에 1개의 가짜 동전이 있을 때는 양팔 저울로 n번 무게를 비교하면 가짜 동전을 항상 찾을 수 있다.

증명

$n = 2$일 때, 즉 $\frac{3^2 - 1}{2} = 4$개의 동전 중에 1개의 가짜 동전이 있을 때는 다음과 같이 양팔 저울로 2번 무게를 비교하여 가짜 동전을 항상 찾을 수 있다.

1단계: 양쪽에 1개씩 올려서 무게를 비교한다. ($=$, $>$, $<$)

2단계: 1단계에서 $=$인 경우에는 무게를 비교했던 동전 2개는 진짜이고 나머지 2개가 가짜가 될 수 있는 후보이다. 이때 진짜 하나와 가짜 후보 중 하나의 무게를 비교하여 가짜를 찾을 수 있다. ($==$인 경우는 가짜를 찾을 수는 있으나, 그것이 가벼운지 무거운지는 알 수 없다.)
1단계에서 $>$ 또는 $<$인 경우에는 무게를 비교하지 않았던 동전 2개 진짜이고 나머지 2개가 가짜 후보이므로 마찬가지 방법으로 가짜를 찾을 수 있다.

$n \geq 3$일 때, 즉 $\frac{3^n - 1}{2}$개의 동전 중에 1개의 가짜 동전이 있을 때는 전체 동전을 각각 $\frac{3^{n-1} - 1}{2}$개, $\frac{3^{n-1} - 1}{2}$개, $\frac{3^{n-1} + 1}{2}$개의 세 모둠 A, B, C로 나누어 먼저 1단계로 저울의 양쪽에 각각 A모둠과 B모둠을 올려서 무게를 비교한다.

1단계에서 $A > B$ 또는 $A < B$인 경우에는 $A \cup B$의 $3^{n-1} - 1$개의 동전들 중에 가짜가 있다. 이 경우 C모둠의 진짜 동전 하나를 A모둠에 추가하여 3^{n-1}개에 대하여 보조정리 2.4.3을 적용하면 양팔 저울로 $n - 1$번 더 무게를 비교하여 n단계에서 가짜 동전을 찾을 수 있고, 그것이 다른 동전보다 무거운지 가벼운지도 알 수 있다.

1단계에서 $A = B$인 경우에는 C모둠에 가짜가 있다.
이때 $C = C_1 \cup C_2$를 $\frac{3^{n-1} + 1}{2} = 3^{n-2} + \frac{3^{n-2} + 1}{2}$개로 나누고,
2단계로 C_1모둠을 같은 개수의 진짜 동전들과 무게를 비교한다. ($=$, $>$, $<$)

1, 2단계가 =, > 또는 =, < 인 경우에는 C_1 모둠 3^{n-2}개에 가짜 동전이 포함되어 있고, 그것이 다른 것보다 무거운지 가벼운지 알게 되므로 보조정리 2.4.1을 적용하면 $n-2$번 더 무게를 비교하여 n단계에서 가짜를 찾을 수 있다.

1, 2단계가 =, = 인 경우에는 C_2 모둠에 가짜가 있다. 이때 $C_2 = C_{2,1} \cup C_{2,2}$를 $\frac{3^{n-2}+1}{2} = 3^{n-3} + \frac{3^{n-3}+1}{2}$ 개로 나누어 3단계로 $C_{2,1}$ 모둠 3^{n-3}개를 같은 수의 진짜 동전들과 무게를 비교한다. $C_{2,1}$ 모둠의 개수가 1이면, 즉 $n=3$이면 3단계에서 가짜를 찾게 된다.

$n \geq 4$이면 이런 방법을 n단계까지 진행하는데 만일 i번째 단계에서 > 또는 < 가 나오면 3^{n-i}개 중에 가짜 동전이 포함되어 있고, 그것이 다른 것보다 무거운지 가벼운지 알게 되므로 보조정리 2.4.1을 적용하면 $n-i$번 더 무게를 비교하여 가짜를 찾을 수 있다.

그리고 만일 n단계까지 계속 = 가 나온다면 그때까지 무게를 비교하지 않았고 남아있던 마지막 1개가 가짜이다(단, 이 경우에는 가짜가 더 무거운지 가벼운지는 알 수 없다). 어느 경우이든 n단계에서 가짜를 찾을 수 있다. ■

보조정리 2.4.5 $\frac{3^n-1}{2}$개의 동전 중에 1개의 가짜 동전이 있고, 추가로 진짜 동전 하나(a)가 주어졌을 때 양팔 저울로 n번 무게를 비교하면 항상 가짜 동전을 찾을 수 있고, 그것이 다른 동전보다 무거운지 가벼운지도 알 수 있다.

증명

수학적 귀납법을 사용한다.

$n=2$일 때, 즉 $\frac{3^2-1}{2} = 4$개의 동전 $c_1c_2c_3c_4$ 중에 1개의 가짜 동전이 있을 때는 다음과 같이 2단계로 해결할 수 있다.

1단계: c_1c_2와 c_3a를 저울의 양쪽에 올려서 무게를 비교한다. (=, >, <)

2단계: 1단계에서 = 인 경우에는 c_4가 가짜이다. 2단계로 c_4와 a를 비교하여 가짜가 무거운 것인 지 가벼운 것인 지 판단한다.

1단계에서 > 또는 < 인 경우에는 두 모둠 c_1c_2와 c_3 가짜가 있다. 이때 보조정리 2.4.3을 적용할 수 있으므로 1번 만 더 무게를 비교하면 가짜를 찾을 수 있고, 그것이 다른 동전보다 무거운지 가벼운지도 알 수 있다.

$n = k \geq 2$일때 정리의 명제가 성립한다고 가정하자.

$n=k+1$일 때는 $\frac{3^{k+1}-1}{2} = \frac{3^k-1}{2} + \frac{3^k+1}{2} + \frac{3^k-1}{2}$ 개의 세 모둠 A, B, C로 나누고,

1단계에서 저울의 양쪽에 각각 $A \cup \{a\}$ 모둠과 B 모둠을 올려서 무게를 비교한다.

1단계에서 $A \cup \{a\} > B$ 또는 $A \cup \{a\} < B$ 인 경우에는 $A \cup B$ 의 3^k 개 중에 가짜가 있다. 이때 보조정리 2.4.3을 적용할 수 있으므로 k 번 더 무게를 비교하여 $k+1$ 단계에서 가짜를 찾을 수 있고, 그것이 다른 동전보다 무거운지 가벼운지도 알 수 있다.

1단계에서 $A \cup \{a\} = B$ 인 경우에는 C 모둠 $\frac{3^k - 1}{2}$ 개 중에 가짜가 있으므로 귀납법 가정에 의하여 k 번 더 무게를 비교하여 $k+1$ 단계에서 가짜를 찾을 수 있고, 그것이 다른 동전보다 무거운지 가벼운지도 알 수 있다. ■

정리 2.4.6 $\frac{3^n - 3}{2}$ 개의 동전 중에 1개의 가짜 동전이 있을 때는 양팔 저울로 n 번 무게를 비교하면 항상 가짜 동전을 찾을 수 있고, 그것이 다른 동전보다 무거운지 가벼운지도 알 수 있다.

증명

$\frac{3^n - 3}{2} = \frac{3^{n-1} - 1}{2} + \frac{3^{n-1} - 1}{2} + \frac{3^{n-1} - 1}{2}$ 의 세 모둠 A, B, C 로 나누고,

1단계로 A 모둠과 B 모둠의 무게를 비교한다.

1단계에서 $A = B$ 이면 C 모둠 $\frac{3^{n-1} - 1}{2}$ 개 중에 가짜가 있고, 추가로 진짜 동전이 주어진 상황이므로 보조정리 2.4.5를 적용할 수 있다. 따라서 $n-1$ 번 더 무게를 비교하여 n 단계에서 가짜를 찾을 수 있고, 그것이 다른 동전보다 무거운지 가벼운지도 알 수 있다.

1단계에서 $A > B$ 또는 $A < B$ 인 경우에는 $A \cup B$ 의 $3^{n-1} - 1$ 개의 동전들 중에 가짜가 있다. 이 경우 C 모둠의 동전 하나를 A 모둠에 추가하여 3^{n-1} 개에 대하여 보조정리 2.4.3을 적용하면 양팔 저울로 $n-1$ 번 더 무게를 비교하여 n 단계에서 가짜 동전을 찾을 수 있고, 그것이 다른 동전보다 무거운지 가벼운지도 알 수 있다. ■

정리 2.4.4에 의하여 $m = 13$ 개의 동전 중에 1개의 가짜 동전이 있을 때는 양팔 저울로 $n = 3$ 번 무게를 비교하여 가짜 동전을 항상 찾을 수 있으나, 가짜가 다른 동전보다 무거운지 가벼운지 알 수 없는 경우가 있다. $m = 12$ 개인 경우에는 정리 2.4.6에 의하여 $n = 3$ 번으로 가짜가 다른 동전보다 무거운지 가벼운지도 항상 알 수 있다. $m = 11$ 개인 경우에는 4개, 4개, 3개의 모둠으로 나누어 4개, 4개를 먼저 비교하여 두 모둠의 무게가 다르다면 $m = 12$ 개인 경우와 마찬가지로 판정할 수 있고, 두 모둠의 무게가 같다면 남은 3개 중에 무거운 또는 가벼운 가짜를 판정하는 것은 1번만 더 무게를 비교하면 되어, 어느 경우이든 $n = 3$ 번 이내에 완료된다. $m = 10, \cdots, 4$

개인 경우도 마찬가지이다. $m = 4$개인 경우에는 정리 2.4.4에 의하여 $n = 2$번 무게를 비교하여 가짜 동전을 항상 찾을 수 있으나, 가짜가 다른 동전보다 무거운지 가벼운지 알 수 없는 경우가 있다.

연습문제 2.4.5 똑같이 생긴 m개의 동전 중에 무게가 다른 가짜 동전 1개가 포함되어 있을 때, 다음 각 조건 하에서 양팔 저울로 최소 몇 번 무게를 비교하면 가짜 동전을 찾고, 그것이 다른 동전보다 무거운지 가벼운지 알 수 있는가?

(1) $m = 9$일 때 (2) $m = 12$일 때

(3) $m = 27$이고, 가짜 동전이 다른 동전보다 가볍다는 것을 알 때

(4) $m = 27$이고, 14개의 무거운 가짜 후보와 13개의 가벼운 가짜 후보로 나뉘어져 있을 때

연습문제 2.4.6 똑같이 생긴 m개의 동전 중에 무게가 다른 가짜 동전 1개가 포함되어 있을 때, 양팔 저울로 최소 n번 무게를 비교하면 가짜 동전을 찾을 수 있는 m값의 범위와 가짜가 다른 동전보다 무거운지 가벼운지도 항상 알 수 있는 m값의 범위를 각각 구하시오. (단, $m \geq 3$)

(1) $n = 2$번 (2) $n = 3$번 (3) $n = 4$번

문제 2.4.7 무게비교 정리 4의 증명에서와 같은 방법으로 ① ② ③ ⋯ ⑬ 까지의 번호가 붙은 13개의 똑같이 생긴 동전 중에 무게가 다른 가짜 동전 1개가 포함되어 있을 때, 양팔 저울로 3번 무게를 비교하여 가짜 동전을 찾고, 그것이 다른 것들보다 무거운지(+) 가벼운지(−)를 알아내는 과정을 다음 표에 각 단계별로 해당하는 동전의 번호를 써서 나타내시오. (가능하지 않은 경우에는 빈칸으로 남겨 두시오.)

풀이

<table>
<tr><th>1단계 비교</th><th>가짜후보 ±</th><th>2단계 비교</th><th>가짜후보 ±</th><th>3단계 비교</th><th>가짜 ±</th></tr>
<tr><td rowspan="3">{① ②}
{③ ④}
>
{⑤} {⑥}
{⑦ ⑧}</td><td rowspan="3">+: {① ②}
{③ ④}

− : {⑤} {⑥}
{⑦ ⑧}</td><td>{① ②}{⑤}
>
{③ ④}{⑥}</td><td>+: {① ②}
−: {⑥}</td><td>① > ②
① < ②
① = ②</td><td>① +
② +
⑥ −</td></tr>
<tr><td>{① ②}{⑤}
<
{③ ④}{⑥}</td><td>+: {③ ④}
−: {⑤}</td><td>③ > ④
③ < ④
③ = ④</td><td>③ +
④ +
⑤ −</td></tr>
<tr><td>{① ②}{⑤}
=
{③ ④}{⑥}</td><td>−: {⑦ ⑧}</td><td>① > ⑦
① = ⑦</td><td>⑦ −
⑧ −</td></tr>
<tr><td rowspan="3">{① ②}
{③ ④}
<
{⑤} {⑥}
{⑦ ⑧}</td><td rowspan="3">− : {① ②}
{③ ④}

+: {⑤} {⑥}
{⑦ ⑧}</td><td>{① ②}{⑤}
>
{③ ④}{⑥}</td><td>−: {③ ④}
+: {⑤}</td><td>③ > ④
③ < ④
③ = ④</td><td>④ −
③ −
⑤ +</td></tr>
<tr><td>{① ②}{⑤}
<
{③ ④}{⑥}</td><td>−: {① ②}
+: {⑥}</td><td>① > ②
① < ②
① = ②</td><td>② −
① −
⑥ +</td></tr>
<tr><td>{① ②}{⑤}
=
{③ ④}{⑥}</td><td>+: {⑦ ⑧}</td><td>① < ⑦
① = ⑦</td><td>⑦ +
⑧ +</td></tr>
<tr><td rowspan="3">① ②
③ ④
=
⑤ ⑥
⑦ ⑧</td><td rowspan="3">⑨ ⑩
⑪ ⑫
⑬</td><td>① ② ③
>
⑨ ⑩ ⑪</td><td>−: ⑨ ⑩ ⑪</td><td>⑨ > ⑩
⑨ < ⑩
⑨ = ⑩</td><td>⑩ −
⑨ −
⑪ −</td></tr>
<tr><td>① ② ③
<
⑨ ⑩ ⑪</td><td>+: ⑨ ⑩ ⑪</td><td>⑨ > ⑩
⑨ < ⑩
⑨ = ⑩</td><td>⑨ +
⑩ +
⑪ +</td></tr>
<tr><td>① ② ③
=
⑨ ⑩ ⑪</td><td>⑫ ⑬</td><td>① > ⑫
① < ⑫
① = ⑫</td><td>⑫ −
⑫ +
⑬</td></tr>
</table>

연습문제 **2.4.7** ① ② ③ ④ ⑤ 까지의 번호가 붙은 5개의 똑같이 생긴 동전 중에 무게가 다른 가짜 동전 1개가 포함되어 있을 때, 양팔 저울로 3번 무게를 비교하여 가짜 동전을 찾고, 그것이 다른 것들보다 무거운지(+) 가벼운지(−)를 알아내는 과정을 위의 문제 2.4.7와 같이 표로 나타내시오.

연습문제 **2.4.8** ① ② ③ ⋯ ⑭ 까지의 번호가 붙은 14개의 똑같이 생긴 동전 중에 무게가 다른 가짜 동전 1개가 포함되어 있을 때, 양팔 저울로 4번 무게를 비교하여 가짜 동전을 찾고, 그것이 다른 것들보다 무거운지(+) 가벼운지(−)를 알아내는 과정을 위의 문제 2.4.7와 같이 표로 나타내시오.

실습문제 **2.4.6** 위의 문제 2.4.7을 컴퓨터에서 게임으로 실험해보자.
전체 동전의 개수를 여러 가지 다른 값으로 선택하여 앞에서 다루었던 정리들과 문제의 내용을 실제로 적용해볼 수 있다.

https://www.mathgametime.com/games/coin-weighing

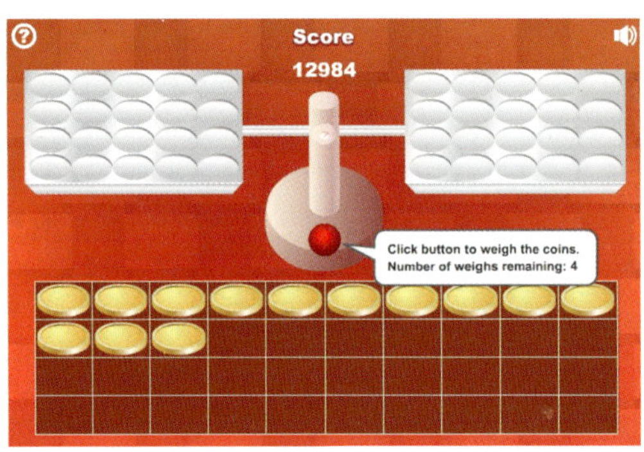

실습문제 **2.4.7** 수학적 원리를 이용한 새로운 게임을 만들어 보자. 게임의 아이디어, 수학적인 원리 설명, 게임 시행 방법 등을 담아서 제작 보고서를 작성하여 발표한다.

2.5 마방진과 라틴방진

격자로 나누어진 정사각형의 각 칸에 일정한 규칙에 따라 숫자들을 배열하는 하는 방진(方陣)은 인류 문명의 초기부터 사람들의 관심을 끌어왔다. 특히 격자로 나누어진 정사각형 모양의 모든 칸에 서로 다른 수를 배열하여 가로, 세로, 대각선에 있는 수들의 합이 같도록 만든 방진은 신기하게 생각되어 **마방진**(魔方陣, magic square)라고 불려왔다. 방진의 모양이 정사각형이 아니더라도 일반적으로 여러 방향에 놓인 수들의 합이 일정한 방진을 통칭하여 마방진이라고 부른다. 그리고 **라틴방진**(Latin square)은 격자로 나누어진 정사각형의 각 행과 열에 $1 \sim n$까지의 숫자들이 겹치지 않고 꼭 한 번씩만 들어가 있는 방진을 말한다. 이러한 방진들은 처음에는 신기한 놀이로서 관심을 받아오다가 후대에는 수학적 개념들을 적용하여 연구하게 되었고, 현재까지도 다양한 관점에서 연구의 대상이 되고 있다. 특히 컴퓨터의 발달과 더불어 방진에 대한 새로운 연구결과들이 계속 얻어지고 있다.

자연수 n에 대하여 $n \times n$ 개의 칸으로 나누어진 정사각형의 각 칸에 1부터 n^2 까지의 수를 배열하여 가로(행), 세로(열), 대각선의 합이 일정하도록 배열한 것을 n**차 정규 마방진**이라고 부른다. 마방진에 1부터 n^2 까지의 수가 아닌 다른 규칙의 수들을 배열하기도 하는데, 여기에서는 정규 마방진만 다루기로 한다.

그리고 n차 마방진의 배열을 오른쪽과 같이 나타내기로 하자.

a_1	a_2	$\cdots$	$\cdots$	a_n
a_{n+1}	a_{n+2}	$\cdots$	$\cdots$	a_{2n}
$\vdots$	$\vdots$	$\ddots$	$\ddots$	$\vdots$
$\vdots$	$\vdots$	$\ddots$	$\ddots$	$\vdots$
$a_{(n-1)n+1}$	$a_{(n-1)n+2}$	$\cdots$	$\cdots$	a_{n^2}

먼저, n차 마방진 M의 가로, 세로, 대각선의 일정한 합 S_M은 다음과 같다.

$$S_M = \frac{1}{n}\left(1+2+3+\cdots+n^2\right) = \frac{n^2(n^2+1)}{2n} = \frac{n(n^2+1)}{2}$$

이제 n차 마방진의 존재성에 대하여 정리해보자. 1차 마방진은 당연히 존재하고, 2차 마방진이 존재하지 않음은 아래의 문제 2.5.1에서와 같이 간단히 보일 수 있다. 그리고 모든 $k \in \mathbb{N}$에 대하여 문제 2.5.3에서 $n = 2k+1$차 마방진이 존재함을 보이고, 문제 2.5.4에서 $n = 4k$차, 문제 2.5.5에서 $n = 2(2k+1)$차 마방진이 존재함을 각각 보여서, 결국 $n \geq 3$인 모든 자연수에 대하여 n차 마방진이 존재한다는 사실을 증명하게 된다.

다음으로, n차 마방진의 개수를 생각한다. 3차 마방진 중에서 정사각형 틀 전체를 90도씩 회전하거나 좌우대칭을 통하여 같아지는 8개를 같은 것이라고 하면, 3차 마방진은 단 한 개뿐이며(문제

2.5.2), 4차 마방진은 880개라고 1674년에 증명되었고, 5차 마방진은 275305224개라고 1973년에 증명되었다. 6차 이상 마방진의 개수에 대한 문제는 현재까지 미해결문제로 남아있으며, 6차 마방진의 개수의 근사값은 $(1.7745 \pm 0.0016) \times 10^{19}$ 이며, 7차 마방진의 개수의 근사값은 $(3.7982 \pm 0.0004) \times 10^{34}$ 이라는 것이 컴퓨터를 이용하여 밝혀져 있다.

문제 2.5.1 2차 마방진이 존재하지 않음을 보이시오.

풀이

만일 2차 마방진이 존재한다면 $a_1 + a_2 = a_1 + a_3$ 이 성립해야 하는데, 그러면 $a_2 = a_3$ 이므로, $1 \sim 4$까지의 서로 다른 수들로 채워야 한다는 2차 마방진의 정의에 모순이다. ♦

문제 2.5.2 3차 마방진을 모두 구하시오.

풀이

3차 마방진의 가로, 세로, 대각선의 합은 $\frac{3(3^2+1)}{2} = 15$ 이다. 이때 3차 마방진의 가운데에 놓인 a_5 을 지나는 4개의 줄의 합을 모두 더하면 다음 식이 성립한다.

$$\begin{aligned} 60 &= (a_1 + a_5 + a_9) + (a_2 + a_5 + a_8) + (a_3 + a_5 + a_7) + (a_4 + a_5 + a_6) \\ &= (a_1 + a_2 + \cdots + a_9) + 3a_5 = \frac{9 \cdot 10}{2} + 3a_5 = 45 + 3a_5 \end{aligned}$$

따라서 $a_5 = 5$ 이다. 그리고 1은 모서리 칸에 들어갈 수 없다. 만일, 예를 들어 $a_1 = 1$ 이라고 해보자. 그러면 $a_1 + a_5 + a_9 = 1 + 5 + a_9 = 15$ 이므로 $a_9 = 9$ 이어야 하고, $a_1 + a_2 + a_3 = 1 + a_2 + a_3 = 15$ 이므로 $a_3 = 6$ 또는 8인데, 이때 $a_3 + a_6 + a_9 = a_3 + a_6 + 9 = 15$ 을 만족하는 a_6 의 값이 존재할 수 없다. 따라서 1이 들어갈 수 있는 자리는 모서리 칸이 아닌 a_2, a_4, a_6, a_8 네 군데 뿐이다. 그리고 1의 양 옆의 자리에는 반드시 6과 8이 들어가야 한다. 이렇게 채우면 나머지 칸은 유일하게 정해진다. 따라서 3차 마방진은 모두 8가지이다. 그리고 정사각형 틀 전체를 90도씩 회전하거나 좌우대칭을 통하여 같아지는 이들 8개를 모두 같은 종류라고 하면 3차 마방진은 단 1종류뿐이다. ♦

8	1	6
3	5	7
4	9	2

6	1	8
7	5	3
2	9	4

8	3	4
1	5	9
6	7	2

6	7	2
1	5	9
8	3	4

4	9	2
3	5	7
8	1	6

2	9	4
7	5	3
6	1	8

4	3	8
9	5	1
2	7	6

2	7	6
9	5	1
4	3	8

문제 2.5.3 (홀수차 마방진을 만드는 순환 방법) 모든 $k \in \mathbb{N}$에 대하여 다음과 같은 단계로 $n = 2k + 1$차 마방진을 만들 수 있다.

(1) 맨 윗줄 가운데 칸에 1을 넣는다.

(2) 1부터 시작하여 다음 자연수를 오른쪽 위 대각선 방향으로 인접한 칸에 차례로 써넣는다.

(3) 정사각형 틀을 벗어나게 되면 정사각형 틀이 수직, 수평 방향으로 다시 돌아온다고 생각하여 오른쪽 위 대각신 방향으로 인접한 칸을 찾는다.

(4) 오른쪽 위 대각선 방향의 칸이 이미 채워져있으면, 이제 수직 아래 방향으로 인접한 칸을 채우고 다시 또 오른쪽 위 대각선 방향으로 인접한 칸에 차례로 써넣는다.

	1	

	1	
		2

	1	
3		
		2

	1	
3		
4		2

	1	
3	5	
4		2

	1	6
3	5	
4		2

	1	6
3	5	7
4		2

8	1	6
3	5	7
4		2

8	1	6
3	5	7
4	9	2

문제 2.5.4 ($4k$차 마방진을 만드는 대각선 방법) 모든 $k \in \mathbb{N}$에 대하여 다음과 같은 단계로 $n = 4k$차 마방진을 만들 수 있다.

(1) 정사각형 틀 전체의 가로, 세로를 각각 4등분하여 4×4개의 같은 크기의 블럭으로 나눈다.

(2) 두 개의 주 대각선이 지나가는 블럭에 속하는 칸에는 맨 왼쪽 위의 칸부터 시작하여 모든 칸을 차례로 세었을 때의 그 칸의 번호를 쓴다.

(3) 두 개의 주 대각선이 지나가지 않는 블럭에 속하는 칸에는 맨 오른쪽 아래의 칸부터 시작하여 모든 칸을 차례로 세었을 때의 그 칸의 번호를 쓴다.

1	2					7	8
9	10					15	16
		19	20	21	22		
		27	28	29	30		
		35	36	37	38		
		43	44	45	46		
49	50					55	56
57	58					63	64

		62	61	60	59		
		54	53	52	51		
48	47					42	41
40	39					34	33
32	31					26	25
24	23					18	17
		14	13	12	11		
		6	5	4	3		

	1	2	62	61	60	59	7	8	260
	9	10	54	53	52	51	15	16	260
	48	47	19	20	21	22	42	41	260
	40	39	27	28	29	30	34	33	260
	32	31	35	36	37	38	26	25	260
	24	23	43	44	45	46	18	17	260
	49	50	14	13	12	11	55	56	260
	57	58	6	5	4	3	63	64	260
260	260	260	260	260	260	260	260	260	260

문제 2.5.5 ($2(2k+1)$차 마방진을 만드는 LUX 방법) 모든 $k \in \mathbb{N}$에 대하여 다음과 같은 단계로 $n = 2(2k+1)$차 마방진을 만들 수 있다.

(1) 전체 정사각형 틀에서 2×2개의 칸이 한 블럭이 되도록 $2k+1$개의 행과 열로 나누어 생각한다.

(2) 위에서부터 $k+1$개의 행에 각 블럭마다 L을 표시한다.

(3) 그다음 1개의 행에 각 블럭마다 U를 표시한다.

(4) 그다음 $k-1$개의 행에 각 블럭마다 X를 표시한다.

(5) 위 (3)의 행의 가운데 블럭에 쓰인 U를 그 위의 L과 자리를 바꾼다.

(6) 이제 $(2k+1) \times (2k+1)$개의 블럭에 순서를 매기는데, 이는 위 문제 2.5.3의 $2k+1$차 마방진 만드는 방법을 따른다.

(7) $1 \sim n^2$의 수들로 위의 순서에 따라 각 블럭을 채워간다. 각 블럭 안에서는 표시한 알파벳의 형태에 따른 순서대로 수들을 차례로 배열한다.

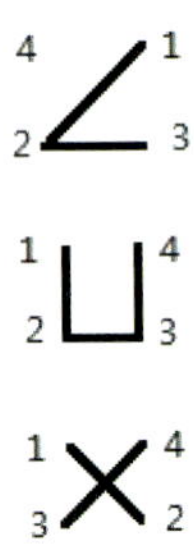

	32	29	4	1	24	21	111
	30	31	2	3	22	23	111
	12	9	17	20	28	25	111
	10	11	18	19	26	27	111
	13	16	36	33	5	8	111
	14	15	34	35	6	7	111
111	111	111	111	111	111	111	111

	68	65	96	93	4	1	32	29	60	57	505
	66	67	94	95	2	3	30	31	58	59	505
	92	89	20	17	28	25	56	53	64	61	505
	90	91	18	19	26	27	54	55	62	63	505
	16	13	24	21	49	52	80	77	88	85	505
	14	15	22	23	50	51	78	79	86	87	505
	37	40	45	48	76	73	81	84	9	12	505
	38	39	46	47	74	75	82	83	10	11	505
	41	44	69	72	97	100	5	8	33	36	505
	43	42	71	70	99	98	7	6	35	34	505
505	505	505	505	505	505	505	505	505	505	505	505

문제 2.5.6 m차 마방진 A와 n차 마방진 B가 주어졌을 때, B에서 k가 쓰인 칸에 A의 각 칸의 수에 $m^2(k-1)$을 더한 것을 채워 넣은 것을 C라고 하면, C는 mn차 마방진이다.

A

8	1	6
3	5	7
4	9	2

B

1	15	14	4
12	6	7	9
8	10	11	5
13	3	2	16

	8	1	6	134	127	132	125	118	123	35	28	33	870
	3	5	7	129	131	133	120	122	124	30	32	34	870
	4	9	2	130	135	128	121	126	119	31	36	29	870
	107	100	105	53	46	51	62	55	60	80	73	78	870
	102	104	106	48	50	52	57	59	61	75	77	79	870
	103	108	101	49	54	47	58	63	56	76	81	74	870
	71	64	69	89	82	87	98	91	96	44	37	42	870
	66	68	70	84	86	88	93	95	97	39	41	43	870
	67	72	65	85	90	83	94	99	92	40	45	38	870
	116	109	114	26	19	24	17	10	15	143	136	141	870
	111	113	115	21	23	25	12	14	16	138	140	142	870
	112	117	110	22	27	20	13	18	11	139	144	137	870
870	870	870	870	870	870	870	870	870	870	870	870	870	870

증명

C의 $(mn)^2$ 개의 칸에 $1 = 1 + m^2(1-1)$ 부터 $(mn)^2 = m^2 + m^2(n^2-1)$ 까지의 모든 정수들이 쓰여진다.

마방진 A와 B의 가로, 세로 대각선의 일정한 합을 각각 S_A, S_B 이라고 하면,

$$S_A = \frac{m(m^2+1)}{2}, \qquad S_B = \frac{n(n^2+1)}{2}$$

이다. 그리고 C의 한 가로 줄에 놓인 수들의 합은

$$n \times S_A + m \times m^2 \times (S_B - n) = \frac{mn(m^2+1)}{2} + \frac{m^3 n(n^2-1)}{2} = \frac{mn\left((mn)^2+1\right)}{2}$$

이다. 마찬가지로 C의 한 세로 줄이나 대각선 줄에 놓인 수들의 합도 똑같이 $\frac{mn\left((mn)^2+1\right)}{2}$ 이다. 따라서 C는 mn 차 마방진이다. ■

실습문제 2.5.1 컴퓨터의 스프레드시트 프로그램에서 다음 각 조건을 만족하는 마방진을 하나씩 만들고, 가로, 세로, 대각선의 합을 구하여 일정함을 확인하자.

(1) 4차 마방진 A

(2) 5차 마방진 B

(3) 6차 마방진 C

(4) A와 B를 가지고 위 문제 2.5.6에서와 같이 만든 20차 마방진 D

(5) 위 문제 2.5.4의 방법으로 만든 20차 마방진 E

(6) B와 C를 가지고 위 문제 2.5.6에서와 같이 만든 30차 마방진 F

(7) 위 문제 2.5.5의 방법으로 만든 30차 마방진 G

자연수 n에 대하여 $n \times n$개의 칸으로 나누어진 정사각형의 각 행과 열에 1부터 n까지의 수들을 겹치지 않게 배열한 것을 n**차 라틴방진**이라고 한다. n차 **기본라틴방진**(reduced Latin squares)은 첫번째 행과 첫번째 열이 모두 $1, 2, \cdots, n$의 순서로 쓰인 라틴방진을 말한다. 그리고 모든 n차 기본라틴방진의 개수를 $R(n)$으로 나타내기로 한다. 이때 모든 n차 라틴방진의 개수 $L(n)$은 다음과 같이 나타낼 수 있다.

$$L(n) = n!(n-1)!\,R(n)$$

$L(n)$을 구하는 일반식에 대한 여러 연구 중에서 1992년 발표된 명확한 식이 있지만, 그 계산이 간단하지는 않다.

문제 2.5.7 (1) 2차 기본라틴방진을 모두 찾으시오.

(2) 2차 라틴방진을 모두 찾으시오.

(3) 3차 기본라틴방진을 모두 찾으시오.

(4) 모든 3차 라틴방진의 개수 $L(3)$은 얼마인가?

(5) 4차 기본라틴방진을 모두 찾으시오.

(4) 모든 4차 라틴방진의 개수 $L(4)$는 얼마인가?

풀이

(1)

1	2
2	1

(2)

1	2
2	1

2	1
1	2

(3)

1	2	3
2	3	1
3	1	2

(4) $L(3) = 3!2!\,R(3) = 3!2! \times 1 = 12$

(5)

1	2	3	4
2	1	4	3
3	4	1	2
4	3	2	1

1	2	3	4
2	1	4	3
3	4	2	1
4	3	1	2

1	2	3	4
2	3	4	1
3	4	1	2
4	1	2	3

1	2	3	4
2	4	1	3
3	1	4	2
4	3	2	1

(6) $L(4) = 4!3!\,R(4) = 4!3! \times 4 = 576$ ◆

문제 2.5.8 (4×4 스도쿠(sudoku))

(1) 오른쪽에 주어진 배열의 빈칸을 채워 각 2×2 블럭마다 1,2,3,4가 모두 들어가는 4차 라틴방진을 완성하시오.

	1		
		2	
3			
	2		4

(2) 4차 라틴방진들 중에서 각 2×2 블럭마다 1,2,3,4가 모두 들어있는 것은 몇 가지인가?

풀이

(1) 각자 풀어보자.

(2) 먼저, 4차 라틴방진의 첫번째 행을 1,2,3,4로 놓았을 때, 각 2×2 블럭마다 1,2,3,4가 모두 들어있는 것이 몇 가지인지 세어보자.

1	2	3	4
a_{21}	a_{22}		
a_{31}			
a_{41}			

a_{21}와 a_{22}에 3, 4를 쓰는 방법은 2가지이고, 이에 따라 a_{31}, a_{41}을 채우는 방법도 2가지이다.

그리고 이들 각 경우마다 나머지 칸들을 채우는 방법이 3가지씩 있다. 따라서 첫번째 행을 1,2,3,4로 놓은 4차 스도쿠는 모두 $2 \times 2 \times 3 = 12$가지이고, 그러므로 전체 4차 스도쿠는 $4! \times 12 = 288$가지이다.

그리고 정사각형 틀 전체를 90도씩 회전하거나 좌우대칭을 통하여 같아지는 이들 8개를 한 종류로 볼 때는 4차 스도쿠의 종류는 36가지이다. ♦

실습문제 2.5.2 오른쪽에 주어진 배열에서 각 행과 열, 그리고 각 3×3 블럭마다 1에서 9까지의 각 숫자가 꼭 한 번씩만 들어가도록 빈칸을 채우시오.

		2	7	3		5		6
	6					1		
		3		2				
	1				9	7	8	
	2	9	8				6	
				9		8		
		1					5	
5		4		1	2	6		

위의 실습문제와 같은 9×9 크기의 일반적인 스도쿠의 가능한 개수가

$$N = 6,670,903,752,021,072,936,960 \approx 6.67 \times 10^{21}$$

임을 알아낸 최초의 방법이 2003년에 QSCGZ(Guenter Stertenbrink)에 의하여 발표되었고,

이후 여러 연구에 의하여 옳은 것으로 검증되었다. 그리고 한 스도쿠를 풀 수 있도록 미리 제시해주는 숫자의 최소 개수는 17인 것에 대한 증명이 2012년에 발표되었고, 2013년에 검증되었다. 그렇게 17개의 숫자만 주고 풀 수 있는 스도쿠의 종류는 49,000개 이상 발견되었다. 한편, 임의의 크기의 스도쿠를 푸는 여러 효과적인 컴퓨터 알고리즘이 있는데, 배열의 크기가 커지면서 계산의 횟수가 폭발적으로 증가하기 때문에, 실제로 만들어서 풀 수 있는 스도쿠의 종류에는 한계가 있다. 스도쿠는 조합론이나 컴퓨터 알고리즘 분야 등에서 흥미있는 연구 대상이다. (참고: https://en.wikipedia.org/wiki/Mathematics_of_Sudoku)

실습문제 2.5.3 스도쿠 게임을 할 수 있는 온라인 사이트가 많이 있다. 난이도를 높여가며 실습해보자.

https://www.mathsisfun.com/games/sudoku.html

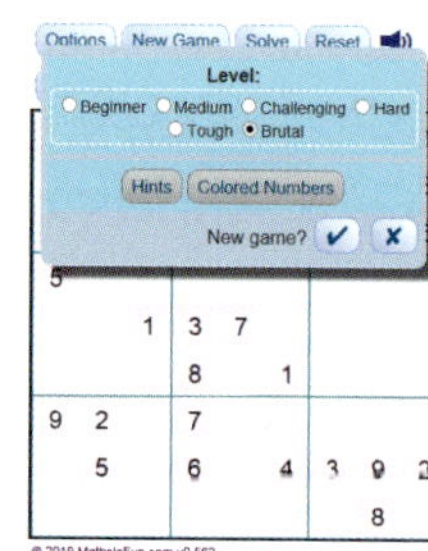

이제 n차 라틴방진 $[a_{ij}]$의 배열을 다음과 같이 나타내기로 하자.

a_{11}	a_{12}	$\cdots$	$\cdots$	a_{1n}
a_{21}	a_{22}	$\cdots$	$\cdots$	a_{2n}
$\vdots$	$\vdots$	$\ddots$	$\ddots$	$\vdots$
$\vdots$	$\vdots$	$\ddots$	$\ddots$	$\vdots$
a_{n1}	a_{n2}	$\cdots$	$\cdots$	a_{nn}

두 개의 n차 라틴방진 $[a_{ij}]$와 $[b_{ij}]$가 **서로 직교**(mutually orthogonal)한다는 것의 정의는 n^2개의 순서쌍 (a_{ij}, b_{ij}), $(i, j = 1, 2, \cdots, n)$들이 모두 서로 다르다는 것이다. 예를 들어 다음의 두 3차 라틴방진은 서로 직교함을 확인할 수 있다.

1	2	3
2	3	1
3	1	2

$\oplus$

1	2	3
3	1	2
2	3	1

$=$

(1,1)	(2,2)	(3,3)
(2,3)	(3,1)	(1,2)
(3,2)	(1,3)	(2,1)

한편, 다음의 두 3차 라틴방진은 서로 직교하지 않음을 확인할 수 있다.

1	2	3
2	3	1
3	1	2

$\oplus$

2	3	1
3	1	2
1	2	3

$=$

(1,2)	(2,3)	(3,1)
(2,3)	(3,1)	(1,2)
(3,1)	(1,2)	(2,3)

서로 직교하는 두 개의 n차 라틴방진을 합성하여 순서쌍을 배열한 것을 n차 **직교라틴방진**(orthogonal Latin square) 또는 **그레코-라틴방진**(Graeco-Latin square)라고 부른다. 즉, 직교라틴방진에서는 순서쌍의 각 성분별로 라틴방진이 되어야하며, 또한 모든 순서쌍이 다 달라야한다.

n차 직교라틴방진이 존재하기위해서는 최소 2개 이상의 서로 직교하는 n차 라틴방진들이 있어야 한다. 먼저, 앞의 문제 2.5.7 (2)에서 살펴본대로 2차 라틴방진은 2개뿐인데, 그 둘은 서로 직교하지 않으므로 2차 직교라틴방진은 존재하지 않는다. 이제 자연수 $n \geq 2$에 대하여 서로 직교하는 n차 라틴방진들(MOLS's, mutually orthogonal Latin squares)의 최대 개수를 수열 $N(n)$으로 나타내자. $N(n)$의 일반항을 구하는 방법은 아직까지 미해결문제이며, $n = 2, 3, \cdots, 9$에 대한 값은 다음 표와 같다.

n	2	3	4	5	6	7	8	9
$N(n)$	1	2	3	4	1	6	7	8

그리고 다음과 같은 사실에 대한 증명은 이루어져있다.

- 모든 자연수 $n \geq 2$에 대하여 $N(n) \leq n - 1$이다.
- $n = p^k$ (p는 소수, $k \in \mathbb{N}$)이면 $N(n) = n - 1$이다.
- $N(6) = 1$이다. 즉, 2개 이상의 서로 직교하는 6차 라틴방진들을 만들 수 없다.
- $n \geq 3$, $n \neq 6$이면 $N(n) \geq 2$이다.

따라서 6차 직교라틴방진은 존재하지 않으며, $n \geq 3$, $n \neq 6$이면 n차 직교라틴방진이 존재한다는 것을 알 수 있다. (문제 2.5.9의 n^2 officers problem)

3이상의 소수 p에 대하여 서로 직교하는 p차 라틴방진들 $N(p) = p - 1$개를 만드는 한 방법은 다음과 같다. 먼저, $p - 1$개의 방진 모두 첫행에는 $1, 2 \cdots, p$의 순서로 쓴다. 그 아래 행들을 채울 때, 첫번째 방진은 위의 행의 순서에서 시작을 1칸씩 밀어서 쓰고, 두번째 방진은 위의 행의 순서에서 시작을 2칸씩 밀어서 쓰고, $\cdots$, $p-1$번째 방진은 위의 행의 순서에서 시작을 $p-1$칸씩 밀어서 쓴다.

1	2	3	4	5
2	3	4	5	1
3	4	5	1	2
4	5	1	2	3
5	1	2	3	4

1	2	3	4	5
3	4	5	1	2
5	1	2	3	4
2	3	4	5	1
4	5	1	2	3

1	2	3	4	5
4	5	1	2	3
2	3	4	5	1
5	1	2	3	4
3	4	5	1	2

1	2	3	4	5
5	1	2	3	4
4	5	1	2	3
3	4	5	1	2
2	3	4	5	1

하지만 이 방법은 n이 소수가 아닌 경우에는 적용되지 않는다. 예를 들어, 4차 라틴방진 하나에 대하여 위와 같이 1칸씩 밀어 쓴 것과 3칸씩 밀어 쓴 두 라틴방진은 서로 직교하지 않으며, 2칸씩 밀어 쓴 것은 아예 라틴방진이 되지도 않는다.

문제 2.5.9 (1) 두 군단 A, B 각각으로부터 두 가지 계급 a, b의 장교를 한 명씩 차출하여 모두 4명의 장교가 있을 때, 이들을 2×2개의 칸이 있는 정사각형에 각 행과 열에 같은 군단이나 같은 계급이 들어가지 않도록 배열할 수 있는가?

(2) 세 군단 A, B, C 각각으로부터 세 가지 계급 a, b, c의 장교를 한 명씩 차출하여 모두 9명의 장교가 있을 때, 이들을 3×3개의 칸이 있는 정사각형에 각 행과 열에 같은 군단이나 같은 계급이 들어가지 않도록 배열하시오.

(3) 여섯 군단 A, B, C, D, E, F 각각으로부터 여섯 가지 계급 a, b, c, d, e, f의 장교를 한 명씩 차출하여 모두 36명의 장교가 있을 때, 이들을 6×6개의 칸이 있는 정사각형에 각 행과 열에 같은 군단이나 같은 계급이 들어가지 않도록 배열할 수 있는가?

(4) 기호 5개의 그룹 세 개가 ① $\{A, B, C, D, E\}$, ② $\{+, -, \times, \div, \circ\}$, ③ $\{a, b, c, d, e\}$로 주어져있을 때, 5×5 칸으로 나누어진 정사각형의 각 칸에 $A + a$, $B \circ c$, $\cdots$ 와 같은 식을 써 넣으려고 한다. 각 행과 열에 같은 그룹에 속하는 기호가 반복되지 않도록 하며, 전체 25개 식들을 중에 기호 ①, ②의 조합이 같은 것이 없도록 하고, 마찬가지로 기호 ②, ③의 조합, 기호 ①, ③의 조합이 같은 것이 없도록 채워 넣으시오.

풀이

(1) 2차 직교라틴방진은 존재하지 않으므로 불가능하다.

(2)

A	B	C
B	C	A
C	A	B

$\oplus$

a	b	c
c	a	b
b	c	a

$=$

(A,a)	(B,b)	(C,c)
(B,c)	(C,a)	(A,b)
(C,b)	(A,c)	(B,a)

(3) 6차 직교라틴방진은 존재하지 않으므로 불가능하다.

(4) 서로 직교하는 3개의 5차 라틴방진을 겹쳐쓰면 된다.

1	2	3	4	5
4	5	1	2	3
2	3	4	5	1
5	1	2	3	4
3	4	5	1	2

1	2	3	4	5
3	4	5	1	2
5	1	2	3	4
2	3	4	5	1
4	5	1	2	3

1	2	3	4	5
2	3	4	5	1
3	4	5	1	2
4	5	1	2	3
5	1	2	3	4

$A+a$	$B-b$	$C\times c$	$D\div d$	$E\circ e$
$D\times b$	$E\div c$	$A\circ d$	$B+e$	$C-a$
$B\circ c$	$C+d$	$D-e$	$E\times a$	$A\div b$
$E-d$	$A\times e$	$B\div a$	$C\circ b$	$D+c$
$C+e$	$D\circ a$	$E+b$	$A-c$	$B\times d$

◆

서로 직교하는 p^k차(p는 소수, $k\in\mathbb{N}$) 라틴방진들 $N(p^k)=p^k-1$개를 만드는 한 방법은 p^k차 Galois Field $GF(p^k)$를 이용하는 것이다. Galois Field에 대한 전반적인 소개는 하지 않고, 여기에서는 4차, 8차 갈로아 필드 $GF(4)$, $GF(8)$ 두 가지만 정의하고, 이를 이용하도록 하자.

$GF(4)=\{0,1,a,a+1\}$는 덧셈(+)과 곱셈(∗)이 정의되어 있고, 계수는 mod 2로 계산하고, $a^2=a+1$을 만족한다.

$GF(8)=\{m_0+m_1x+m_2x^2\mid m_i=0,1\,(i=1,2)\}$는 덧셈(+)과 곱셈(∗)이 정의되어 있고, 계수는 mod 2로 계산하고, $x^3=x+1$을 만족한다.

이러한 $GF(4)$에서 0이 아닌 세 원소를 이용하여 서로 직교하는 4차 라틴방진 3개를 다음과 같이 만들 수 있다. (비슷한 방법으로 서로 직교하는 8차 라틴방진 7개도 만들 수 있다.)

$*1\diagdown+$	0	1	a	$a+1$
0	0	1	a	$a+1$
1	1	0	$1+a$	a
a	a	$a+1$	0	1
$a+1$	$a+1$	a	1	0

1	2	3	4
2	1	4	3
3	4	1	2
4	3	2	1

$*a \setminus +$	0	1	a	$a+1$
0	0	1	a	$a+1$
1	a	$a+1$	0	1
a	$a+1$	a	1	0
$a+1$	1	0	$1+a$	a

1	2	3	4
3	4	1	2
4	3	2	1
2	1	4	3

$*(a+1) \setminus +$	0	1	a	$a+1$
0	0	1	a	$a+1$
1	$a+1$	a	1	0
a	1	0	$a+1$	a
$a+1$	a	$a+1$	0	1

1	2	3	4
4	3	2	1
2	1	4	3
3	4	1	2

실습문제 2.5.4 다음 그림에서 4가지 색깔의 모자, 윗도리, 바지를 인형에 색칠하는데, 각 행과 열에 모자의 색, 윗도리의 색, 바지의 색이 각각 겹치지 않게 하며, 전체 16개의 인형 중에 모자와 윗도리의 조합이 같은 인형이 없게 하고, 마찬가지로 모자와 바지, 윗도리와 바지의 조합이 같은 인형이 없도록 색칠하시오.

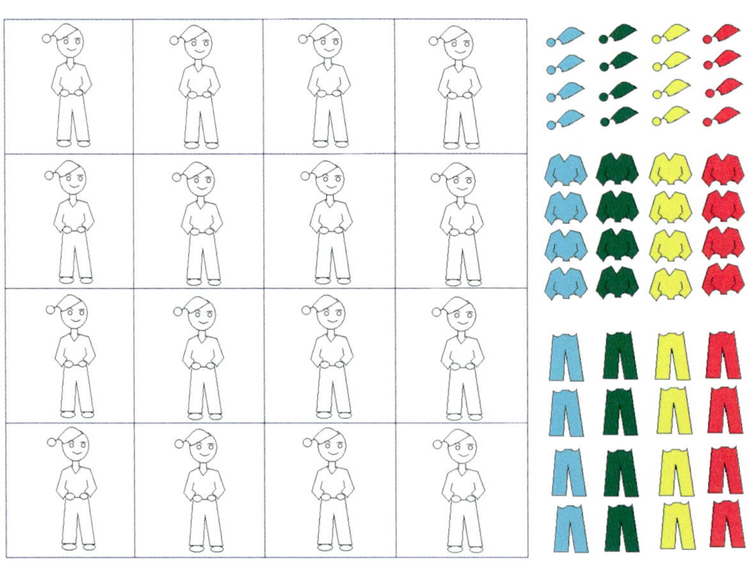

문제 2.5.10 서로 직교하면서 가로, 세로, 대각선의 합이 같은 2개의 5차 라틴방진 A와 B를 이용하여 $5(A-1)+B$ 꼴의 방진을 만들면 5차 마방진이 됨을 보이시오.

풀이

$A-1$은 방진 A의 각 성분에서 1을 뺀 방진을 나타낸다. 따라서 $5(A-1)$에는 0, 5, 10, 15, 20의 수들이 라틴방진을 이룬다. 여기에 이 라틴방진과 직교하는 B를 더하면 1~25까지의 모든 수가 나오며, 가로, 세로, 대각선의 합이 모두 같게 되어 5차 마방진을 얻는다.

$A=$

1	2	3	4	5
4	5	1	2	3
2	3	4	5	1
5	1	2	3	4
3	4	5	1	2

$B=$

1	2	3	4	5
3	4	5	1	2
5	1	2	3	4
2	3	4	5	1
4	5	1	2	3

$\Rightarrow \quad 5(A-1)+B=$

1	7	13	19	25
18	24	5	6	21
10	21	17	23	4
22	3	9	5	16
14	20	21	2	8

♦

제 3 장

최적화(optimization) 문제

최적화란 어떤 조건 하에서 어떤 양을 최대화하거나 최소화하는 등 상황에 맞는 최적의 값을 구하는 과정을 말한다. 실생활이나 이론 연구에서 다양한 최적화 문제가 등장한다. 이 장에서 여러 가지 최적화 문제와 그 해법에 사용되는 수학적 방법들을 살펴본다. 먼저, 기하적 변환을 이용하거나 대수적 부등식을 이용하는 최적화 문제, 선형 모델에 대한 최적화 문제에 대하여 알아본다. 그리고 미적분을 이용하는 최적화 해법의 예로, 일변수 함수의 최대·최소, 라그랑즈 승수법을 이용한 2변수함수의 최대·최소 문제, 최소자승법 등을 살펴보고, 또한 변분법(the calculus of variations)을 이용하는 최대·최소 문제에 대하여 알아본다.

이러한 최적화 문제를 실생활에 활용하는 예제들을 찾아보고, 또한 컴퓨터 작도 프로그램에서 '측정 도구'를 사용하여 최댓값·최솟값을 확인하거나, 물리적인 실험을 통해서 최대·최소의 경우에 성립하는 성질을 확인하는 등의 다양한 실습활동을 할 것이다.

3.1 기하적 변환을 이용하여 해결할 수 있는 최대·최소 문제

최댓값이나 최솟값을 구하는 기하학적인 문제들 중에서 기하적 변환을 이용하면 쉽게 해결되는 경우들이 있다. 점이나 선에 대한 대칭변환, 닮음변환, 평행이동 등을 이용하여 해결하는 몇 가지 문제들을 살펴보자. 이때 삼각부등식과 같이 두 점을 잇는 최단 거리 경로는 직선이라는 기본 원리는 기하적 문제 해결의 바탕이 된다. 헤론의 문제는 그러한 예로서, 고대 그리스 시대부터 다루어졌던 가장 오래된 최적화 문제 중의 하나이다.

문제 3.1.1 (헤론(Heron)의 문제) 한 평면에 직선 l이 놓여있고, 두 점 A, B가 l에 대하여 같은 쪽에 놓여있을 때, 선분의 길이의 합 $AX + XB$이 최소가 되는 l 위의 점 X를 작도하시오.

풀이

점 B를 직선 l에 대하여 대칭이동한 점을 B'이라고 하면 l 위의 임의의 점 X에 대하여 $XB = XB'$이므로, 삼각부등식에 의하여 다음이 성립한다.

$$AX + XB = AX + XB' \geq AB'$$

이 식에서 등호가 성립하는 것은 X가 l과 선분 AB'의 교점 X_0 일때뿐이다. 따라서 X_0가 이 문제의 유일한 해이다. ♦

페르마의 원리(빛은 최소시간 경로로 움직이므로, 균일한 매질 내에서는 최소거리 경로를 따름)와 위의 헤론의 문제에서 얻어지는 각의 대칭성으로부터 A지점에서 나온 빛이 반사되어 B지점에 도달했을 때 빛의 경로에 대하여 성립하는 "입사각과 반사각이 같다"는 원리를 확인할 수 있다.

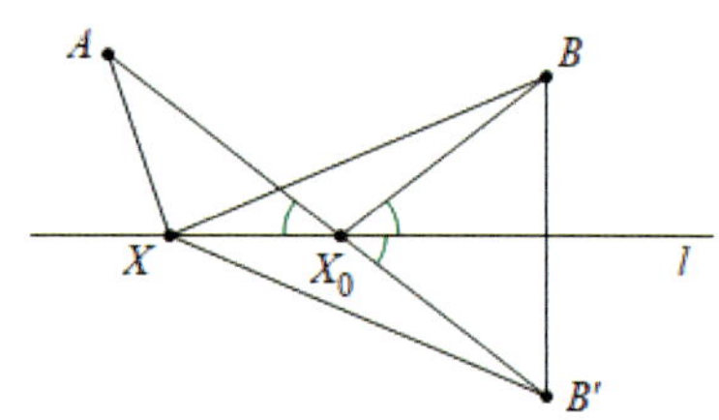

문제 3.1.2 (거울 대칭 문제) 평면거울 앞에서 자신의 모습을 볼때 반사된 빛에 의한 영상이 거울 뒤쪽에 있는 것처럼 보이는 것은 눈에 들어오는 빛은 방향의 변화 없이 오직 직진한다고 가정하는 뇌의 인식작용 때문이다. 키가 h cm인 사람이 자신의 전신을 볼 수 있는 거울의 길이의 최솟값은 얼마인가?

풀이

거울을 지면에서 눈높이 보다 높게 걸어두었다고 하자. 눈의 위치를 점 A, 발끝의 위치를 점 B, 눈높이의 수평선과 거울면이 만나는 점을 C, 발끝의 영상이 거울에 맺히는 지점을 D, 거울 뒷쪽 허상의 발끝 지점을 B'이라고 하면 A, D, B'은 한 직선 위에 있고, 입사각과 반사각이 같은 성질과 거울을 기준으로한 선대칭 관계로부터 CD의 길이는 AB의 길이의 반이다.

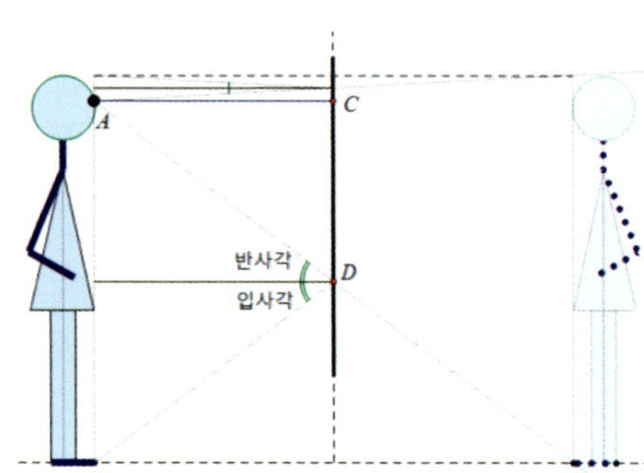

그리고 머리끝의 영상이 맺히는 지점에 대해서도 마찬가지이므로, 발끝에서 머리끝까지의 영상이 거울에 맺히는 거리는 $\frac{h}{2}$ cm이다. 즉 키가 h cm인 사람이 자신의 전신을 볼 수 있는 거울의 길이의 최솟값은 $\frac{h}{2}$ cm이다. ◆

문제 3.1.3 두 반직선 $\overrightarrow{OA}$, $\overrightarrow{OB}$가 이루는 $\angle AOB$ $(< 180°)$의 내부에 임의의 한 점 C가 주어져 있을 때, 점 C를 지나는 직선 l이 $\overrightarrow{OA}$, $\overrightarrow{OB}$와 만나는 점을 각각 P, Q라 하자. 이때, $\triangle POQ$의 넓이를 최소로 하는 직선 l을 작도하시오.

풀이

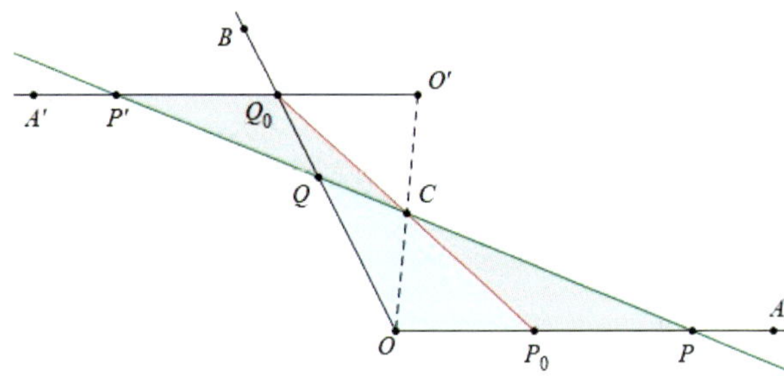

점 O, P, A를 점 C에 대하여 대칭이동한 점을 각각 O', P', A'이라 하자. 그리고 반직선 $\overrightarrow{O'A'}$이 반직선 $\overrightarrow{OB}$와 만나는 점 Q_0를 작도하고, 직선 $l_0 = \overleftrightarrow{Q_0C}$가 반직선 $\overrightarrow{OA}$와 만나는 점 P_0를 작도하자.

이렇게 작도한 직선 l_0에 대하여 구한 $\triangle P_0OQ_0$의 넓이가 $\triangle POQ$의 넓이의 최솟값임을 다음과 같이 보인다.

먼저, 위 그림에서와 같이 P_0가 O, P 사이에 있는 경우를 생각해보자.
(나머지 경우, 즉 P가 O, P_0 사이에 있는 경우에도 비슷하게 증명할 수 있다.)
이때 $\triangle POQ$의 넓이에 대하여 다음 식이 성립한다.

$$\begin{aligned}\triangle POQ &= \square OP_0CQ + \triangle PP_0C \\ &= \square OP_0CQ + \triangle P'Q_0C \\ &\geq \square OP_0CQ + \triangle QQ_0C \\ &= \triangle P_0OQ_0\end{aligned}$$

따라서 $\triangle POQ$의 넓이는 $\triangle P_0OQ_0$일 때 최소이다. ◆

문제 3.1.4 (Schwarz 삼각형 문제) 주어진 예각삼각형 ABC에 대하여 변 BC, CA, AB 위에 각각 점 M, N, P를 잡아서 만든 삼각형 MNP의 둘레의 길이가 최소인 경우를 작도하시오.

풀이

예각삼각형 ABC에서 우선 점 P가 AB 위에 고정된 점이라고 생각하고 삼각형 MNP의 둘레의 길이를 최소화하는 두 점 M, N을 찾아보자.

점 P를 직선 BC와 AC에 대하여 대칭이동한 점을 각각 P', P''이라고 하면, $CP' = CP = CP''$이고, $\angle P'CB = \angle PCB$이며, $\angle P''CA = \angle PCA$이다. $\alpha = \angle BCA$라고 두면 $\angle P'CP'' = 2\alpha$이고, $2\alpha < 180°$ 이다.
따라서 선분 $P'P''$은 변 BC, AC와 각각 어떤 점 M, N에서 만나며, 이때 삼각형 MNP의 둘레의 길이는 $P'P''$이다.

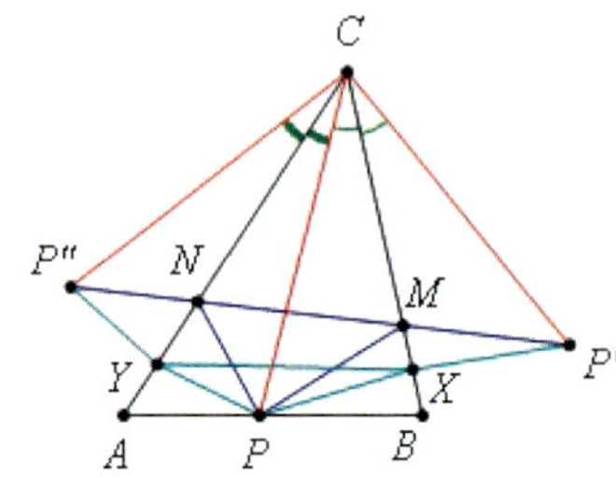

X, Y가 각각 변 BC, AC 위의 임의의 점일 때,

삼각형 XYP의 둘레의 길이는 $P'X + XY + YP'' \geq P'P''$이며, 이때 등호는 $X = M$, $Y = N$일 때만 성립한다.

그러므로 이제 $P'P''$이 최소가 되는 점 P를 AB 위에서 잡으면 문제가 해결된다. 즉, $\angle P'CP'' = 2\alpha$로 정해진 각을 가지며 $CP' = CP'' = CP$인 이등변삼각형 $P'CP''$의 밑변 $P'P''$의 길이를 최소화해야 하므로, 결국 CP를 최소화하면 된다. 이러한 점 P는 당연히 점 C에서 변 BC에 내린 수선의 발이다.

마지막으로, 이때 점 M, N도 각각 맞은편의 꼭짓점에서 내린 수선의 발임을 증명하자. 꼭짓점 A에서 변 BC에 내린 수선의 발을 M_1, 꼭짓점 B에서 변 AC에 내린 수선의 발을 N_1이라고 하면 네 점 P, A, C, M_1는 한 원 위에 놓이며, 또 네 점 M_1, B, A, N_1도 한 원 위에 놓인다.
따라서 현 AP의 원주각으로서 $\angle ACP = \angle AM_1P$이고,

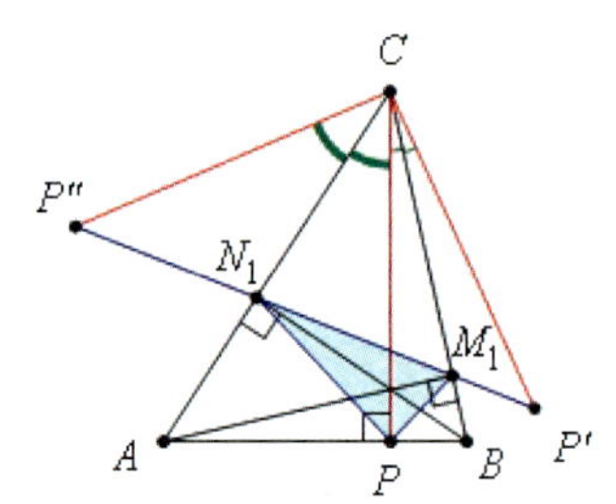

$\angle AM_1P + \angle BM_1P = 90°$ 이므로 $\angle BM_1P = \angle BAC$ 이다.

비슷하게 현 AN_1의 원주각을 이용하면 $\angle BAC = \angle CM_1N_1$이다. 그러므로 $\angle BM_1P' = \angle BM_1P = \angle CM_1N_1$이고, 따라서 P'은 직선 M_1N_1 위에 있다.
마찬가지로 P''도 M_1N_1 위에 있다. 따라서 $M = M_1$, $N = N_1$이다.

그러므로 삼각형 ABC의 각 꼭짓점에서 그 맞은편 변에 내린 수선의 발을 연결한 삼각형 PM_1N_1이 삼각형 ABC에 내접하는 모든 삼각형 중에 둘레의 길이가 최소인 것이다. ♦

문제 **3.1.5 (삼각형에 내접하는 최소 둘레의 삼각형 구하기)**

좌표평면에 세 점 $A(0,0)$, $B(5,0)$, $C(3,6)$가 주어졌을 때, 삼각형 ABC에 대하여 변 BC, CA, AB 위에 각각 점 M, N, P를 잡아서 만든 삼각형 MNP의 둘레 길이의 최솟값은 얼마인가?

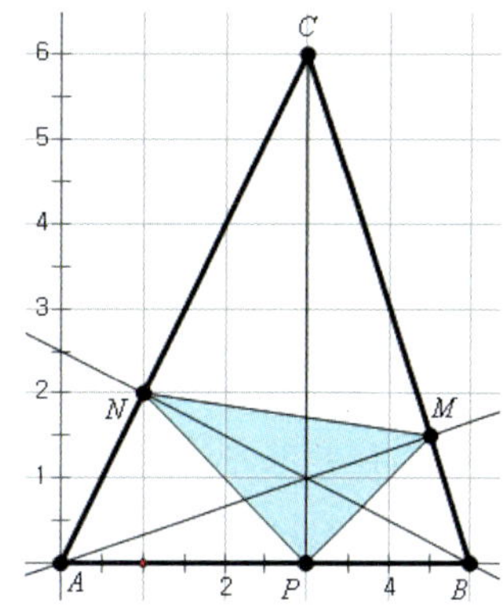

풀이

위의 작도 방법에 따라 점 P, M, N의 좌표를 먼저 구한다. 점 $P(3,0)$는 바로 구할 수 있다. $M(a,b)$는 다음 연립방정식을 풀어서 구할 수 있다.

$\frac{b-0}{a-0}\cdot\frac{0-6}{5-3}=-1, \qquad \frac{b-0}{a-5}=\frac{0-6}{5-3}$

그리고 $N(c,d)$는 다음 연립방정식을 풀어서 구할 수 있다.

$\frac{d-0}{c-5}\cdot\frac{6-0}{3-0}=-1, \qquad \frac{d-0}{c-0}=\frac{6-0}{3-0}$

따라서 $M\left(\frac{9}{2}, \frac{3}{2}\right)$, $N(1, 2)$이므로, 삼각형 MNP의 둘레 길이의 최솟값은

$\sqrt{(\frac{3}{2})^2+(\frac{3}{2})^2}+\sqrt{(\frac{7}{2})^2+(\frac{1}{2})^2}+\sqrt{2^2+2^2}=6\sqrt{2}$ 이다. ◆

연습문제 **3.1.1** 좌표평면에 세 점 $A(0,0)$, $B(6,0)$, $C(5,5)$가 주어졌을 때, 삼각형 ABC에 대하여 변 BC, CA, AB 위에 각각 점 M, N, P를 잡아서 만든 삼각형 MNP의 둘레 길이의 최솟값은 얼마인가? 이때 점 M, N, P의 좌표를 구하시오.

페르마 점은 P. Fermat(1601-1665)가 Evangelista Torricelli(1608-1647, 기압계의 발명자)에게 '삼각형에서 세 꼭짓점으로부터의 거리의 합이 최소가 되는 점을 찾는 방법'에 대하여 질문했던 데에서 유래되었다. Torricelli는 몇 가지의 해법을 제시했고, 그 중 하나로 주어진 삼각형의 바깥쪽에 각 변을 한변으로 하는 정삼각형들을 그려 그들의 외접원을 그리면 한 점에서 만남을 보였다.

문제 **3.1.6 (페르마의 점)** 삼각형에서 세 꼭짓점으로부터의 거리의 합이 최소가 되는 점(Fermat point)을 작도하시오.

풀이

먼저 각 $\angle BAC$ 가 $120°$ 미만인 경우를 생각하자. 아래의 그림에서 $\triangle ABC$ 내부의 한 점 P를 선택하고, 그 점과 꼭짓점 A, B, C와 연결한다. $\triangle ABP$ 를 B를 중심으로 $60°$ 회전하여 $\triangle C'BP'$ 의 위치에 놓는다. 이렇게 하면 $\triangle BPP'$ 는 $PB = P'B = PP'$ 인 정삼각형이 되고, $PA = C'P'$ 이다. 따라서, $PA + PB + PC = C'P' + P'P + PC$ 가 된다. 이때 A를 회전하여 얻은 점 C' 의 위치는 P에 의존하지 않는다. 또한, 꺽은 선 $CPP'C'$ 는 직선분 CC' 보다 짧지 않으므로, $PA + PB + PC \geq CC'$ 를만족한다. 그러므로 $PA + PB + PC$ 가 최솟값을 가질 조건은 점 P가 선분 CC' 위에 놓이는 것이다.

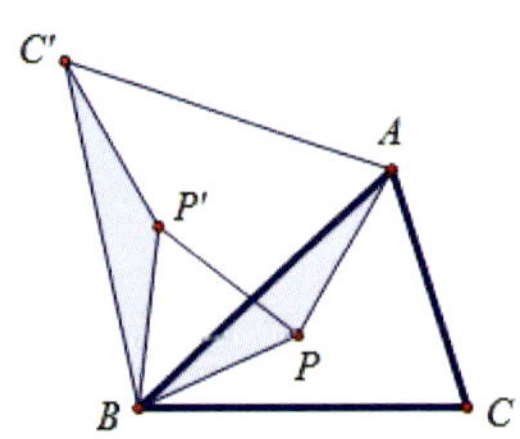

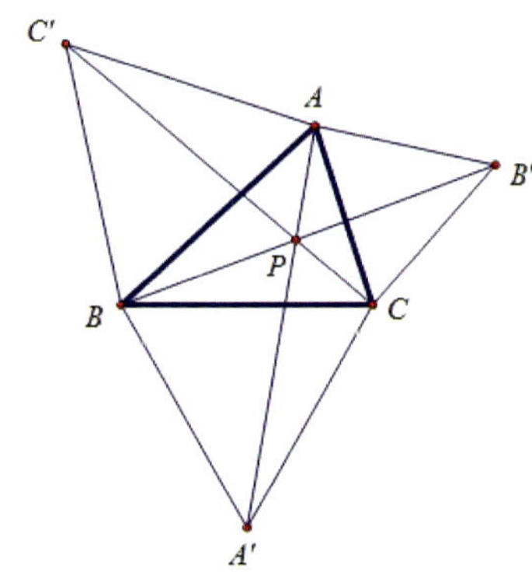

이때 $\angle BPC' = \angle BPP' = 60°$ 이다. 또, $\triangle ABP$ 를 A를 중심으로 회전시켜, 같은 방법으로 $\angle APC' = 60°$ 임을 알 수 있다.

$\triangle ABC$ 의 각 변에 정삼각형 $\triangle ABC'$, $\triangle ACB'$, BCA' 를 만든다. $PA+PB+PC$ 를 최소화하는 Fermat point P는 CC' 위에 있음을 보았다. 마찬가지로, Fermat point P는 AA' 와 BB' 위에 있다. 따라서 세 선분 AA', BB', CC' 는 유일한 Fermat point P에서 $120°$ 의 각도로 만나며, $AA' = BB' = CC' = PA + PB + PC$ 를 만족한다. 또 이때 $\angle APC' = \angle BPC' = \angle BPA' = \angle CPA' = \angle CPB' = \angle APB' = 60°$ 이다.

각 $\angle BAC$ 가 $120°$ 이상인 경우에는 이 방법으로 삼각형 내부에서 Fermat point를 만들 수 없다. 이 경우에는 최대내각에 해당하는 꼭짓점이 Fermat point가 된다. ♦

문제 3.1.7 (삼각형에서 Fermat point 계산하기) 어느 해저 유전 지역을 좌표평면으로 나타냈을 때, 세 점 $A(1, \sqrt{3})$, $B(0, 0)$, $C(4, 0)$ 에 해당하는 지점에 각각 시추공을 뚫고, 각 시추공에서 뽑아 올린 원유를 좌표평면 상의 직선 파이프 라인을 통해 모으는 중앙 저장소를 만들고자 한다. 필요한 파이프 라인의 총 길이를 최소화하는 중앙 저장소의 위치 $P(x, y)$ 를 구하고, 이때 파이프 라인의 총 길이를 구하시오.

풀이

위의 작도 방법에 따라 점 $A(a_1, a_2)$를 $B(b_1, b_2)$를 중심으로 60° 회전하여 $C'(c_1', c_2')$의 좌표를 구하고, 또 점 $C(c_1, c_2)$를 $A(a_1, a_2)$를 중심으로 60° 회전하여 $B'(b_1', b_2')$의 좌표를 구한다.

$$\begin{pmatrix} c_1' \\ c_2' \end{pmatrix} = \begin{pmatrix} \cos 60^\circ & -\sin 60^\circ \\ \sin 60^\circ & \cos 60^\circ \end{pmatrix} \begin{pmatrix} a_1 - b_1 \\ a_2 - b_2 \end{pmatrix} + \begin{pmatrix} b_1 \\ b_2 \end{pmatrix}$$

$$\begin{pmatrix} c_1' \\ c_2' \end{pmatrix} = \frac{1}{2} \begin{pmatrix} 1 & -\sqrt{3} \\ \sqrt{3} & 1 \end{pmatrix} \begin{pmatrix} 1-0 \\ \sqrt{3}-0 \end{pmatrix} + \begin{pmatrix} 0 \\ 0 \end{pmatrix} = \begin{pmatrix} -1 \\ \sqrt{3} \end{pmatrix}$$

마찬가지로,

$$\begin{pmatrix} b_1' \\ b_2' \end{pmatrix} = \frac{1}{2} \begin{pmatrix} 1 & -\sqrt{3} \\ \sqrt{3} & 1 \end{pmatrix} \begin{pmatrix} 4-1 \\ 0-\sqrt{3} \end{pmatrix} + \begin{pmatrix} 1 \\ \sqrt{3} \end{pmatrix} = \begin{pmatrix} 4 \\ 2\sqrt{3} \end{pmatrix}$$

이제, 선분 BB'과 CC'의 교점을 구하면 Fermat point P를 얻는다.

$$BB' : y = \tfrac{2\sqrt{3}}{4} x, \qquad CC' : y = -\tfrac{\sqrt{3}}{5} (x-4)$$

이므로 두 선분의 교점인 Fermat point는 $P(x, y) = \left(\frac{8}{7}, \frac{4\sqrt{3}}{7}\right)$이고,

각 꼭짓점에서 Fermat point P까지의 거리의 합, 즉 파이프 라인의 총 길이는

$PA + PB + PC = AA' = CC' = BB' = 2\sqrt{7}$ 이다. ◆

연습문제 3.1.2 세 점 $A(4, 2\sqrt{3})$, $B(0,0)$, $C(10,0)$를 꼭짓점으로 하는 삼각형 ABC의 내부에서 세 꼭짓점으로부터의 거리의 합이 최소가 되는 점(Fermat point) P의 좌표를 구하고, 이때 $PA + PB + PC$를 구하시오.

다음의 정리와 두 문제에서는 Fermat point가 가지는 또 다른 성질들을 증명한다.

정리 3.1.1 삼각형 ABC에서 각 변을 한 변으로 하는 정삼각형 ABC', BCA', ACB'을 바깥쪽으로 작도하면, 그 세 정삼각형의 외접원 O_1, O_2, O_3는 삼각형 ABC의 Fermat point P에서 만난다.

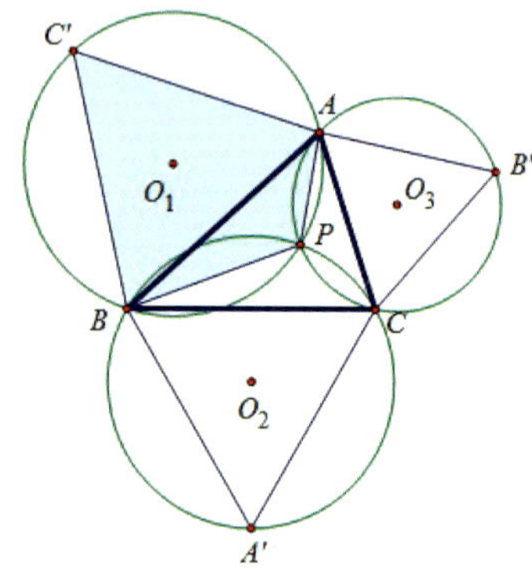

증명

삼각형 ABC의 Fermat point P에 대하여 $\angle APB = 120°$ 이다. 그리고 정삼각형 ABC'에서 $\angle AC'B = 60°$ 이다. 따라서 $\angle APB + \angle AC'B = 180°$ 이므로 사각형 $AC'BP$는 원에 내접하는 사각형이다.
그러므로 점 P는 정삼각형 ABC'의 외접원 O_1 위에 놓인다.
마찬가지로 방법으로 점 P가 원 O_2와 O_3 위에도 놓임을 각각 보일 수 있다. ♦

문제 3.1.8 (Napoleon's Theorem) 삼각형 ABC에서 각 변을 한 변으로 하는 정삼각형 ABC', BCA', ACB'을 바깥쪽으로 작도하여 각각의 중심을 O_1, O_2, O_3라 할 때, $\triangle O_1O_2O_3$가 정삼각형임을 증명하시오.

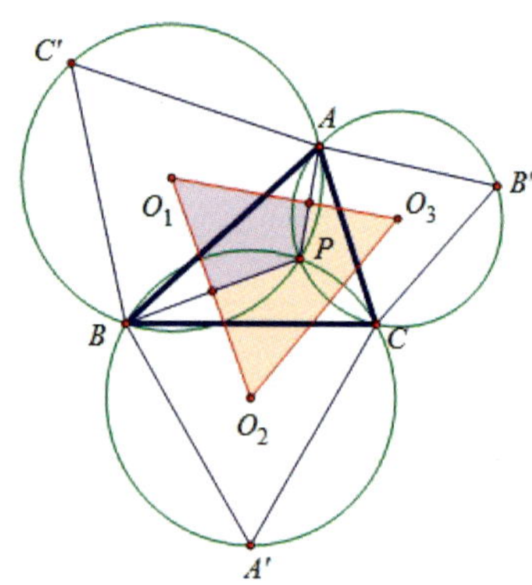

증명

위의 Theorem 3.1.1에 의하여 원 O_1, O_2, O_3는 삼각형 ABC의 Fermat point P에서 만난다. 이때 선분 AP는 두 원 O_1, O_3의 공통현이므로 $AP \perp O_1O_3$이다. 마찬가지로 $BP \perp O_1O_2$이다. 따라서 $\angle O_3O_1O_2 + \angle APB = 180°$ 이어야 하고, $\angle APB = 120°$ 이므로 $\angle O_3O_1O_2 = 60°$ 이다.
같은 이유로 $\angle O_1O_2O_3 = \angle O_2O_3O_1 = 60°$ 이다. 따라서 삼각형 $O_1O_2O_3$는 정삼각형이다. ♦

문제 3.1.9 (위치 에너지를 최소화하는 평형점으로 Fermat point 찾기) 지면으로 부터 높이 h인 위치에 수평으로 놓인 평면에 삼각형 ABC를 그리고, 꼭짓점 A,B,C에 구멍 뚫는다. 이제 길이가 각각 a인 세 가닥의 실을 한 매듭으로 묶고 각 가닥을 점 A,B,C의 구멍으로 통과시킨 후 그 끝에 같은 무게의 추를 매달고 평형 상태가 되도록 한다. 이때 세 가닥 실을 묶은 매듭이 놓이는 위치의 점 P가 삼각형 ABC의 Fermat point임을 보이시오. (단, $0 < a < h$)

증명

각 추의 무게가 모두 같으므로 평형 상태에서 점 P에 작용하는 세 방향의 힘의 크기는 모두 같다. 따라서 $\angle APB = \angle BPC = \angle APC = 120°$이다. 또, 평형 상태에서 세 개의 추의 위치에너지의 합은 최소이어야 한다. 각 추의 무게가 모두 같으므로 각 추의 위치에너지의 합은 각 추의 지면으로부터의 높이의 합 $3(h-a)+(x+y+z)$에 비례한다. 따라서 평형 상태에서 점 P는 꼭짓점 A, B, C까지의 거리의 합 $x+y+z$가 최소인 위치인 Fermat point에 놓인다. ♦

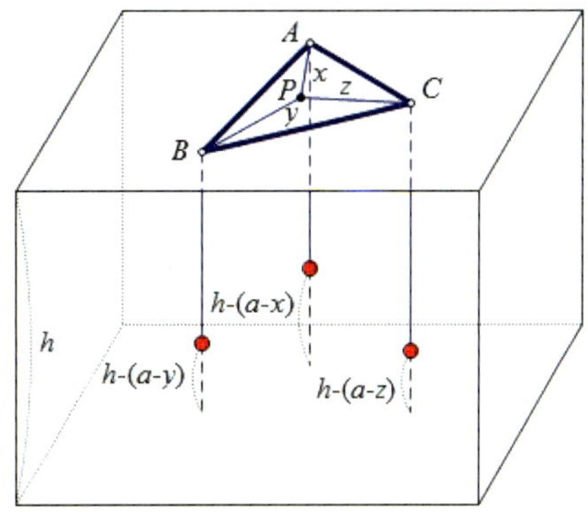

문제 3.1.10 (사각형의 Fermat point 찾기) 모든 내각이 $120°$보다 작은 사각형 $ABCD$에 대하여 아래 그림에서와 같이 네 꼭짓점까지의 거리와 두 점 사이의 거리의 합 $AE+BE+EF+CF+DF$를 최소화하는 두 점 E와 F를 찾으시오. (E와 F는 같을 수도 있다.)

풀이

$\square ABCD$의 내부에 점 E를 잡아 꼭짓점 A, B와 연결하고, 점 F를 잡아 꼭짓점 C, D와 연결한다. 그리고 $\triangle ABE$를 꼭짓점 B를 중심으로 $60°$ 회전하여 $\triangle A'BE'$의 위치에 놓고, $\triangle CDF$를 꼭짓점 D를 중심으로 $60°$ 회전하여 $\triangle C'DF'$의 위치에 놓는다. (이렇게 할 때, 점 A', C'의 위치는 E와 F와는 무관함을 염두에 두자.) 이때 $\triangle BEE'$은 $BE = BE' = EE'$인 정삼각형이 되고, $AE = A'E'$이다.

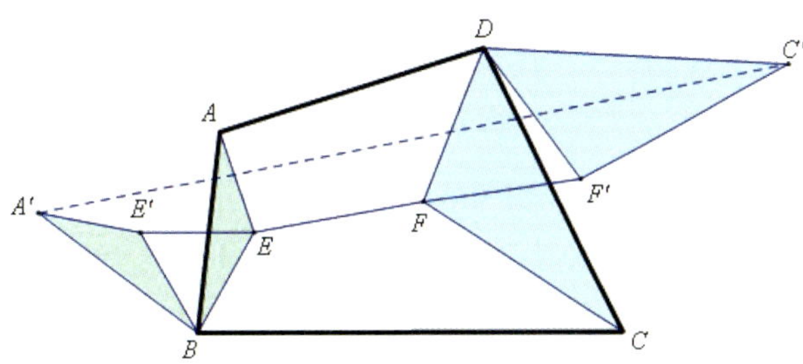

따라서, $AE+BE = A'E'+E'E$임을 안다. 또, $\triangle DFF'$은 $DF = DF' = FF'$인 정삼각형이 되고, $CF = C'F'$이므로, $CF+DF = FF'+F'C'$이다. 따라서,

$$AE+BE+EF+CF+DF = A'E'+E'E+EF+FF'+F'C' \geq A'C'$$

이므로, E와 F가 선분 $A'C'$ 위에 있을 때 길이의 합 $AE+BE+EF+CF+DF$는 최솟값

$A'C'$ 을 갖게 된다. 그리고, 이러한 점 E와 F에 대하여 $\angle BEA' = 60°$ 이다. 또, $\triangle ABE$를 A를 중심으로 회전시켜, 같은 방법으로 $\angle AEA' = 60°$ 임을 알 수 있다. 마찬가지로, $\angle DFC' = 60°$ 이고 $\angle CFC' = 60°$ 이다. 따라서, 사각형의 Fermat points E, F는 선분 $A'C'$ 위에 놓이며, $\angle AEB = \angle CFD = 120°$ 를 만족하도록 유일하게 존재한다. ♦

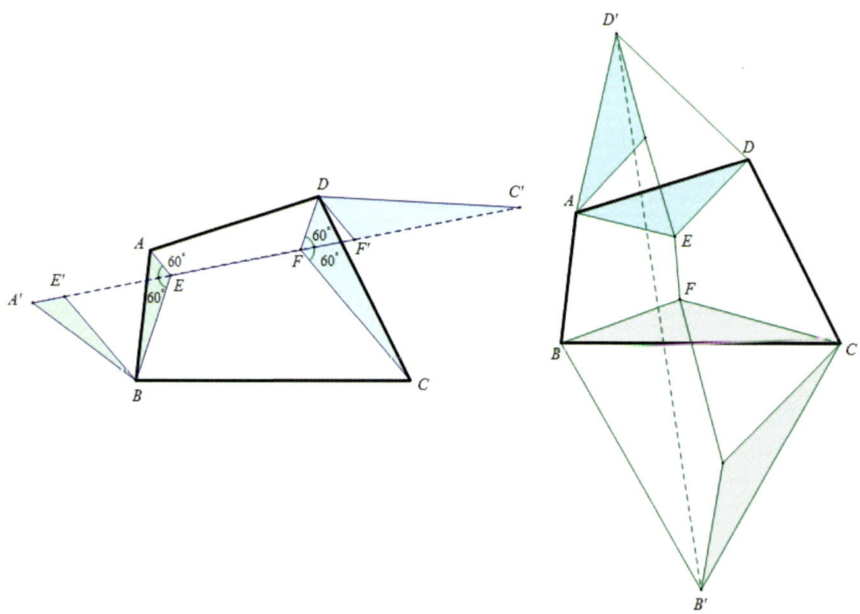

Note : 사각형 $ABCD$의 내부에서 두 점 E와 F를 잡아 네 꼭짓점과 두 점 E와 F 사이를 꺽인 선 모양으로 이을 때, 5개 선분의 길이의 합의 최솟값은 사각형 $ABCD$의 모양에 따라 $AE + BE + EF + CF + DF$의 최솟값 또는 $AE + DE + EF + BF + DF$의 최솟값 둘 중에 하나가 된다. 일반적으로 사각형이 길쭉한 방향으로 E와 F를 배치하여 Fermat points를 고려해야 5개 선분의 길이의 합의 최솟값을 얻게 된다.

Note : 점 A, B, C, D 의 위치에 네 개의 가늘고 짧은 기둥을 세워 두 유리판을 고정시킨 교구를 만들어 보자. 이 교구를 비눗물 용액에 담그었다가 살며시 꺼내면 두 유리판 사이에서 두 개의 기둥마다 그 사이를 잇는 비누막이 형성되는데, 결국에는 비누막의 표면장력에 의하여 사각형의 내부의 두 점(Fermat points)에서 만나도록 연결된다. (비누막은 언제나 최소 곡면(minimal surface)을 이룬다.)

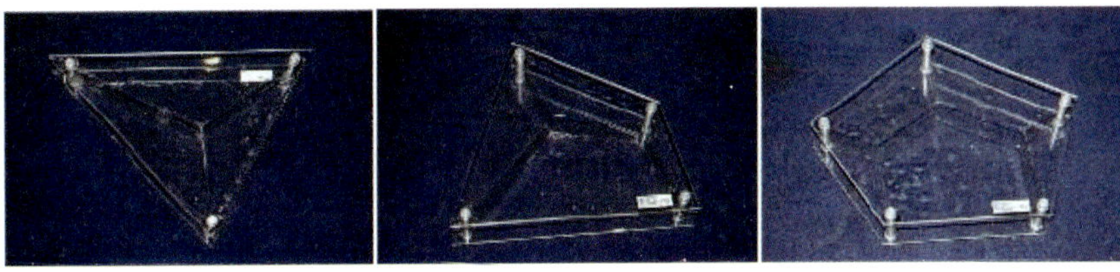

Note : 일반적으로 볼록n각형은 $(n-2)$개 이하의 Fermat points를 갖는다.

문제 3.1.11 (사각형에서 Fermat point 계산하기) 좌표평면에 네 점 $A(2, 4\sqrt{3})$, $B(0, 0)$, $C(10, 0)$, $D(9, 3\sqrt{3})$이 주어졌을 때, 이 네 점에 대하여 거리의 합 $AE+BE+EF+CF+DF$의 최솟값과 그때의 점 E와 F의 좌표를 구하시오.

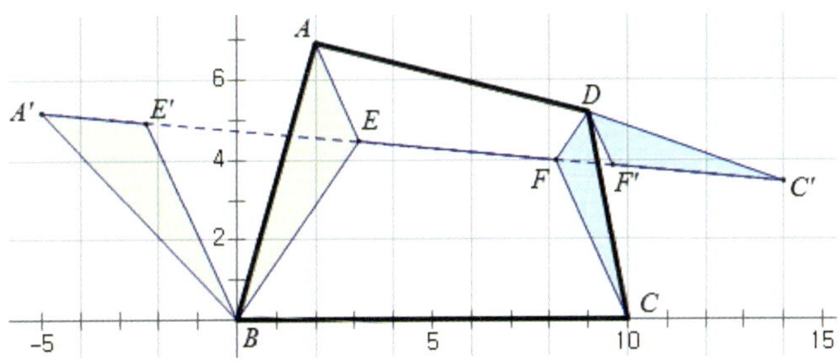

풀이

위의 문제 3.1.10의 사각형에서의 페르마 points 작도 방법에 따라 먼저, 점 $A(a_1, a_2)$를 $B(b_1, b_2)$를 중심으로 60° 회전하여 $A'(a_1', a_2')$을 구하고, 점 $C(c_1, c_2)$를 $D(d_1, d_2)$를 중심으로 60° 회전하여 $C'(c_1', c_2')$를 구한다.

$$\begin{pmatrix} a_1' \\ a_2' \end{pmatrix} = \frac{1}{2}\begin{pmatrix} 1 & -\sqrt{3} \\ \sqrt{3} & 1 \end{pmatrix}\begin{pmatrix} 2-0 \\ 4\sqrt{3}-0 \end{pmatrix} + \begin{pmatrix} 0 \\ 0 \end{pmatrix} = \begin{pmatrix} -5 \\ 3\sqrt{3} \end{pmatrix}$$

$$\begin{pmatrix} c_1' \\ c_2' \end{pmatrix} = \frac{1}{2}\begin{pmatrix} 1 & -\sqrt{3} \\ \sqrt{3} & 1 \end{pmatrix}\begin{pmatrix} 10-9 \\ 0-3\sqrt{3} \end{pmatrix} + \begin{pmatrix} 9 \\ 3\sqrt{3} \end{pmatrix} = \begin{pmatrix} 14 \\ 2\sqrt{3} \end{pmatrix}$$

따라서 선분 $A'C'$의 길이, 즉 $AE+BE+EF+CF+DF$의 최솟값은 $2\sqrt{91}$이다. 그리고 직선 $A'C'$의 식은 다음과 같다.

$$y = -\frac{\sqrt{3}}{19}(x+5) + 3\sqrt{3}$$

그리고 작도의 과정에서 점 $E'(e_1', e_2')$와 점 $F'(f_1', f_2')$는 다음과 같이 얻어진다.

$$\begin{pmatrix} e_1' \\ e_2' \end{pmatrix} = \frac{1}{2}\begin{pmatrix} 1 & -\sqrt{3} \\ \sqrt{3} & 1 \end{pmatrix}\begin{pmatrix} e_1 - b_1 \\ e_2 - b_2 \end{pmatrix} + \begin{pmatrix} b_1 \\ b_2 \end{pmatrix} = \frac{1}{2}\begin{pmatrix} e_1 - \sqrt{3}\,e_2 \\ \sqrt{3}\,e_1 + e_2 \end{pmatrix}$$

$$\begin{pmatrix} f_1' \\ f_2' \end{pmatrix} = \frac{1}{2}\begin{pmatrix} 1 & -\sqrt{3} \\ \sqrt{3} & 1 \end{pmatrix}\begin{pmatrix} f_1 - d_1 \\ f_2 - d_2 \end{pmatrix} + \begin{pmatrix} d_1 \\ d_2 \end{pmatrix} = \frac{1}{2}\begin{pmatrix} 18 + f_1 - \sqrt{3}\,f_2 \\ -6\sqrt{3} + \sqrt{3}\,f_1 + f_2 \end{pmatrix}$$

두 점 E, E'이 직선 $A'C'$ 위에 있음을 이용하여 연립방정식을 풀어 $E(e_1, e_2)$를 구하고, 마찬가지로 두 점 F, F'도 직선 $A'C'$ 위에 있음을 이용하여 $F(f_1, f_2)$를 구하면 $E\left(\frac{22}{7}, \frac{18\sqrt{3}}{7}\right)$, $F\left(\frac{30\sqrt{3}}{13}, \frac{106}{13}\right)$이다. ♦

연습문제 3.1.3 좌표평면에 네 점 $A(2, 10\sqrt{3})$, $B(0,0)$, $C(22,0)$, $D(21, 11\sqrt{3})$이 주어졌을 때, 이 네 점에 대하여 거리의 합 $AE + BE + EF + CF + DF$의 최솟값과 그때의 점 E와 F의 좌표를 구하시오.

3.2 대수적 부등식을 이용하여 해결할 수 있는 최대·최소 문제

이 절에서는 실수들에 대하여 성립하는 몇 가지 대수적 부등식들을 소개하고, 이들을 적용하여 해결할 수 있는 다양한 최적화 문제들을 살펴본다. 이 부등식들은 뒤의 절에서 다루는 다른 종류의 최적화 해법의 중간에 필요에 따라 사용되기도 한다.

정리 3.2.1 (코시-슈바르츠(Cauchy-Schwarz) 부등식) 내적 $\langle \cdot, \cdot \rangle$이 정의된 벡터공간에서 임의의 두 벡터 u, v에 대하여 부등식

$$|\langle \mathrm{u}, \mathrm{v} \rangle|^2 \leq \langle \mathrm{u}, \mathrm{u} \rangle \cdot \langle \mathrm{v}, \mathrm{v} \rangle, \quad \text{즉} \quad |\langle \mathrm{u}, \mathrm{v} \rangle| \leq \|\mathrm{u}\|\|\mathrm{v}\|$$

가 성립하며, 두 벡터 u, v가 서로 상수배일 때만 등호가 성립한다.

증명

$\mathrm{v} = 0$인 경우에는 위 부등식이 당연히 성립한다.
이제 $\mathrm{v} \neq 0$이라고 하고, 벡터 w를 다음과 같이 정의하자.

$$\mathrm{w} = \mathrm{u} - \frac{\langle \mathrm{u}, \mathrm{v} \rangle}{\langle \mathrm{v}, \mathrm{v} \rangle} \mathrm{v}$$

이때, $\langle \mathrm{v}, \mathrm{w} \rangle = 0$, 즉 두 벡터 v, w가 서로 수직임을 쉽게 확인할 수 있다. 따라서 수직인 두 벡터의 합

$$\mathrm{u} = \mathrm{w} + \frac{\langle \mathrm{u}, \mathrm{v} \rangle}{\langle \mathrm{v}, \mathrm{v} \rangle} \mathrm{v}$$

에 다음과 같이 피타고라스 정리가 성립한다.

$$\|\mathrm{u}\|^2 = \|\mathrm{w}\|^2 + \left| \frac{\langle \mathrm{u}, \mathrm{v} \rangle}{\langle \mathrm{v}, \mathrm{v} \rangle} \right|^2 \|\mathrm{v}\|^2 = \|\mathrm{w}\|^2 + \frac{|\langle \mathrm{u}, \mathrm{v} \rangle|^2}{\|\mathrm{v}\|^4} \|\mathrm{v}\|^2 = \|\mathrm{w}\|^2 + \frac{|\langle \mathrm{u}, \mathrm{v} \rangle|^2}{\|\mathrm{v}\|^2} \geq \frac{|\langle \mathrm{u}, \mathrm{v} \rangle|^2}{\|\mathrm{v}\|^2}$$

따라서 정리의 부등식이 성립하며, 특히 등식이 성립하는 경우에는 $\|\mathrm{w}\|^2 = 0$, 즉 $\mathrm{w} = 0$인데, 이는 벡터 w의 정의로부터 두 벡터 u, v가 서로 상수배임을 뜻한다.
그리고 역으로, 두 벡터 u, v가 서로 상수배이면 정리의 부등식이 성립함을 쉽게 확인할 수 있다.
■

정리 3.2.2 ($\mathbb{R}^n$ 에서의 코시-슈바르츠 부등식) n이 자연수일 때, 임의의 실수 x_1, x_2, $\cdots$, x_n과 y_1, y_2, $\cdots$, y_n에 대하여 부등식

$$(x_1y_1 + x_2y_2 + \cdots + x_ny_n)^2 \le (x_1^2 + x_2^2 + \cdots + x_n^2)(y_1^2 + y_2^2 + \cdots + y_n^2)$$

이 성립하며, 두 벡터 $(x_1, x_2, \cdots, x_n)$과 $(y_1, y_2, \cdots, y_n)$이 서로 상수배일 때만 등호가 성립한다.

정리 3.2.3 (제곱의 평균과 평균의 제곱 사이의 부등식) n이 자연수일 때, 임의의 실수 x_1, x_2, $\cdots$, x_n에 대하여 부등식

$$\left(\frac{x_1 + x_2 + \cdots + x_n}{n}\right)^2 \le \frac{x_1^2 + x_2^2 + \cdots + x_n^2}{n}$$

이 성립하며, $x_1 = x_2 = \cdots = x_n$일 때만 등호가 성립한다.

증명

위의 정리 3.2.2 $\mathbb{R}^n$ 에서의 코시-슈바르츠 부등식에서 $(y_1, y_2, \cdots, y_n) = (1, 1, \cdots, 1)$으로 두면 정리의 부등식을 얻는다. ■

확률변수 X가 그 평균 $E(X)$로부터 얼마나 떨어져 분포되어 있는지를 나타내는 양인 **분산** $V(X) = E((X - E(X))^2)$은 평균의 선형성을 이용하여 정리하면 $V(X) = E(X^2) - (E(X))^2$이다. 여기에서 위의 정리 3.2.3으로부터 $V(X) \ge 0$이 항상 성립하고, 따라서 확률론과 통계학에서 분산의 제곱근인 **표준편차** 개념을 사용할 수 있다.

정리 3.2.4 (영(Young)의 부등식) $k > 0$이고, f가 구간 $[0, k]$에서 정의된 순증가함수이며 $f(0) = 0$일 때, 임의의 실수 $a \in [0, k]$, $b \in [0, f(k)]$에 대하여 부등식

$$ab \le \int_0^a f(x)\,dx + \int_0^b f^{-1}(x)\,dx$$

가 성립하며, $b = f(a)$일 때만 등호가 성립한다.

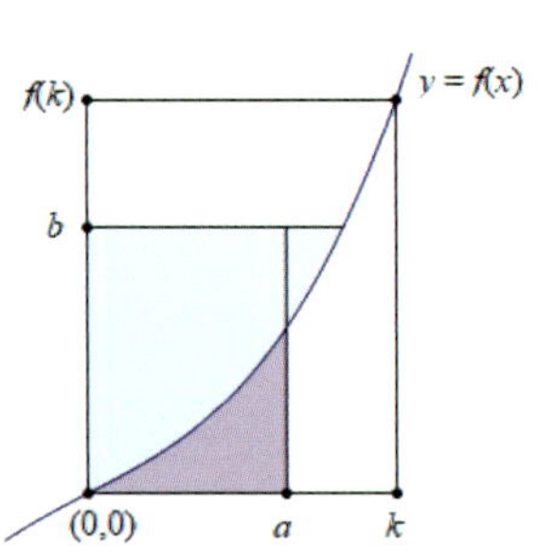

정리 3.2.5 (두 수의 곱에 대한 영(Young)의 부등식) 실수 $a, b \geq 0$와 $\frac{1}{p} + \frac{1}{q} = 1$을 만족하는 실수 $p, q > 1$에 대하여 부등식

$$ab \leq \frac{a^p}{p} + \frac{b^q}{q}$$

가 성립하며, $b = a^{p-1}$일 때만 등호가 성립한다.

증명

위의 정리 3.2.4 영(Young)의 부등식에서 $p > 1$일 때, $f(x) = x^{p-1}$로 두면 성립한다.
그리고 등호는 $b = f(a) = a^{p-1}$일 때만 성립한다. 이때, $a^p = ab$이고, $\frac{1}{p} + \frac{1}{q} = 1$으로부터 $pq - p - q = 0$, 즉 $(p-1)(q-1) = 1$이므로 $b^{q-1} = a^{(p-1)(q-1)} = a$가 되어 $b^q = ab$이다. 따라서 위 부등식의 우변이 ab와 같음을 확인할 수 있다. ■

정리 3.2.6 (두 수에 대한 산술평균과 기하평균 부등식) 음이 아닌 임의의 두 실수 x, y에 대하여 부등식

$$\sqrt{xy} \leq \frac{x+y}{2}$$

이 성립하며, $x = y$일 때만 등호가 성립한다.

증명

위의 정리 3.2.5 두 수의 곱에 대한 Young의 부등식에서 $p = q = 2$, $a = \sqrt{x}$, $b = \sqrt{y}$로 두면 성립한다.
그리고 등호는 $\sqrt{y} = \sqrt{x}^{2-1} = \sqrt{x}$, 즉 $x = y$일 때만 성립한다. ■

위의 정리 3.2.6 두 수에 대한 산술평균과 기하평균 부등식은 일반적인 n개의 수에 대해서도 확장되어 다음과 같이 성립한다.

정리 3.2.7 (산술평균과 기하평균 부등식) n이 자연수일 때, 음이 아닌 임의의 실수 x_1, x_2, $\cdots$, x_n에 대하여 부등식

$$\sqrt[n]{x_1 x_2 \cdots x_n} \leq \frac{x_1 + x_2 + \cdots + x_n}{n}$$

이 성립하며, $x_1 = x_2 = \cdots = x_n$일 때만 등호가 성립한다.

정리 3.2.8 ($\mathbb{R}^n$ 에서의 횔더(Hölder's) 부등식) p, q는 $\frac{1}{p}+\frac{1}{q}=1$를 만족하는 1보다 큰 두 실수라고 하자. $\mathbb{R}^n$ 에서 임의의 두 벡터 $(x_1, x_2, \cdots, x_n)$, $(y_1, y_2, \cdots, y_n)$에 대하여 부등식

$$\sum_{k=1}^{n} |x_k\, y_k| \le \left(\sum_{k=1}^{n} |x_k|^p\right)^{1/p} \left(\sum_{k=1}^{n} |y_k|^q\right)^{1/q}$$

이 성립하며, 두 벡터 $(x_1, x_2, \cdots, x_n)$, $(y_1, y_2, \cdots, y_n)$이 서로 상수배일 때만 등호가 성립한다.

증명

$A = \left(\sum_{k=1}^{n} |x_k|^p\right)^{1/p}$, $B = \left(\sum_{k=1}^{n} |y_k|^q\right)^{1/q}$ 로 나타내고, 정리 3.2.5 두 수의 곱에 대한 Young의 부등식을 적용하여 다음과 같이 계산하자.

$$\sum_{k=1}^{n} \frac{|x_k\, y_k|}{AB} \le \sum_{k=1}^{n} \left(\frac{|x_k|^p}{pA^p} + \frac{|y_k|^q}{qB^q}\right) = \frac{\sum_{k=1}^{n} |x_k|^p}{pA^p} + \frac{\sum_{k=1}^{n} |y_k|^q}{qB^q} = \frac{A^p}{pA^p} + \frac{B^q}{qB^q} = \frac{1}{p} + \frac{1}{q} - 1$$

따라서 $\sum_{k=1}^{n} |x_k\, y_k| \le \left(\sum_{k=1}^{n} |x_k|^p\right)^{1/p} \left(\sum_{k=1}^{n} |y_k|^q\right)^{1/q}$ 가 성립한다. ■

앞서 살펴보았던 정리 3.2.2 $\mathbb{R}^n$ 에서의 코시-슈바르츠 부등식은 정리 3.2.8 횔더 부등식의 $p=q=2$ 인 특별한 경우로 증명할 수도 있다.

정리 3.2.9 ($\mathbb{R}^n$ 에서의 두 벡터에 대한 민코프스키(Minkowski's) 부등식) p는 1 이상의 실수라고 하자. $\mathbb{R}^n$ 에서 임의의 두 벡터 $(x_1, x_2, \cdots, x_n)$, $(y_1, y_2, \cdots, y_n)$에 대하여 부등식

$$\left(\sum_{k=1}^{n} |x_k + y_k|^p\right)^{1/p} \le \left(\sum_{k=1}^{n} |x_k|^p\right)^{1/p} + \left(\sum_{k=1}^{n} |y_k|^p\right)^{1/p}$$

이 성립한다. 그리고 $p > 1$ 이면 두 벡터 $(x_1, x_2, \cdots, x_n)$, $(y_1, y_2, \cdots, y_n)$이 서로 상수배일 때만 등호가 성립한다.

증명

먼저, $p=1$ 인 경우는 삼각부등식에 의하여 정리의 등식이 성립한다. 이때, 등호는 두 실수 x_k, y_k $(k = 1, 2, \cdots, n)$의 부호가 같을 때 성립한다.

이제 $p > 1$ 인 경우를 생각하자. 이때 $\frac{1}{p}+\frac{1}{q}=1$ 인 실수 $q > 1$를 구하면 $(p-1)q = p$가 성립한다.

이 사실과 정리 3.2.8 횔더 부등식, 그리고 삼각부등식을 적용하여 다음과 같이 정리한다.

$$\begin{aligned}\sum_{k=1}^{n}|x_k+y_k|^p &\le \sum_{k=1}^{n}|x_k|\cdot|x_k+y_k|^{p-1}+\sum_{k=1}^{n}|y_k|\cdot|x_k+y_k|^{p-1}\\ &\le \left(\sum_{k=1}^{n}|x_k|^p\right)^{1/p}\left(\sum_{k=1}^{n}|x_k+y_k|^{(p-1)q}\right)^{1/q}+\left(\sum_{k=1}^{n}|y_k|^p\right)^{1/p}\left(\sum_{k=1}^{n}|x_k+y_k|^{(p-1)q}\right)^{1/q}\\ &=\left[\left(\sum_{k=1}^{n}|x_k|^p\right)^{1/p}+\left(\sum_{k=1}^{n}|y_k|^p\right)^{1/p}\right]\left(\sum_{k=1}^{n}|x_k+y_k|^{(p-1)q}\right)^{1/q}\\ &=\left[\left(\sum_{k=1}^{n}|x_k|^p\right)^{1/p}+\left(\sum_{k=1}^{n}|y_k|^p\right)^{1/p}\right]\left(\sum_{k=1}^{n}|x_k+y_k|^{p}\right)^{1/q}\end{aligned}$$

따라서

$$\left(\sum_{k=1}^{n}|x_k+y_k|^p\right)^{1/p}=\left(\sum_{k=1}^{n}|x_k+y_k|^p\right)^{1-\frac{1}{q}}\le\left(\sum_{k=1}^{n}|x_k|^p\right)^{1/p}+\left(\sum_{k=1}^{n}|y_k|^p\right)^{1/p}$$

가 성립한다. ■

위의 정리 3.2.9 민코프스키 부등식은 삼각부등식의 일반화된 형태라고 할 수 있다. 그리고 민코프스키 부등식은 두 개의 벡터 뿐만 아니라 임의의 유한 개 벡터에 대해서도 성립함을 쉽게 확인할 수 있다. 아래 정리 3.2.10은 민코프스키 부등식을 $p=2$인 경우에 $\mathbb{R}^n$의 m개 벡터에 대하여 적용한 것이다.

정리 3.2.10 ($\mathbb{R}^n$의 m개 벡터에 대한 민코프스키(Minkowski's) 부등식) m, n이 자연수일 때, 임의의 실수 $x_{11}, x_{12}, \cdots, x_{1n}, x_{21}, x_{22}, \cdots, x_{2n}, \cdots, x_{m1}, x_{m2}, \cdots, x_{mn}$에 대하여 부등식

$$\begin{aligned}&\sqrt{(x_{11}+x_{21}+\cdots+x_{m1})^2+(x_{12}+x_{22}+\cdots+x_{m2})^2+\cdots+(x_{1n}+x_{2n}+\cdots+x_{mn})^2}\\ &\le\sqrt{x_{11}^2+x_{12}^2+\cdots+x_{1n}^2}+\sqrt{x_{21}^2+x_{22}^2+\cdots+x_{2n}^2}+\cdots+\sqrt{x_{m1}^2+x_{m2}^2+\cdots+x_{mn}^2}\end{aligned}$$

이 성립하며, m개의 벡터 $(x_{k1}, x_{k2}, \cdots, x_{kn})$, $(k=1,2,\cdots,m)$이 모두 서로 상수배일 때만 등호가 성립한다.

이제 이러한 부등식들을 이용하여 해결할 수 있는 최대·최소 문제의 몇 가지 예를 살펴보자. 특히 부등식에서 등호가 성립할 때가 최대·최소인 경우일 수 있음을 유의한다.

문제 3.2.1 $\angle C = 90°$ 이고, $\overline{BC} = a$, $\overline{CA} = b$ 인 직각삼각형 ABC 의 내부의 한 점 P 에서 세 변 BC, CA, AB 까지의 거리를 각각 x, y, z 라고 할 때, $x^2 + y^2 + z^2$ 의 최솟값을 구하시오.

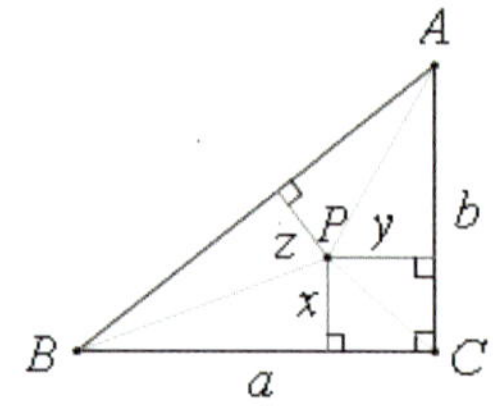

풀이

$c = \sqrt{a^2+b^2}$ 으로 나타내고, 주어진 직각삼각형의 넓이를 구하여 다음과 같은 식이 세운다.

$$\frac{ab}{2} = \frac{ax}{2} + \frac{by}{2} + \frac{cz}{2}, \quad 즉 \ ax + by + cz = ab.$$

여기에 정리 3.2.2 $\mathbb{R}^n$ 에서의 코시-슈바르츠 부등식을 적용하면

$$(ax+by+cz)^2 \le (a^2+b^2+c^2)(x^2+y^2+z^2), \quad 즉 \ \frac{a^2b^2}{2(a^2+b^2)} \le (x^2+y^2+z^2)$$

이 성립하고, 등호는 두 벡터 (a, b, c) 와 (x, y, z) 가 서로 상수배일 때 성립한다. 실제로, $(x, y, z) = k(a, b, c)$, 즉 $a : b : c = x : y : z$ 를 만족하는 점 P 는 삼각형 ABC 의 **대칭중선 점**(symmedian point) 또는 Lemoine point라고 불리는 점으로 모든 삼각형마다 그 내부에 존재한다. 따라서 $x^2+y^2+z^2$ 의 최솟값은 $\frac{a^2b^2}{2(a^2+b^2)}$ 이다. ♦

문제 3.2.2 $\overline{BC} = a$, $\overline{CA} = b$, $\overline{AB} = c$ 인 삼각형 ABC 의 내부의 한 점 P 에서 세 변 BC, CA, AB 까지의 거리를 각각 x, y, z 라고 할 때, $\frac{a}{x} + \frac{b}{y} + \frac{c}{z}$ 의 최솟값과 그때 점 P 의 위치를 구하시오.

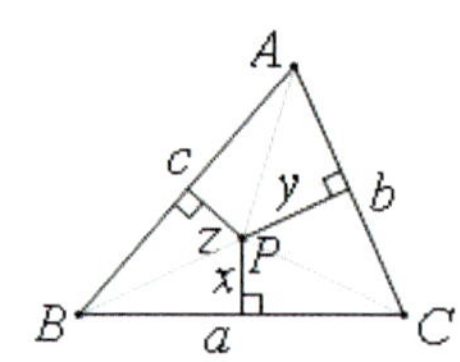

풀이

$s = \frac{1}{2}(a+b+c)$ 로 두고 헤론의 공식을 이용하여 삼각형의 넓이 S 를 구하여 다음과 같은 식을 세운다.

$$S = \sqrt{s(s-a)(s-b)(s-c)} = \frac{ax}{2} + \frac{by}{2} + \frac{cz}{2}, \quad 즉 \ ax + by + cz = 2S.$$

여기에 정리 3.2.2 $\mathbb{R}^n$ 에서의 코시-슈바르츠 부등식을 적용하면

$$(a+b+c)^2 \le (ax+by+cz)\left(\frac{a}{x} + \frac{b}{y} + \frac{c}{z}\right), \quad 즉 \ \frac{(a+b+c)^2}{2S} \le \frac{a}{x} + \frac{b}{y} + \frac{c}{z}$$

이 성립하고, 등호는 두 벡터 $(\sqrt{ax}, \sqrt{by}, \sqrt{cz})$ 와 $\left(\sqrt{\frac{a}{x}}, \sqrt{\frac{b}{y}}, \sqrt{\frac{c}{z}}\right)$ 가 서로 상수배일 때 성립하

므로

$$\frac{\sqrt{\frac{a}{x}}}{\sqrt{ax}} = \frac{\sqrt{\frac{b}{y}}}{\sqrt{by}} = \frac{\sqrt{\frac{c}{z}}}{\sqrt{cz}} \quad \text{즉 } x = y = z$$

일 때 성립한다. 따라서 $\frac{a}{x} + \frac{b}{y} + \frac{c}{z}$ 의 최솟값은 $\frac{(a+b+c)^2}{2S} = \frac{2s^2}{S}$ 이며, 그때 점 P 의 위치는 삼각형 ABC 의 내심이다. ♦

문제 3.2.3 $s^2 \leq \frac{45}{11}k$ 를 만족하는 두 실수 상수 k, s 에 대하여 다섯 개의 실수 a, b, c, d, x 가 다음 두 등식을 모두 만족시킬 때, x 의 최댓값과 최솟값을 찾으시오.

$$a^2 + b^2 + c^2 + d^2 + x^2 = k, \qquad a + b + c + d + x = s$$

풀이

정리 3.2.2 $\mathbb{R}^n$ 에서의 코시-슈바르츠 부등식을 적용하면

$$(a+b+c+d)^2 \leq (a^2+b^2+c^2+d^2)(1^2+1^2+1^2+1^2) = 4(a^2+b^2+c^2+d^2)$$

이고, 등호는 두 벡터 (a, b, c, d) 와 $(1, 1, 1, 1)$ 이 서로 상수배일 때, 즉 $a = b = c = d$ 일 때 성립한다. 따라서

$$(s-x)^2 \leq 4(k-x^2), \quad \text{즉 } 5x^2 - 2sx + s^2 - 4k \leq 0$$

이므로,

$$\frac{s - 2\sqrt{5k - s^2}}{5} \leq x \leq \frac{s + 2\sqrt{5k - s^2}}{5}$$

이 성립한다. 여기에서 문제의 조건에 의하여 $5k - s^2 \geq 0$ 임을 확인할 수 있다. 이제 $x = \frac{s \pm 2\sqrt{5k-s^2}}{5}$ 가 최대·최솟값임을 보이기 위하여, 이때 문제의 두 등식을 만족하는 $a = b = c = d$ 의 값이 존재함을 보이자.

$$4a^2 + x^2 = k, \qquad 4a + x = s, \qquad 5x^2 - 2sx + s^2 - 4k = 0$$

으로부터 x 를 소거하면

$$20a^2 - (8s)a + 3(s^2 - 3k) = 0$$

이고, a 에 대한 이차방정식으로서 $D/16 = 45k - 11s^2 \geq 0$ 이므로 실근 a 가 존재한다.

따라서 x 의 최댓값은 $\frac{s+2\sqrt{5k-s^2}}{5}$ 이고, 최솟값은 $\frac{s-2\sqrt{5k-s^2}}{5}$ 이다. ♦

문제 3.2.4 한 변의 길이가 1인 정육면체에서 서로 꼬인 위치에 있는 세 모서리에서 각각 한 점씩 택하여 만든 삼각형의 둘레의 길이의 최솟값을 구하시오. (여기에서 두 모서리가 서로 꼬인 위치에 있다는 것은 두 모서리가 한 평면 위에 있지 않다는 뜻이다.)

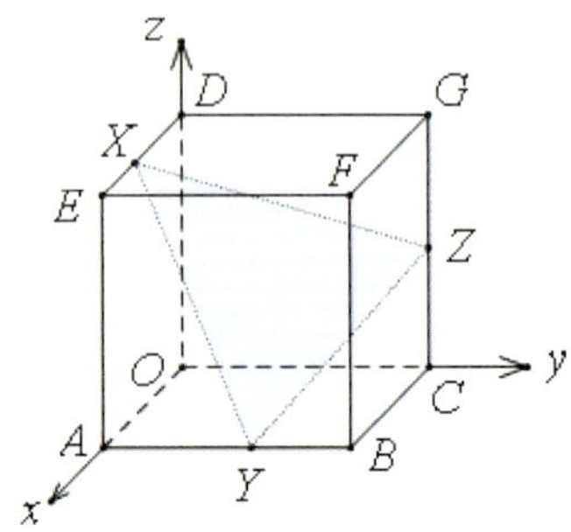

풀이

오른쪽 그림과 같이 좌표축과 한 변의 길이가 1인 정육면체를 놓고, 서로 꼬인 위치에 있는 세 모서리 DE, AB, CG에서 각각 점 $X(x, 0, 1)$, $Y(1, y, 0)$, $Z(0, 1, z)$를 택하면 일반성을 잃지 않는다. 여기에서 $x, y, z \in [0, 1]$는 서로 독립적인 세 변수이다. 이때, $\triangle XYZ$의 둘레의 길이 L은 다음과 같다.

$$L = \sqrt{(1-x)^2 + y^2 + 1} + \sqrt{1 + (1-y)^2 + z^2} + \sqrt{x^2 + 1 + (1-z)^2}$$

L의 최솟값을 알아보기 위하여 세 벡터에 대한 정리 3.2.10의 민코프스키 부등식을

$$\begin{aligned}&\sqrt{(a_1+b_1+c_1)^2 + (a_2+b_2+c_2)^2 + (a_3+b_3+c_3)^2} \\ &\qquad \le \sqrt{a_1^2+a_2^2+a_3^2} + \sqrt{b_1^2+b_2^2+b_3^2} + \sqrt{c_1^2+c_2^2+c_3^2} = L\end{aligned} \tag{3.1}$$

의 꼴로 적용하려면 서로 상수배가 되는 경우가 있는 세 벡터 (a_1, a_2, a_3), (b_1, b_2, b_3), (c_1, c_2, c_3)를 찾아야 한다. 그런데 만일, 세 벡터로 $(1-x,\ y,\ 1)$, $(1,\ 1-y,\ z)$, $(x,\ 1,\ 1-z)$를 택하면 위의 부등식 (3.1)으로부터

$$\sqrt{12} \le L$$

를 얻지만, $\sqrt{12}$가 L의 최솟값이 되지는 않는다. 왜냐면 이 세 벡터는 다음과 같이 서로 상수배가 되는 경우가 없기 때문이다.

$$\begin{aligned}&(1-x,\ y,\ 1) = k(1,\ 1y,\ z) \ \Rightarrow\ 1-x = k,\ y = k(1-y),\ 1 = kz, \\ &(1,\ 1-y,\ z) = s(x,\ 1,\ 1-z) \ \Rightarrow\ 1 = sx,\ 1-y = s,\ z = s(1-z) \\ &\therefore\ s - sx = s - 1 = ks,\ kz = 1 = ks(1-z) = ks - s(kz) = ks - s,\ 1+s = ks \\ &\therefore\ s - 1 = ks,\ 1+s = ks \text{ (해가 없음)}\end{aligned}$$

이제 세 벡터를 $(1,\ y,\ 1-x)$, $(1,\ z,\ 1-y)$, $(1,\ x,\ 1-z)$로 택해보자. 위의 부등식 (3.1)으로부터

$$\sqrt{(1+1+1)^2+(y+z+x)^2+(3-(x+y+z))^2} \le L \tag{3.2}$$

이 성립하고, 세 벡터가 서로 상수배가 되려면 $(1,\ y,\ 1-x) = (1,\ z,\ 1-y) = (1,\ x,\ 1-z)$이어야 하고, 이때 $x = y = z$이다. 그리고 부등식 (3.2)의 좌변의 식에 정리 3.2.3 제곱의 평균과 평균의 제곱 사이의 부등식을 적용하면

$$2\cdot\left(\tfrac{3}{2}\right)^2 \le (y+z+x)^2+(3-(x+y+z))^2$$

이 성립하며, 등호는 $y+z+x = 3-(x+y+z)$, 즉 $x+y+z = \frac{3}{2}$일 때 성립한다. 따라서

$$\sqrt{9+\tfrac{9}{2}} = \sqrt{\tfrac{27}{2}} \le L$$

이며, 등호는 $x = y = z = \frac{1}{2}$일 때만 성립한다. 즉, 서로 꼬인 위치에 있는 세 모서리의 중점들을 이었을 때 삼각형의 둘레의 길이의 최솟값 $\sqrt{\frac{27}{2}}$을 얻는다. ♦

문제 3.2.5 "임의의 삼각형에서 두 변의 길이 a, b가 $1 \le \frac{b}{a} < k$를 만족하는 두 변을 항상 찾을 수 있다."라는 명제가 참이 되도록 하는 실수 k의 최솟값을 찾으시오.

풀이

먼저 $k \ge \frac{1+\sqrt{5}}{2}$임을 보이자.

$1 \le m \le \frac{1+\sqrt{5}}{2}$를 만족하는 임의의 실수 m에 대하여 부등식 $1+m > m^2$이 성립하므로, 세 변의 길이가 1, m, m^2인 삼각형이 존재하고, 이때

$$\min\left\{\frac{m}{1},\ \frac{m^2}{m},\ \frac{m^2}{1}\right\} = \min\left\{m,\ m,\ m^2\right\} = m$$

이다. 따라서 $m < k$이어야 한다.

즉, $1 \le m \le \frac{1+\sqrt{5}}{2}$를 만족하는 임의의 실수 m에 대하여 $m < k$이어야 하므로, $k \ge \frac{1+\sqrt{5}}{2}$이다.

이제 $k \ge \frac{1+\sqrt{5}}{2}$인 임의의 k에 대하여 정리의 명제가 참임을 귀류법으로 증명하자.

먼저 이때 $1+k \le k^2$이 성립한다. 그리고 만일 세 변의 길이 $a \le b \le c$가 $\frac{b}{a} \ge k$, $\frac{c}{b} \ge k$인 어떤

삼각형이 존재한다면 $b \leq \frac{c}{k}$, $a \leq \frac{b}{k} \leq \frac{c}{k^2}$ 이므로

$$a + b \leq c\left(\frac{1}{k} + \frac{1}{k^2}\right) = c \cdot \frac{k+1}{k^2} \leq c$$

가 되는데, 이는 삼각형임에 모순이다. 따라서 정리의 명제가 참이다.

그러므로 정리의 명제가 참이 되도록 하는 실수 k의 최솟값은 황금비인 $\frac{1+\sqrt{5}}{2}$ 이다. ♦

문제 3.2.6 넓이가 1인 사다리꼴에서 가장 긴 대각선의 길이의 최솟값을 구하시오.

풀이

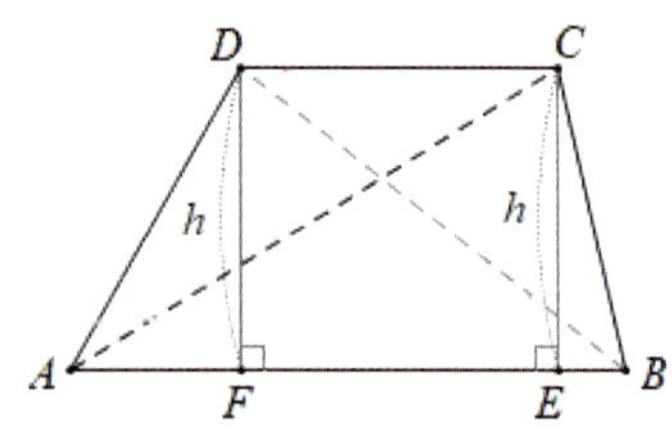

사다리꼴 $ABCD$에서 $AB//CD$, $\overline{AB} \geq \overline{CD}$이고, 높이가 h라고 하자. 이제 사다리꼴의 넓이가 1, 즉 $\frac{h}{2}\left(\overline{AB} + \overline{CD}\right) = 1$이고, 두 대각선의 길이가 $\overline{AC} \geq \overline{BD}$이라고 할 때, $\overline{AC}$의 최솟값을 구하자.

꼭짓점 C, D에서 직선 AB에 내린 수선의 발을 각각 E, F라고 하면, $\overline{AE} \geq \overline{BF}$이다. 그리고 $\overline{AE} + \overline{BF} \geq \overline{AB} + \overline{CD}$이다. 따라서 $\overline{AE} \geq \frac{\overline{AB}+\overline{CD}}{2} = \frac{1}{h}$가 성립하므로, 정리 3.2.6의 두 수에 대한 산술평균과 기하평균 부등식으로부터

$$\overline{AC}^2 = \overline{AE}^2 + h^2 \geq \frac{1}{h^2} + h^2 \geq 2$$

임을 얻는다. 그리고 등호는 $h = 1$일 때 성립한다. 따라서 $\overline{AC}$의 최솟값은 $\sqrt{2}$이다. ♦

문제 3.2.7 한 변의 길이가 1인 정사각형에 내접하는 임의의 사각형에 대하여 적어도 한 개 이상의 변의 길이가 $\frac{\sqrt{2}}{2}$ 이상임을 보이시오.

풀이

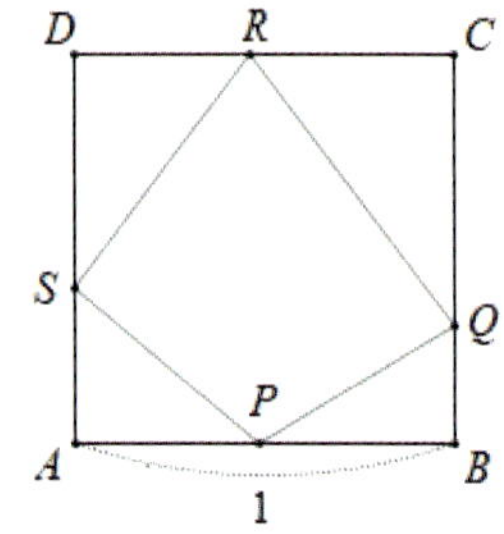

오른쪽 그림과 같이 정사각형 $ABCD$에 사각형 $PQRS$가 내접해 있을 때, 만일 사각형 $PQRS$의 모든 변의 길이가 $\frac{\sqrt{2}}{2}$보다 작다고 가정하면 정리 3.2.3 제곱의 평균과 평균의 제곱 사이의 부등식에 의하여

$$\overline{AP} + \overline{AS} \leq \sqrt{2\left(\overline{AP}^2 + \overline{AS}^2\right)} = \sqrt{2\overline{PS}^2} < 1$$

이 성립한다.

그리고 마찬가지로 $\overline{BQ}+\overline{BP}<1$, $\overline{CR}+\overline{CQ}<1$, $\overline{DR}+\overline{DS}<1$ 이 성립한다. 이 네 부등식을 모두 더하면

$$4=\overline{AB}+\overline{BC}+\overline{CD}+\overline{DA}<4$$

가 되어 모순이다.

따라서 사각형 $PQRS$ 에서 적어도 한 개 이상의 변의 길이가 $\frac{\sqrt{2}}{2}$ 이상이다. ♦

3.3 선형 모델에 대한 최적화 문제

어떤 문제 상황을 미지수들, 예를 들어 x, y, z 등에 대한 일차연립방정식이나 부등식 또는 행렬 방정식이나 부등식으로 나타낸 것을 **선형 모델**(Linear model)이라고 한다. 이 절에서는 선형 모델을 세우고, 최대·최솟값이나 최적의 전략 등의 최적해를 구하는 방법들을 살펴본다.
먼저, 일차연립부등식으로 주어진 조건 하에서 어떤 일차함수의 최대·최솟값을 구하는 문제들을 살펴보자. 이러한 종류의 문제를 선형계획법(Linear Programming)이라고 하며, 경제학에서 생산, 투자, 수송 등의 계획에 활용하거나, 운용 과학(Operation Reserch), 네트워크 경로 최적화, 게임이론 등 많은 분야에서 사용되고 있다. 다음과 같은 2변수 선형계획법 문제는 주어진 조건을 만족하는 좌표평면의 영역의 경계의 모서리 점들 중에 일차함수의 최대·최소점이 있다는 사실을 이용하여 해결할 수 있다.

문제 3.3.1 (Maximizing Profit) 수제품 장난감 트럭을 만드는 회사에서 표준형과 고급형, 두 종류의 장난감 트럭을 생산한다. 표준형 장난감 트럭 하나를 만들기 위해 연마 2시간, 마무리작업 2시간이 소요되고, 하나당 3만원의 이익이 남는다. 고급형 장난감 트럭 하나를 만들기 위해 연마 2시간, 마무리작업 4시간이 소요되고, 하나당 4만원의 이익이 남는다. 이 회사에는 두명의 연마자와 세명의 마무리작업자들이 있고, 각 사람이 일주일에 40시간 일을 한다. 모든 트럭이 팔린다고 가정할 때, 이익을 최대화하기 위하여 일주일에 두 종류를 각각 얼마나 만들어야 하는가? 일주일 당 최대 이익은 얼마인가?

풀이

일주일 동안 생산하는 표준형 모델의 개수와 고급형 모델의 개수를 각각 x, y라고 하면,

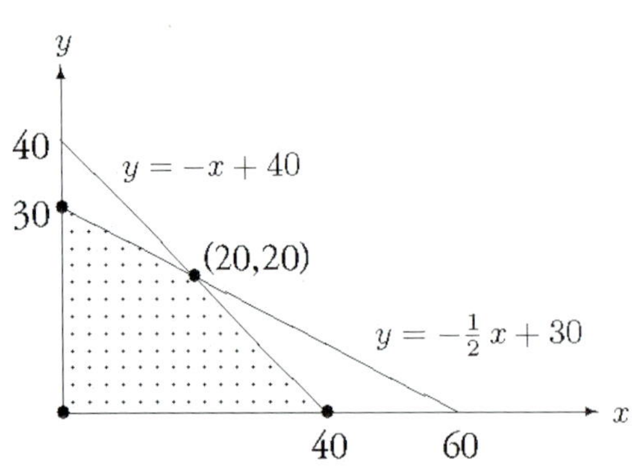

(x,y)	$P = 3x + 4y$
$(0,0)$	0
$(0,30)$	120
$(40,0)$	120
$(20,20)$	140

일주일 당 이익은 $P = 3x + 4y$ (만원)이고, 여기에 제한조건은 $2x + 2y \leq 80$, $2x + 4y \leq 120$, $x \geq 0$, 그리고, $y \geq 0$ 이다. 따라서, 이익을 최대화하려면 일주일에 표준형과 고급형, 두 종류를 각각 20개씩 만들어야 하고, 그때의 최대 이익은 140만원이다. ♦

문제 3.3.2 (Financial Planning) 은퇴한 부부가 고정수익채권에 3억원을 투자하고자 한다. 증권중개인의 추천으로 어떤 AAA급 채권(연 8%)과 B^+급 채권(연 12%)에 투자하기로 하였다. 분산투자를 위해 B^+급 채권에는 1억2천만원 이하, AAA급 채권에는 6천만원 이상을 투자하고자 한다. 그리고, AAA급 채권을 B^+급 채권보다 많거나 같도록 사고자 한다. 투자이익을 최대화하기 위하여 중개인은 두 종류의 채권을 각각 얼마씩 사도록 조언을 해야 하는가?

풀이

x = AAA급 채권을 사는 액수(단위 만원), y = B^+급 채권을 사는 액수(단위 만원)이라고 하면 투자이익은 $P = 0.08x + 0.12y$ (만원)이고, 여기에 제한조건은 $x + y \leq 30000$, $x \geq 6000$, $y \leq 12000$, 그리고, $x \geq y \geq 0$ 이다.

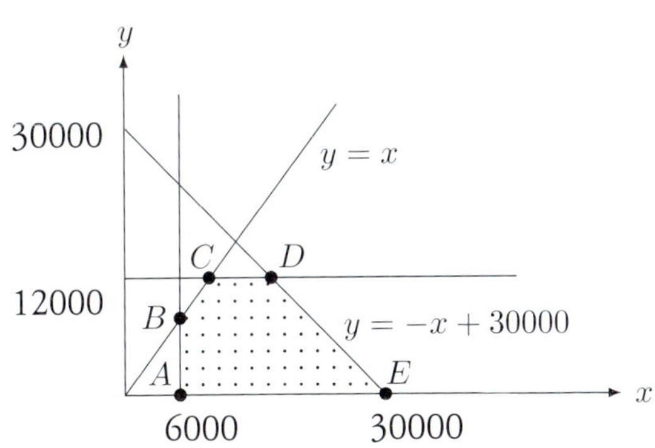

$P = 0.08x + 0.12y$

(x, y)	P
$A(6000, 0)$	480
$B(6000, 6000)$	1200
$C(12000, 12000)$	2400
$D(18000, 12000)$	2880
$E(30000, 0)$	2400

따라서, 투자이익을 최대화하려면 AAA급 채권은 1억8천만원 어치, B^+급 채권은 1억2천만원 어치를 사야하고, 그 때의 최대 연간 수익은 2천880만원이다. ♦

연습문제 3.3.1 어느 토지개발 회사가 농지를 개발하는데에는 제곱미터 당 10만원, 택지를 개발하는데에는 제곱미터 당 25만원이 소요된다고 한다. 이 회사는 총 500만 제곱미터 이상을 개발해야 하고, 택지는 200만 제곱미터 이상, 농지는 250만 제곱미터 이상을 개발해야 한다. 이 회사가 개발비용을 최소화하기 위해서는 택지와 농지를 각각 얼마만큼 개발해야 하는가? 그때 소요되는 총비용은 얼마인가?

3개 이상의 변수가 등장하는 선형계획법 문제는 초다면체 영역의 모서리 점들을 찾아 함수의 값을 구하여 최대·최솟값을 찾아야 하는데, 이때 **심플렉스법**(simplex method) 등의 알고리즘을 사용할 수 있다. 여기에서는 먼저 컴퓨터 수학프로그램의 Maximize, Minimize 명령이나 LinearProgramming 명령 등을 이용하여 바로 해를 구해보는 실습을 해보고나서, 심플렉스법의 간단한 경우를 살펴보기로 한다.

실습문제 3.3.1 (Mathematica 프로그램 이용) 수제품 장난감 자동차를 만드는 회사에서 네 종류의 장난감 자동차(경찰차, 경주용 자동차, 소방차, 트럭)를 생산한다. 장난감 자동차를 만들기 위해서는 금형작업, 페인트 분사, 포장의 세 가지의 공정이 필요하다. 각 종류의 장난감 자동차 하나 당 이익과 필요한 공정시간, 또 각 공정에 대한 일주일 동안의 총 사용 가능 시간이 다음 표와 같을 때, 이익을 최대화하기위하여 일주일에 네 종류를 각각 얼마나 만들어야 하는가? 일주일 당 최대 이익은 얼마인가?

	경찰차	경주용 자동차	소방차	트럭	공정 사용 가능 시간
금형작업	2 시간	2.5 시간	2 시간	2 시간	4000 시간
페인트 분사	1 시간	1.5 시간	1 시간	2 시간	1800 시간
포장	0.5 시간	0.5 시간	1 시간	1 시간	1000 시간
개당 이익	5000원	10000원	15000원	20000원	

풀이

일주일 동안 만드는 네 종류의 장남감 경찰차, 경주용 자동차, 소방차, 트럭의 개수를 각각 w, x, y, z로 두면 일주일 당 이익은 $P = 5000w + 10000x + 15000y + 20000z$ 이다. 그리고 세 가지 공정의 사용 가능 시간에 대한 조건을 부등식으로 나타내면 다음과 같다.

$$2w + 2.5x + 2y + 2z \leq 4000, \quad w + 1.5x + y + 2z \leq 1800, \quad 0.5w + 0.5x + y + z \leq 1000$$

그리고 $w, x, y, z \geq 0$ 이다. 이제 P의 최댓값과 그때 변수의 값들을 컴퓨터로 다음과 같은 명령을 입력하여 구해보자.

```
In[1]:= Maximize[5000w+10000x+15000y+20000z, 2w+2.5x+2y+2z<=4000,
            w+1.5x+y+2z<=1800, 0.5w+0.5x+y+z<=1000,
            w>=0, x>=0, y>=0, z>=0, {w,x,y,z}]
```

Out[1]= $\{1.9 \times 10^7, \{w \to 0., x \to 0., y \to 200., z \to 800.\}\}$

또는

```
In[2]:= LinearProgramming[-{5000, 10000, 15000, 20000},
        -{{2, 2.5, 2, 2}, {1, 1.5, 1, 2}, {0.5, 0.5, 1, 1}}, -{4000, 1800, 1000}]
In[3]:= {5000, 10000, 15000, 20000}.%
Out[2]= {0.0., 200., 800.}
Out[3]= 1.9 × 10^7
```

따라서 일주일 당 장난감 경찰차 0개, 경주용 자동차 0개, 소방차 200개, 트럭 800개를 만들 때, 최대 이익 19000000원, 즉 1,900만원을 얻는다. ♦

실습문제 3.3.2 (Mathematica 프로그램 이용) 한 가족에게 필요한 영양소 요구량 이상을 충족시키면서 식품의 구입비용을 최소화하고자 한다. 식품의 종류 5가지에 대한 영양소 3가지의 함유량과 1일 최소요구량이 다음 표와 같다고 할 때, 식품의 총 구입비용을 최소화히기위하여 각 식품을 각각 몇 단위씩 사야하는가? 그때의 총 구입비용은 얼마인가?

식품의 종류	단위 당 영양소 함유량(g)			단위 당 비용(원)
	단백질	탄수화물	지방	
1	10	20	9	230
2	12	15	5	280
3	5	8	6	150
4	16	10	6	320
5	25	12	5	430
1일 최소요구량	300	400	200	

풀이

식품의 총 구입비용의 최솟값과 그때 각 식품의 단위수를 컴퓨터로 다음과 같은 명령을 입력하여 구해보자.

```
In[1]:= LinearProgramming[{230, 280, 150, 320, 430},
        {{10, 12, 5, 16, 25}, {20, 15, 8, 10, 12}, {9, 5, 6, 6, 5}}, {300, 400, 200}]
In[2]:= {230, 280, 150, 320, 430}.%
Out[1]= {20, 0, 0, 0, 4}
Out[2]= 6320
```

즉, 식품1을 20단위, 식품5를 4단위 사고 나머지 식품은 사지 않을 때, 최소 비용 6320원이 든다. ♦

선형계획법 문제의 해법 중 하나인 심플렉스법은 행렬 계산의 가우스 소거법 원리를 바탕으로 조건에 맞는 가능한 해(feasible solution)의 초다면체 영역의 모서리 점들 중에서 실질적으로 최적해를 찾는 데 도움이 되는 점들로 옮겨가면서 함수의 최적값을 찾아가는 방법으로, 효율적인 컴퓨터 계산 알고리즘으로 활용된다.

먼저, 다음과 같은 꼴의 **최댓값을 찾는 선형계획법 문제의 표준형**에 대한 심플렉스 해법을 알아보자.

Objective: maximize $P = 3x_1 + 4x_2$

Constraints:
$$2x_1 + 4x_2 \le 120$$
$$2x_1 + 2x_2 \le 80$$
$$x_1 \ge 0,\ x_2 \ge 0$$

첫번째 단계로 위의 LP모델에서 부등식마다 (우변)−(좌변)=(여유 변수, slack variable)≥ 0를 도입하여 다음과 같이 연립방정식 형태로 나타낸다.

Objective: maximize P satisfying $P - 3x_1 - 4x_2 - 0s_1 - 0s_2 = 0$

Constraints:
$$0P + 2x_1 + 4x_2 + s_1 + 0s_2 = 120$$
$$0P + 2x_1 + 2x_2 + 0s_1 + s_2 = 80$$
$$x_1 \ge 0,\ x_2 \ge 0,\ s_1 \ge 0,\ s_2 \ge 0$$

이제 이 연립방정식의 좌변의 계수와 우변의 상수를 다음과 같이 행렬로 나타낸다. 이때, 최대화하고자 하는 목적함수 P의 방정식을 맨 아래 행에 놓는다. 그리고 한 열에 다른 성분이 모두 0이고 1이 하나만 있을 때, 그 1을 계수로 하는 변수를 기본 변수(basic variable)이라고 하고, 기본 변수들을 제외한 나머지 변수들의 값을 0으로 두고 각 행의 방정식을 만족하도록 기본 변수의 값을 계산한다.

P	x_1	x_2	s_1	s_2	우변	기본 변수의 현재 값	해당 모서리 점 (x_1, x_2)
0	2	4	1	0	120	$s_1 = 120$	
0	2	2	0	1	80	$s_2 = 80$	$(0, 0)$
1	−3	−4	0	0	0	$P = 0$	

다음으로, 맨 아래의 목적함수 행의 미지수의 계수 중에서 가장 작은 값을 찾는다. 만일 그 값이 영 이상이면 프로세스를 끝내고, 그때의 변수값들이 최종 해가 된다. 만일 그 값이 음수이면 해당 열(위의 경우, x_2 열)을 pivot **열**로 선택한다. 이때 음수 최솟값이 여러 열에 있을 때는 그 중 아무 열이나 선택한다. 이렇게 선택한 pivot 열의 성분이 만일 모두 음수나 영이면 프로세스를 끝낸다. 이 경우 P 의 값은 유계가 아니어서 최댓값은 존재하지 않는다. 그렇지 않은 경우, pivot 열의 목적함수 행 윗쪽의 양의 성분마다 그 값으로 해당 행의 우변을 나눈 값(위의 경우, $120/4 = 30$, $80/2 = 40$)을 계산하여, 그 중 가장 작은 값의 행(위의 경우, 1행)을 pivot **행**으로 선택한다. 이때, pivot 행과 pivot 열이 교차하는 위치(위의 경우, 1행 x_2 열)의 성분이 pivot **성분**이 된다. 이와 같이 pivot 열을 선택함으로써 목적함수의 값을 가장 빨리 증가시키고, 또 pivot 행을 선택함으로써 변수의 값이 조건 영역에서 벗어날 만큼 커지지 않도록 막아준다. 이렇게 선택한 pivot 성분으로 다음과 같이 **가우스 소거법**을 시행한다.

$$\begin{array}{cccccc} P & x_1 & x_2 & s_1 & s_2 & \text{우변} \\ \end{array} \quad \text{기본 변수의 현재 값} \quad \text{해당 모서리 점 } (x_1, x_2)$$

$$\begin{bmatrix} 0 & \frac{1}{2} & 1 & \frac{1}{4} & 0 & 30 \\ 0 & 1 & 0 & -\frac{1}{2} & 1 & 20 \\ 1 & -1 & 0 & 1 & 0 & 120 \end{bmatrix} \qquad \begin{matrix} x_2 = 30 \\ s_1 = 20 \\ P = 120 \end{matrix} \qquad (0, 30)$$

이제 다시 앞의 프로세스를 반복한다. 즉, 맨 아래의 목적함수 행의 미지수의 계수 중에서 가장 작은 값을 찾는다. 만일 그 값이 영 이상이면 프로세스를 끝낸다. 만일 그 값이 음수이면 해당 열(위의 경우, x_1 열)을 pivot 열로 선택하고, 그 열에서 목적함수 행 윗쪽의 양의 성분마다 그 값으로 해당 행의 우변을 나눈 값(위의 경우, $30/(1/2) = 60$, $20/1 = 20$)을 계산하여, 그 중 가장 작은 값의 행(위의 경우, 2행)을 pivot 행으로 선택하여 pivot 성분(위의 경우, 2행 x_1 열)을 찾는다. 이 pivot 성분으로 다음과 같이 가우스 소거법을 시행한다.

$$\begin{array}{cccccc} P & x_1 & x_2 & s_1 & s_2 & \text{우변} \\ \end{array} \quad \text{기본 변수의 현재 값} \quad \text{해당 모서리 점 } (x_1, x_2)$$

$$\left[\begin{array}{ccccc|c} 0 & 0 & 1 & \frac{1}{2} & 0 & 20 \\ 0 & 1 & 0 & -\frac{1}{2} & 1 & 20 \\ 1 & 0 & 0 & \frac{1}{2} & 1 & 140 \end{array}\right] \qquad \begin{matrix} x_2 = 20 \\ x_1 = 20 \\ P = 140 \end{matrix} \qquad (20, 20)$$

여기에서 맨 아래의 목적함수 행의 미지수의 계수 중에서 가장 작은 값이 영 이상이므로 프로세스를 끝내고, 이때 얻어진 결과가 찾고자 했던 P 의 값이 최댓값이며, 그 해당 모서리 점 (x_1, x_2) 의 좌표이다. 위의 경우, $(x_1, x_2) = (20, 20)$ 에서 얻어지는 $P = 140$ 이 주어진 LP문제의 해이다. 이러한 심플렉스 해법은 앞의 문제 3.3.3에서 부등식의 영역을 그래프를 그려 풀었던 것과 같은 결과를 얻는데, 모든 모서리 점을 찾지 않고 P값이 커지는 쪽으로 옮겨가며 찾아가므로 변수의 개수가 많은 LP문제를 풀 때 효과적이다. 그리고 다음과 같이 마지막 단계의 행렬을 다시 연립방정식으로 나타내어 심플렉스 해법의 원리를 확인할 수 있다.

$$\begin{aligned}
&\text{Objective: maximize } P \text{ satisfying} && P + 0x_1 + 0x_2 + \tfrac{1}{2}s_1 + s_2 = 140\\
&\text{Constraints:} && 0P + 0x_1 + x_2 + \tfrac{1}{2}s_1 + 0s_2 = 20\\
& && 0P + x_1 + 0x_2 - \tfrac{1}{2}s_1 + s_2 = 20\\
& && x_1 \geq 0,\ x_2 \geq 0,\ s_1 \geq 0,\ s_2 \geq 0
\end{aligned}$$

즉,

$$\begin{aligned}
&\text{Objective: maximize } P \text{ satisfying} && P = -\tfrac{1}{2}s_1 - s_2 + 140\\
&\text{Constraints:} && x_2 = -\tfrac{1}{2}s_1 + 20\\
& && x_1 = \tfrac{1}{2}s_1 - s_2 + 20\\
& && x_1 \geq 0,\ x_2 \geq 0,\ s_1 \geq 0,\ s_2 \geq 0
\end{aligned}$$

이므로 P의 최댓값은 140이고, 이때 $s_1 = s_2 = 0$, 즉 $x_1 = 20$, $x_2 = 20$임을 알 수 있다.

문제 3.3.3 앞의 실습문제 3.3.1을 심플렉스법으로 풀어보자.

풀이

실습문제 3.3.1에서 일주일 동안 만드는 네 종류의 장난감 경찰차, 경주용 자동차, 소방차, 트럭의 개수를 각각 w, x, y, z로 두고, 세 가지 공정의 사용 가능 시간에 대한 부등식 조건하에 일주일 당 이익 P의 최댓값을 구하는 식은 다음과 같다.

$$\begin{aligned}
&\text{Objective: maximize} && P = 5000\,w + 10000\,x + 15000\,y + 20000\,z\\
&\text{Constraints:} && 2w + 2.5x + 2y + 2z \leq 4000\\
& && w + 1.5x + y + 2z \leq 1800\\
& && 0.5w + 0.5x + y + z \leq 1000\\
& && w \geq 0,\ x \geq 0, y \geq 0, z \geq 0
\end{aligned}$$

첫번째 단계로 위의 LP모델에서 부등식마다 (우변)−(좌변)=(여유 변수, slack variable)≥ 0를 도입하여 다음과 같이 연립방정식 형태로 나타낸다.

Objective: maximize $P - 5000\,w - 10000\,x - 15000\,y - 20000\,z - 0s_1 - 0s_2 - 0s_3 = 0$

Constraints:

$$
\begin{aligned}
&0P + 2w + 2.5x + 2y + 2z + s_1 + 0s_2 + 0s_3 = 4000\\
&0P + w + 1.5x + y + 2z + 0s_1 + s_2 + 0s_3 = 1800\\
&0P + 0.5w + 0.5x + y + z + 0s_1 + 0s_2 + s_3 = 1000\\
&x_1 \geq 0,\ x_2 \geq 0,\ s_1 \geq 0,\ s_2 \geq 0
\end{aligned}
$$

이제 이 연립방정식의 좌변의 계수와 우변의 상수를 다음과 같이 행렬로 나타낸다.

$$
\begin{array}{cccccccc|c|c}
P & w & x & y & z & s_1 & s_2 & s_3 & \text{우변} & \text{기본 변수}\\
\hline
0 & 2 & 2.5 & 2 & 2 & 1 & 0 & 0 & 4000 & s_1\\
0 & 1 & 1.5 & 1 & 2 & 0 & 1 & 0 & 1800 & s_2\\
0 & 0.5 & 0.5 & 1 & 1 & 0 & 0 & 1 & 1000 & s_3\\
1 & -5000 & -10000 & -15000 & -20000 & 0 & 0 & 0 & 0 & P
\end{array}
$$

여기에서 pivot 열은 z 열이고, 4000/2=2000, 1800/2=900, 1000/1=1000 이므로 pivot 성분은 2행 z 열의 2이다. 이 성분으로 가우스 소거법을 시행한다.

$$
\begin{array}{cccccccc|c|c}
P & w & x & y & z & s_1 & s_2 & s_3 & \text{우변} & \text{기본 변수}\\
\hline
0 & 1 & 1 & 1 & 0 & 1 & -1 & 0 & 2200 & s_1\\
0 & 0.5 & 0.75 & 0.5 & 1 & 0 & 0.5 & 0 & 900 & z\\
0 & 0 & -0.25 & 0.5 & 0 & 0 & -0.5 & 1 & 100 & s_3\\
1 & 5000 & 5000 & -5000 & 0 & 0 & 10000 & 0 & 1.8\times 10^7 & P
\end{array}
$$

다시 pivot 열은 y 열이고, 2200/1=2200, 900/0.5=1800, 100/0.5=200 이므로 pivot 성분은 3행 y 열의 0.5 이다. 이 성분으로 가우스 소거법을 시행한다.

$$
\begin{array}{cccccccc|c|c}
P & w & x & y & z & s_1 & s_2 & s_3 & \text{우변} & \text{기본 변수}\\
\hline
0 & 1 & 1.5 & 0 & 0 & 1 & 0 & -2 & 2000 & s_1\\
0 & 0.5 & 1 & 0 & 1 & 0 & 1 & -1 & 800 & z\\
0 & 0 & -0.5 & 1 & 0 & 0 & -1 & 2 & 200 & y\\
1 & 5000 & 2500 & 0 & 0 & 0 & 5000 & 10000 & 1.9\times 10^7 & P
\end{array}
$$

여기에서 맨 아래의 목적함수 행의 미지수의 계수 중에서 가장 작은 값이 영 이상이므로 프로세스를 끝내고, $(w, x, y, z) = (0, 0, 800, 200)$ 에서 최댓값 $P = 1.9 \times 10^7$ 를 얻는다. ♦

이제 다음과 같은 꼴의 **최솟값을 찾는 선형계획법 문제의 표준형**에 대한 심플렉스 해법을 알아보자.

$$\begin{aligned} &\text{Objective:} \quad \text{minimize} && C = 2x_1 + 3x_2 \\ &\text{Constraints:} && 2x_1 + x_2 \ge 6 \\ &&& x_1 + 2x_2 \ge 4 \\ &&& x_1 + x_2 \ge 5 \\ &&& x_1 \ge 0,\ x_2 \ge 0 \end{aligned}$$

먼저 이 연립방정식의 좌변의 계수와 우변의 상수를 아래의 왼쪽과 같이 행렬로 나타낸다. 이때, 최소화 하고자 하는 목적함수 C 의 식을 맨 아래 행에 놓고 그 우변을 0으로 둔다. 그리고 이제 이 행렬의 **전치행렬**(transpose), 즉 행과 열을 교환하여 만든 행렬과 새로운 변수를 생각하여 아래 오른쪽과 같이 나타내자.

$$\begin{array}{ccc} x_1 & x_2 & \text{우변} \\ \end{array} \qquad\qquad \begin{array}{cccc} y_1 & y_2 & y_3 & \text{우변} \end{array}$$

$$\left[\begin{array}{cc|c} 2 & 1 & 6 \\ 1 & 2 & 4 \\ 1 & 1 & 5 \\ 2 & 3 & 0 \end{array}\right] \implies \left[\begin{array}{ccc|c} 2 & 1 & 1 & 2 \\ 1 & 2 & 1 & 3 \\ 6 & 4 & 5 & 0 \end{array}\right]$$

최솟값을 찾는 LP문제는 **폰 노이만의 쌍대 원리**(Von Neumann Dulaity Principle)를 이용하여 다음과 같이 대응되는 쌍대(dual) 최댓값 LP문제를 풀어서 해결할 수 있다.

$$\begin{aligned} &\text{Objective:} \quad \text{maximize} && P = 6y_1 + 4y_2 + 5y_3 \\ &\text{Constraints:} && 2y_1 + y_2 + y_3 \le 2 \\ &&& y_1 + 2y_2 + y_3 \le 3 \\ &&& y_1 \ge 0,\ y_2 \ge 0,\ y_3 \ge 0 \end{aligned}$$

앞에서와 같은 심플렉스법으로 이 최댓값 LP문제의 해를 다음과 같은 단계로 찾는다.

$$\begin{array}{cccccc|c} P & y_1 & y_2 & y_3 & s_1 & s_2 & \text{우변} \\ \end{array} \quad \text{기본 변수}$$

$$\left[\begin{array}{cccccc|c} 0 & 2 & 1 & 1 & 1 & 0 & 2 \\ 0 & 1 & 2 & 1 & 0 & 1 & 3 \\ 1 & -6 & -4 & -5 & 0 & 0 & 0 \end{array}\right] \quad \begin{array}{c} s_1 \\ s_2 \\ P \end{array}$$

여기에서 pivot 열은 y_1 열이고, 2/2=1, 3/1=3 이므로 pivot 성분은 1행 y_1 열의 2이다. 이 성분으로 가우스 소거법을 시행한다.

$$\begin{array}{cccccc|c} P & y_1 & y_2 & y_3 & s_1 & s_2 & \text{우변} \\ \end{array} \quad \text{기본 변수}$$

$$\left[\begin{array}{cccccc|c} 0 & 1 & 0.5 & 0.5 & 0.5 & 0 & 1 \\ 0 & 0 & 1.5 & 0.5 & -0.5 & 1 & 2 \\ 1 & 0 & -1 & -2 & 3 & 0 & 6 \end{array}\right] \quad \begin{array}{c} y_1 \\ s_2 \\ P \end{array}$$

다시 pivot 열은 y_3 열이고, 1/0.5=2, 2/0.5=4 이므로 pivot 성분은 1행 y_3 열의 0.5 이다. 이 성분으로 가우스 소거법을 시행한다.

$$\begin{array}{cccccc|c} P & y_1 & y_2 & y_3 & s_1 & s_2 & \text{우변} \\ \end{array} \quad \text{기본 변수}$$

$$\left[\begin{array}{cccccc|c} 0 & 2 & 1 & 1 & 1 & 0 & 2 \\ 0 & -1 & 1 & 0 & -1 & 1 & 1 \\ 1 & 4 & 1 & 0 & 5 & 0 & 10 \end{array}\right] \quad \begin{array}{c} y_3 \\ s_2 \\ P \end{array}$$

여기에서 맨 아래의 목적함수 행의 미지수의 계수 중에서 가장 작은 값이 영 이상이므로 프로세스를 끝내고, $(y_1, y_2, y_3) = (0,\ 0,\ 2)$ 에서 최댓값 $P = 10$ 를 얻는다.

이제 폰 노이만의 쌍대 원리에 의하여 원래의 최솟값 LP문제의 C 의 최솟값은 지금 구한 P 의 최댓값과 같고, 이때의 변수 (x_1, x_2) 의 값은 위의 최종 행렬의 맨 아래의 목적함수 행의 (s_1, s_2) 의 값과 같다. 즉, $(x_1, x_2) = (5, 0)$ 에서 최솟값 $C = 10$ 을 얻는다.

문제 3.3.4 주어진 최솟값을 찾는 LP문제의 해를 쌍대 최댓값 LP문제에 대한 심플렉스법으로 풀어 찾으시오.

$$\begin{aligned} &\text{Objective: minimize} && C = 6x_1 + 9x_2 + 2x_3 \\ &\text{Constraints:} && 3x_1 + 8x_2 + 2x_3 \geq 20 \\ &&& x_1 + 3x_2 + 2x_3 \geq 9 \\ &&& 6x_1 + 2x_2 + 5x_3 \geq 30 \\ &&& x_i \geq 0 \ \ (i = 1, 2, 3) \end{aligned}$$

풀이

이 최솟값 LP문제의 쌍대(dual) 최댓값 LP문제는 다음과 같다.

$$\begin{aligned} &\text{Objective: maximize} && P = 20y_1 + 9y_2 + 30y_3 \\ &\text{Constraints:} && 3y_1 + y_2 + 6y_3 \leq 6 \\ &&& 8y_1 + 3y_2 + 2y_3 \leq 9 \\ &&& 2y_1 + 2y_2 + 5y_3 \leq 2 \\ &&& y_i \geq 0 \ \ (i = 1, 2, 3) \end{aligned}$$

위의 최댓값 LP문제를 풀기 위하여 각 부등식마다 여유 변수를 도입하여 나타낸 연립방정식의 좌변의 계수와 우변의 상수를 다음과 같이 행렬로 나타낸다.

$$\begin{array}{cccccccc|c} P & y_1 & y_2 & y_3 & s_1 & s_2 & s_3 & \text{우변} & \text{기본 변수} \end{array}$$

$$\left[\begin{array}{ccccccc|c} 0 & 3 & 1 & 6 & 1 & 0 & 0 & 6 \\ 0 & 8 & 3 & 2 & 0 & 1 & 0 & 9 \\ 0 & 2 & 2 & 5 & 0 & 0 & 1 & 2 \\ 1 & -20 & -9 & -30 & 0 & 0 & 0 & 0 \end{array}\right] \begin{array}{c} s_1 \\ s_2 \\ s_3 \\ P \end{array}$$

여기에서 pivot 열은 y_3 열이고, 6/6=1, 9/2=4.5, 2/5=0.4 이므로 pivot 성분은 3행 y_3 열의

5이다. 이 성분으로 가우스 소거법을 시행한다.

$$\begin{array}{cccccccc|cc} P & y_1 & y_2 & y_3 & s_1 & s_2 & s_3 & \text{우변} & \text{기본 변수} \end{array}$$

$$\left[\begin{array}{ccccccc|c} 0 & \frac{3}{5} & -\frac{7}{5} & 0 & 1 & 0 & -\frac{6}{5} & \frac{18}{5} \\ 0 & \frac{36}{5} & \frac{11}{5} & 0 & 0 & 1 & -\frac{2}{5} & \frac{41}{5} \\ 0 & \frac{2}{5} & \frac{2}{5} & 1 & 0 & 0 & \frac{1}{5} & \frac{2}{5} \\ 1 & -8 & 3 & 0 & 0 & 0 & 6 & 12 \end{array}\right] \quad \begin{array}{c} s_1 \\ s_2 \\ y_3 \\ P \end{array}$$

다시 pivot 열은 y_1 열이고, $\frac{18}{5}/\frac{3}{5} = 6$, $\frac{41}{5}/\frac{36}{5} = \frac{41}{36}$, $\frac{2}{5}/\frac{2}{5} = 1$ 이므로 pivot 성분은 3행 y_1 열의 $\frac{2}{5}$ 이다. 이 성분으로 가우스 소거법을 시행한다.

$$\begin{array}{cccccccc|cc} P & y_1 & y_2 & y_3 & s_1 & s_2 & s_3 & \text{우변} & \text{기본 변수} \end{array}$$

$$\left[\begin{array}{ccccccc|c} 0 & 0 & -2 & -\frac{3}{2} & 1 & 0 & -\frac{3}{2} & 3 \\ 0 & 0 & -5 & -18 & 0 & 1 & -4 & 1 \\ 0 & 1 & 1 & \frac{5}{2} & 0 & 0 & \frac{1}{2} & 1 \\ 1 & 0 & 11 & 20 & 0 & 0 & 10 & 20 \end{array}\right] \quad \begin{array}{c} s_1 \\ s_2 \\ y_1 \\ P \end{array}$$

여기에서 맨 아래의 목적함수 행의 미지수의 계수 중에서 가장 작은 값이 영 이상이므로 프로세스를 끝내고, $(y_1, y_2, y_3) = (1, 0, 0)$ 에서 최댓값 $P = 20$ 을 얻는다.

이제 폰 노이만의 쌍대 원리에 의하여 원래의 최솟값 LP문제의 C 의 최솟값은 지금 구한 P 의 최댓값과 같고, 이때의 변수 (x_1, x_2, x_3) 의 값은 위의 최종 행렬의 맨 아래의 목적함수 행의 (s_1, s_2, s_3) 의 값과 같다. 즉, $(x_1, x_2, x_3) = (0, 0, 10)$ 에서 최솟값 $C = 20$ 을 얻는다. ♦

실습문제 3.3.3 (Excel 프로그램 이용) 앞의 실습문제 3.3.2를 심플렉스법으로 풀어보자.

풀이

실습문제 3.3.2에서 식품의 종류 5가지의 구매량을 각각 x_1, x_2, x_3, x_4, x_5 단위라고 하고, 3가지 영양소의 최소요구량에 대한 부등식 조건하에 식품의 총 구입비용 C 의 최솟값을 구하는 식은 다음과 같다.

$$\begin{aligned}
&\text{Objective: minimize} && C = 230\,x_1 + 280\,x_2 + 150\,x_3 + 320\,x_4 + 430\,x_5 \\
&\text{Constraints:} && 10x_1 + 12x_2 + 5x_3 + 16x_4 + 25x_5 \ge 300 \\
& && 20x_1 + 15x_2 + 8x_3 + 10x_4 + 12x_5 \ge 400 \\
& && 9x_1 + 5x_2 + 6x_3 + 6x_4 + 5x_5 \ge 200 \\
& && x_i \ge 0 \ \ (i = 1, 2, \cdots, 5)
\end{aligned}$$

이 최솟값 LP문제의 쌍대(dual)인 다음과 같은 최댓값 LP문제를 구성한다.

$$\begin{aligned}
&\text{Objective: maximize} && P = 300\,y_1 + 400\,y_2 + 200\,y_3 \\
&\text{Constraints:} && 10y_1 + 20y_2 + 9y_3 \le 230 \\
& && 12y_1 + 15y_2 + 5y_3 \le 280 \\
& && 5y_1 + 8y_2 + 6y_3 \le 150 \\
& && 16y_1 + 10y_2 + 6y_3 \le 320 \\
& && 25y_1 + 12y_2 + 5y_3 \le 430 \\
& && y_i \ge 0 \ \ (i = 1, 2, 3)
\end{aligned}$$

이 최댓값 LP문제를 풀기 위하여 각 부등식마다 여유 변수를 도입하여 나타낸 연립방정식의 좌변의 계수와 우변의 상수를 행렬로 나타낸다. 그리고 pivot 열의 목적함수 행 윗쪽의 양의 성분마다 그 값으로 해당 행의 우변을 나눈 값을 계산하여, 그 중 가장 작은 값의 pivot 행을 찾아 pivot 성분을 정한다. 이 성분으로 가우스 소거법을 시행하는 과정을 Excel 프로그램에서 수식 복사 기능을 이용하여 간편하게 계산할 수 있다. 이때, "=A3-A2*$C$3/$C$2"와 같이 고정된 위치의 성분을 불러오려면 열번호 좌우에 기호 $를 입력해야함을 유의한다.

	A	B	C	D	E	F	G	H	I	J	K	L
1	P	y_1	y_2	y_3	s_1	s_2	s_3	s_4	s_5	RHS	BV	pivot
2	0	10	20	9	1	0	0	0	0	230.0	s_1	11.5
3	0	12	15	5	0	1	0	0	0	280.0	s_2	18.7
4	0	5	8	6	0	0	1	0	0	150.0	s_3	18.8
5	0	16	10	6	0	0	0	1	0	320.0	s_4	32.0
6	0	25	12	5	0	0	0	0	1	430.0	s_5	35.8
7	1	-300	-400	-200	0	0	0	0	0	0.0	P	

0	0.5	1	0.45	0.05	0	0	0	0	11.5	y_2	23.0
0	4.5	0	-1.8	-0.8	1	0	0	0	107.5	s_2	23.9
0	1	0	2.4	-0.4	0	1	0	0	58.0	s_3	58.0
0	11	0	1.5	-0.5	0	0	1	0	205.0	s_4	18.6
0	19	0	-0.4	-0.6	0	0	0	1	292.0	s_5	15.4
1	-100	0	-20	20	0	0	0	0	4600.0	P	

0	0	1	0.46	0.07	0	0	0	-0	3.8	y_2	8.3
0	0	0	-1.7	-0.6	1	0	0	-0.2	38.3	s_2	
0	0	0	2.42	-0.4	0	1	0	-0.1	42.6	s_3	17.6
0	0	0	1.73	-0.2	0	0	1	-0.6	35.9	s_4	20.8
0	1	0	-0	-0	0	0	0	0.05	15.4	y_1	
1	0	0	-22	16.8	0	0	0	5.26	6136.8	P	

0	0	2.17	1	0.14	0	0	0	-0.1	8.3	y_3
0	0	3.59	0	-0.4	1	0	0	-0.3	52.1	s_2
0	0	-5.3	0	-0.7	0	1	0	0.09	22.6	s_3
0	0	-3.8	0	-0.4	0	0	1	-0.5	21.6	s_4
0	1	0.05	0	-0	0	0	0	0.05	15.5	y_1
1	0	48	0	20	0	0	0	4	6320.0	P

여기에서 맨 아래의 목적함수 행의 미지수의 계수 중에서 가장 작은 값이 영 이상이므로 프로세스를 끝내고, $(y_1, y_2, y_3) = (15.5,\ 0,\ 8.3)$ 에서 최댓값 $P = 6320$ 을 얻는다.

이제 폰 노이만의 쌍대 원리에 의하여 원래의 최솟값 LP문제의 C 의 최솟값은 지금 구한 P 의 최댓값과 같고, 이때의 변수 $(x_1, x_2, x_3, x_4, x_5)$ 의 값은 위의 최종 행렬의 맨 아래의 목적함수 행의 $(s_1, s_2, s_3, s_4, s_5)$ 의 값과 같다. 즉, $(x_1, x_2, x_3, x_4, x_5) = (20,\ 0,\ 0,\ 0,\ 4)$ 에서 최솟값 $C = 6320$ 을 얻는다. ♦

지금까지 최댓값과 최솟값을 찾는 선형계획법 문제의 표준형에 대한 심플렉스 해법을 알아보았다. 표준형이 아닌, 즉 부등식 조건에 $\geq$, $\leq$ 가 섞여 있거나 $=$ 도 포함되는 등의 다양한 경우에 대한 심플렉스법은 여기에서는 다루지 않고, 약간의 변형된 방법으로 해결할 수 있다는 사실만 언급하며 심플렉스법에 대한 논의를 마무리한다.

이제 선형 모델에 대한 다른 최적화 문제로 **2인 영합게임**(Two-person zero-sum games) 에서 최적의 전략을 구하는 문제를 살펴보자.

임의의 $m \times n$ 행렬 $A = [a_{ij}]$ 를 2인 영합게임의 행렬로 생각할 수 있다. 이때 player I은 행을 선택하고, player II는 열을 선택한다. 그리고 서로 영합(zero-sum)이 되는 두 사람의 이득과 손실에 대하여 a_{ij} 가 양수이면 player I의 이득(= player II 의 손실), 음수이면 player I 의 손실 (= player II 의 이득)을 나타내기로 한다. 예를 들어, 게임행렬이

$$A = \begin{bmatrix} 3 & 6 \\ -2 & -3 \end{bmatrix}$$

인 경우를 생각해보자. Player I은 1행과 2행 중에서 하나를 선택하는데, 1행을 선택하면 상대방이 어느 열을 택하더라도 항상 이득을 얻을 것이고, 2행을 선택하면 항상 손실이므로, 가장 합리적 선택은 1행이다. Player II는 1열과 2열 중에서 하나를 선택하는데, 1열은 3의 손실 또는 2의 이득을 얻고, 2열은 6의 손실 또는 3의 이득을 얻게 되므로 안정적으로 1열을 선택하는 것이 가장 합리적이다.

위의 경우 1행 1열의 성분인 $a_{11} = 3$과 같이, 게임에서 각자가 최적의 선택을 할 때 얻어지는 값을 **게임값**(the value of game)이라고 부른다. 양수의 게임값은 이 게임이 player I에게 유리하고, 음수의 게임값은 player II에게 유리함을 의미하며, 게임값이 0이면 공평한(fair) 게임이다.

위의 예와 같이, 어떤 원소가 존재하여 해당 행의 최소 원소이며 동시에 해당 열의 최대 원소인 경우, 그 게임은 strictly determined game이라고 하며, 그 원소는 **안장점**(saddle point)라 부른다. 이때, 그 안장점의 값이 게임값이 된다. 행렬에 안장점이 있는 게임에 대해서는 참가자 각자의 최적 선택이 유일하므로, 각자 **순수전략**(pure strategy)을 갖는다고 말한다.

이제 안장점이 없는 경우, 즉 non-strictly determined game에 대하여 생각해보자. 이 경우, 한 번의 게임에서는 각자가 행이나 열을 무작위로 선택하게 되어 게임의 결과를 예측할 수 없지만, 같은 게임을 여러 번 반복할 때는 자신의 선택에 대한 확률을 전략적으로 정하고, 상대방이 눈치채지 못하도록 무작위로 섞어서 그 확률을 실행하는 전략을 쓰게 된다. 이것을 **혼합전략**(mixed strategy)이라고 말한다.

이때, 최적 전략은 player I에게는 **최소 이득을 최대화**하는 것이고, player II에게는 **최대 손실을 최소화**하는 것이다. 이러한 혼합전략 게임에서 최적 전략을 구하는 문제는 최솟값이나 최댓값을 구하는 선형계획법 문제로 나타낼 수 있는데, 뒤에서 살펴보기로 한다.

먼저, 최적이 아닌 선택을 하는 경우들을 예를 들어 살펴보자. 게임행렬이

$$A = \begin{bmatrix} 6 & 0 \\ -2 & 3 \end{bmatrix}$$

일 때, 만일 player I이 계속 1행만을 선택한다면, player II는 대응하여 2열을 선택할 것이므로, player I의 입장에서 최적의 전략이 아니다.

이제, player I이 1행과 2행 둘 다 양의 확률로 선택하고, 마찬가지로 player II도 1열과 2열 둘 다 양의 확률로 선택하는 경우를 생각해보자. 만일 player I이 각 행을 선택하는 확률을 $P = [\frac{1}{6} \ \ \frac{5}{6}]$로, player II가 각 열을 선택하는 확률을 $Q = [\frac{2}{3} \ \ \frac{1}{3}]^t$로 하는 전략을 쓴다면, 게임의 기댓값은 $E = PAQ = [\frac{1}{6} \ \ \frac{5}{6}] \begin{bmatrix} 6 & 0 \\ -2 & 3 \end{bmatrix} \begin{bmatrix} \frac{2}{3} \\ \frac{1}{3} \end{bmatrix} = [-\frac{2}{3} \ \ \frac{5}{2}] \begin{bmatrix} \frac{2}{3} \\ \frac{1}{3} \end{bmatrix} = -\frac{4}{3} + \frac{5}{6} = -\frac{3}{6}$이므로 player II에게 유리한 결과가 나올 것이다. 하지만 player I에게 $P = [\frac{1}{6} \ \ \frac{5}{6}]$는 최적의 전략이 아니다.

이렇게 상대방이 두 가지 선택을 모두 양의 확률로 취할 것이라는 것을 아는 상황에서 나의 최적의 합리적 전략은 상대방이 어떤 선택을 하던지 나의 기댓값은 항상 같도록 하는 것이라고 할 수 있다. Player I의 각 선택에 따른 기댓값을 막대그래프로 나타낸다고 생각하면, 여러 막대 중 가장 낮은 것의 높이를 최대화한다는 것은 실제로 모든 막대의 높이를 균일하게 하는 것과 같다. Player II의 선택에 대해서도 마찬가지로 생각할 수 있다.

다음의 문제 3.3.5에서 게임행렬의 크기가 2×2인 일반적인 non-strictly determined game에 대하여 두 사람 각자의 최적 전략에 대한 식을 유도하고, 위의 예에 대하여 적용해보자.

그에 앞서, 게임행렬 $A = \begin{bmatrix} a_{11} & a_{12} \\ a_{21} & a_{22} \end{bmatrix}$에서 만일 $a_{11} + a_{22} - a_{12} - a_{21} = 0$이면 strictly determined game이 됨을 다음과 같이 확인하자. 먼저, $a_{11} - a_{12} = a_{21} - a_{22} = k \geq 0$인 경우 $A = \begin{bmatrix} a_{12}+k & a_{12} \\ a_{22}+k & a_{22} \end{bmatrix}$에서 a_{12}와 a_{22} 중 크거나 같은 쪽이 안장점이다. 마찬가지로 $a_{12} - a_{11} = a_{22} - a_{21} = k \geq 0$인 경우 $A = \begin{bmatrix} a_{11} & a_{11}+k \\ a_{21} & a_{21}+k \end{bmatrix}$에서 a_{11}과 a_{21} 중 크거나 같은 쪽이 안장점이다.

문제 3.3.5 (1) 게임행렬이 $A = \begin{bmatrix} a_{11} & a_{12} \\ a_{21} & a_{22} \end{bmatrix}$ 으로 주어진 non-strictly determined game에서 상대가 어느 전략을 택할지 모르는 상황이므로 일어날 수 있는 모든 경우마다 얻는 기댓값이 서로 같도록 하는 것을 최적의 전략(optimal strategy)이라고 할 때, 각 참가자의 최적 전략을 구하시오. 단 $a_{11} + a_{22} - a_{12} - a_{21} \neq 0$ 이다.

(2) 게임행렬이 $A = \begin{bmatrix} 6 & 0 \\ -2 & 3 \end{bmatrix}$ 으로 주어졌을 때, player I과 player II의 최적 전략을 구하시오. 이 게임의 기댓값은 얼마인가? 누구에게 더 유리한 게임인가?

풀이

(1) player I이 각 행을 선택하는 확률을 $P = [p \;\; 1-p]$, player II가 각 열을 선택하는 확률을 $Q = [q \;\; 1-q]^t$ 으로 나타내자.

player I의 기댓값 E_1 는 player II가 어느 열을 선택하느냐에 따라

$$E_1 = \begin{cases} a_{11}p + a_{21}(1-p) = a_{21} + (a_{11} - a_{21})p, & \text{또는} \\ a_{12}p + a_{22}(1-p) = a_{12} + (a_{12} - a_{22})p \end{cases}$$

이므로 player II의 전략을 모르는 상황에서 player I은 두 경우를 모두 대비해야 하므로 두 경우의 기댓값이 같도록 하는 p 값을 선택해야 최적의 전략이 된다. 즉,

$$a_{21} + (a_{11} - a_{21})p = a_{12} + (a_{12} - a_{22})p$$
$$\Rightarrow \; p = \frac{a_{22} - a_{21}}{a_{11} + a_{22} - a_{12} - a_{21}}, \quad 1 - p = \frac{a_{11} - a_{12}}{a_{11} + a_{22} - a_{12} - a_{21}}$$

Player II에 대해서도 마찬가지로 player I이 어느 행을 선택하느냐에 따라 기댓값 E_2 가

$$E_2 = \begin{cases} a_{11}q + a_{12}(1-q) = a_{12} + (a_{11} - a_{12})q & \text{또는} \\ a_{21}q + a_{22}(1-q) = a_{21} + (a_{21} - a_{22})q \end{cases}$$

이므로

$$a_{12} + (a_{11} - a_{12})q = a_{21} + (a_{21} - a_{22})q$$
$$\Rightarrow \; q = \frac{a_{22} - a_{12}}{a_{11} + a_{22} - a_{12} - a_{21}}, \quad 1 - q = \frac{a_{11} - a_{21}}{a_{11} + a_{22} - a_{12} - a_{21}}$$

로 하는 전략이 최적이다. 따라서 player I과 player II가 모두 최적의 전략을 쓸 때, 게임의 기댓값을 계산하면

$$E = PAQ = [p \quad 1-p] \begin{bmatrix} a_{11} & a_{12} \\ a_{21} & a_{22} \end{bmatrix} \begin{bmatrix} q \\ 1-q \end{bmatrix} = \frac{a_{11} \cdot a_{22} - a_{12} \cdot a_{21}}{a_{11} + a_{22} - a_{12} - a_{21}}$$

으로 구해 진다.

(2) player I과 player II의 최적의 전략은 각각

$$P = \left[\frac{a_{22} - a_{21}}{a_{11} + a_{22} - a_{12} - a_{21}} \quad \frac{a_{11} - a_{12}}{a_{11} + a_{22} - a_{12} - a_{21}} \right] = \left[\frac{5}{11} \quad \frac{6}{11} \right],$$

$$Q = \left[\frac{a_{22} - a_{12}}{a_{11} + a_{22} - a_{12} - a_{21}} \quad \frac{a_{11} - a_{21}}{a_{11} + a_{22} - a_{12} - a_{21}} \right]^t = \left[\frac{3}{11} \quad \frac{8}{11} \right]^t$$

이고, 이때 게임의 기댓값은

$$E = PAQ = \left[\frac{5}{11} \quad \frac{6}{11} \right] \begin{bmatrix} 6 & 0 \\ -2 & 3 \end{bmatrix} \left[\frac{3}{11} \quad \frac{8}{11} \right]^t = \left[\frac{18}{11} \quad \frac{18}{11} \right] \begin{bmatrix} \frac{3}{11} \\ \frac{8}{11} \end{bmatrix} = \frac{18}{11}$$

또는 위 (1)에서 얻은 식에 대입하면

$$E = \frac{a_{11} \cdot a_{22} - a_{12} \cdot a_{21}}{a_{11} + a_{22} - a_{12} - a_{21}} = \frac{6 \cdot 3 - 0 \cdot (-2)}{6 + 3 - 0 - (-2)} = \frac{18}{11}$$

이므로 player I에게 유리한 게임이다. ♦

위의 문제 3.3.5 (1)에서와 같이 각 참가자가 최적 전략을 택하여 게임의 값이 결정되는 상태를 **내쉬 균형**(Nash equailibrium)이라고 한다. Nash는 모든 일반적인 게임에서 내쉬 균형이 존재함을 증명하였다([5]). 게임이론의 역사에 대한 전반적이고 간단한 기사로 다음 사이트를 참조할 수 있다. `http://www.snunews.com/news/articleView.html?idxno=15358`

연습문제 3.3.2 재호와 수정이가 각자 한 손으로 손등을 내거나 손바닥을 내는 게임을 한다. 둘 다 손등을 내면 수정이가 재호에게 100원을 주고, 둘 다 손바닥을 내면 수정이가 재호에게 300원을 준다. 둘이 서로 다르게 내면 재호가 수정이에게 200원을 준다. 이 게임을 여러 번 반복할 때,

(1) 재호가 최적의 전략을 쓰기 위해서는 손등과 손바닥을 내는 확률을 각각 어떻게 취해야 하는가?

(2) 수정이가 최적의 전략을 쓰기 위해서는 손등과 손바닥을 내는 확률을 각각 어떻게 취해야 하는가?

(3) 둘 다 최적의 전략을 쓴다면 이 게임의 기댓값은 얼마인가? 누구에게 더 유리한 게임인가?

연습문제 3.3.3 어느 선거에 출마한 두 후보 A와 B가 한 TV 토론회에서 경제와 외교 정책에 대하여 서로 토론하기로 했다. 그 두 가지 정책에 대한 두 후보의 상대적인 강점과 약점을 다음 표와 같이 수치로 나타내었다. 두 후보가 두 가지 정책에 대한 주장을 각자의 전략에 따른 어떤 빈도로 섞어서 토론 할 때,

		B	
		경제	외교
A	경제	4	-2
	외교	-1	3

(1) 각 후보의 최적의 전략을 구하시오.

(2) 그때의 게임의 기댓값은 얼마인가? 누가 더 유리한가?

이제 2인 영합게임에서 각자의 선택이 두 가지 이상인 일반적인 경우, $n \times m$ 게임행렬 $A = [a_{ij}]$에 대하여 두 사람 각자가 최적의 전략을 선택하여 게임의 값이 결정되는 내쉬 균형을 다음과 같은 선형계획법(LP) 문제로 나타내어 해를 찾아보자(참고 [6]).

먼저, 최대 손실을 최소화해야 하는 player II가 최적의 전략으로 각 열을 선택하는 확률 $\mathbf{q} = [q_1 \ \ q_2 \ \ \cdots q_m]^t$ 를 구해보자.

$$\begin{aligned} &\text{Objective:} \quad \text{minimize} && \max_{1 \le i \le n} \left\{ \sum_{j=1}^{m} a_{ij}\, q_j \right\} \\ &\text{Constraints:} && \sum_{j=1}^{m} q_j = 1 \\ & && q_j \ge 0 \ \ (j = 1, 2, \cdots, m) \end{aligned}$$

이 문제는 다음과 동치이다.

$$\begin{aligned} &\text{Objective:} \quad \text{minimize} && E \\ &\text{Constraints:} && \sum_{j=1}^{m} a_{ij}\, q_j \le E \ \ (i = 1, 2, \cdots, n) \\ & && \sum_{j=1}^{m} q_j = 1 \\ & && q_j \ge 0 \ \ (j = 1, 2, \cdots, m) \end{aligned}$$

여기에서 새로운 변수 $y_i = q_i/E$ 를 사용하여 문제를 다시 쓰자.

$$
\begin{aligned}
&\text{Objective:}\quad \text{minimize} && E \\
&\text{Constraints:} && \sum_{j=1}^{m} a_{ij}\, y_j \ \le 1 \ \ (i = 1, 2, \cdots, n) \\
& && \sum_{j=1}^{m} y_j = \frac{1}{E} \\
& && q_j \ge 0 \ \ (j = 1, 2, \cdots, m)
\end{aligned}
$$

이 문제는 목적함수의 역수에 대한 다음과 같은 최댓값 LP문제와 동치이다. 여기에서 $\mathbf{y} = [y_1 \ \ y_2 \ \ \cdots \ \ y_m]^t$, $\mathbf{1} = [1 \ \ 1 \ \ \cdots \ \ 1]^t$ 를 나타낸다.

$$
\begin{aligned}
&\text{Objective:}\quad \text{maximize} && Y = \sum_{j=1}^{m} y_j \\
&\text{Constraints:} && A\mathbf{y} \le \mathbf{1} \\
& && y_j \ge 0 \ \ (j = 1, 2, \cdots, m)
\end{aligned}
\tag{3.3}
$$

이 최댓값 LP문제를 심플렉스법으로 풀어 $Y = \dfrac{1}{E} = \displaystyle\sum_{j=1}^{m} y_j$ 의 최댓값과 그때의 변수값 $\frac{1}{E}\mathbf{q} = \mathbf{y} = [y_1 \ \ y_2 \ \ \cdots \ \ y_m]^t$ 을 구한다. 이로부터 원래 문제에 대한 E 의 최솟값과 그때의 변수값 $\mathbf{q} = E\mathbf{y}$ 를 얻게 된다.

다음으로, 최소 손실을 최대화해야 하는 player I이 최적의 전략으로 각 행을 선택하는 확률 $\mathbf{p} = [p_1 \ \ p_2 \ \ \cdots p_n]$ 을 구하는 문제는 위의 식 (3.3)의 문제의 쌍대(dual)인 다음 LP문제를 풀어서 얻을 수 있음을 위와 마찬가지로 확인할 수 있다. 여기에서 $\mathbf{x} = [x_1 \ \ x_2 \ \ \cdots \ \ x_n]$, $\mathbf{1} = [1 \ \ 1 \ \ \cdots \ \ 1]$ 이다.

$$
\begin{aligned}
&\text{Objective:}\quad \text{minimize} && X = \sum_{i=1}^{n} x_j \\
&\text{Constraints:} && \mathbf{x}A \ge \mathbf{1} \\
& && x_i \ge 0 \ \ (i = 1, 2, \cdots, n)
\end{aligned}
\tag{3.4}
$$

쌍대성에 의하여 이 LP문제의 최댓값은 앞의 식 (3.3)의 문제의 최솟값과 일치한다. 그리고 식 (3.4)의 문제의 해 $\frac{1}{E}\mathbf{p} = \mathbf{x} = [x_1 \ \ x_2 \ \ \cdots \ \ x_n]$ 로부터 원래 문제의 해 $\mathbf{p} = E\mathbf{x}$ 를 얻게 된다.

문제 3.3.6 게임행렬이 $A = \begin{bmatrix} 1 & 3 & -3 & 7 \\ 2 & 5 & 4 & -6 \end{bmatrix}$ 으로 주어졌을 때, 두 참가자 각각의 최적 전략을 구하는 문제를 선형계획법 문제로 나타내고 심플렉스법으로 계산하여 해를 구하시오.

풀이

먼저 player II의 최적 전략에 대한 LP문제를 위의 식 (3.3)을 이용하여 나타내면 다음과 같다.

$$\text{Objective:}\quad \text{maximize}\quad Y = y_1 + y_2 + y_3 + y_4$$

$$\begin{aligned} \text{Constraints:}\quad & y_1 + 3y_2 - 3y_3 + 7y_4 \le 1 \\ & 2y_1 + 5y_2 + 4y_3 - 6y_4 \le 1 \\ & y_j \ge 0 \ \ (j = 1, 2, 3, 4) \end{aligned}$$

이 최댓값 LP문제를 풀기 위하여 각 부등식마다 여유 변수를 도입하여 나타낸 연립방정식의 좌변의 계수와 우변의 상수를 행렬로 나타낸다. 이때 목적함수 행의 계수 -1 네 개 중에 y_3 열을 pivot 열로 택하면, 그 윗쪽에 양수가 4 하나 뿐이므로 pivot 성분으로 바로 징힐 수 있다. 이 성분으로 가우스 소거법을 시행한다.

Y	y1	y2	y3	y4	s1	s2	RHS	BV	pivot
0	1	3	-3	7	1	0	1	s1	
0	2	5	4	-6	0	1	1	s2	0.25
1	-1	-1	-1	-1	0	0	0	Y	
0	2.5	6.75	0	2.5	1	0.75	1.75	s1	0.7
0	0.5	1.25	1	-1.5	0	0.25	0.25	y3	
1	-0.5	0.25	0	-2.5	0	0.25	0.25	Y	
0	1	2.7	0	1	0.4	0.3	0.7	y4	
0	2	5.3	1	0	0.6	0.7	1.3	y3	
1	2	7	0	0	1	1	2	Y	

여기에서 맨 아래의 목적함수 행의 미지수의 계수 중에서 가장 작은 값이 영 이상이므로 프로세스를 끝내고, $(y_1, y_2, y_3, y_4) = (0,\ 0,\ 1.3,\ ,0.7)$ 에서 최댓값 $Y = 2$를 얻는다.

이제 폰 노이만의 쌍대 원리에 의하여 player I의 최적 전략을 구하는 최솟값 LP문제의 X의 최솟값은 지금 구한 Y의 최댓값과 같고, 이때의 변수 (x_1, x_2)의 값은 위의 최종 행렬의 맨 아래의 목적함수 행의 (s_1, s_2)의 값과 같다. 즉, $(x_1, x_2) = (1,\ 1)$에서 최솟값 $X = 2$를 얻는다.

따라서 두 사람 모두 최적 전략을 사용할 때의 게임의 기댓값은 $E = \frac{1}{2}$ 이고, 이때 player I의 최적 전략은 $\mathrm{p} = E\mathrm{x} = \begin{bmatrix} \frac{1}{2} & \frac{1}{2} \end{bmatrix}$, player II의 최적 전략은 $\mathrm{q} = E\mathrm{y} = \begin{bmatrix} 0 & 0 & \frac{13}{20} & \frac{7}{20} \end{bmatrix}$ 이다. 게임의

기댓값이 양수이므로 player I에게 유리한 게임이다. ♦

연습문제 3.3.4 앞의 문제 3.3.5 (2)를 선형계획법 문제로 나타내고 심플렉스법으로 계산하여 해를 구하시오.

풀이

게임행렬이 $A = \begin{bmatrix} 6 & 0 \\ -2 & 3 \end{bmatrix}$ 으로 주어졌을 때, 먼저 player II의 최적 전략에 대한 LP문제를 식 (3.3)을 이용하여 나타내면 다음과 같다.

$$\begin{aligned} &\text{Objective:} \quad \text{maximize} \quad Y = y_1 + y_2 \\ &\text{Constraints:} \qquad 6y_1 + 0y_2 \le 1 \\ &\qquad\qquad\qquad\quad -2y_1 + 3y_2 \le 1 \\ &\qquad\qquad\qquad\quad y_j \ge 0 \quad (j = 1, 2) \end{aligned}$$

이 최댓값 LP문제를 풀기 위하여 각 부등식마다 여유 변수를 도입하여 나타낸 연립방정식의 좌변의 계수와 우변의 상수를 행렬로 다음과 같이 나타낸다.

Y	y_1	y_2	s_1	s_2	우변	기본 변수
0	6	0	1	0	1	s_1
0	−2	3	0	1	1	s_2
1	−1	−1	0	0	0	Y

여기에서 pivot 열로 y_2 열을 택하면 목적함수 행 윗쪽의 양의 성분이 2행 뿐이므로 pivot 성분은 2행 y_2 열의 3이다. 이 성분으로 가우스 소거법을 시행한다.

Y	y_1	y_2	s_1	s_2	우변	기본 변수
0	6	0	1	0	1	s_1
0	−2/3	1	0	1/3	1/3	y_2
1	−5/3	0	0	1/3	1/3	Y

다시 pivot 열은 y_1 열이고, pivot 성분은 1행 y_1 열의 6이다. 이 성분으로 가우스 소거법을 시행

한다.

$$\begin{array}{ccccc|c} Y & y_1 & y_2 & s_1 & s_2 & \text{우변} \\ \end{array} \quad \text{기본 변수}$$

$$\left[\begin{array}{ccccc|c} 0 & 1 & 0 & 1/6 & 0 & 1/6 \\ 0 & 0 & 1 & 1/9 & 1/3 & 4/9 \\ 1 & 0 & 0 & 5/18 & 1/3 & 11/18 \end{array}\right] \quad \begin{array}{c} y_1 \\ y_2 \\ Y \end{array}$$

여기에서 맨 아래의 목적함수 행의 미지수의 계수 중에서 가장 작은 값이 영 이상이므로 프로세스를 끝내고, $(y_1, y_2) = (1/6, 4/9)$에서 최댓값 $Y = 11/18$을 얻는다.

이제 폰 노이만의 쌍대 원리에 의하여 player I의 최적 전략을 구하는 최솟값 LP문제의 X의 최솟값은 지금 구한 Y의 최댓값과 같고, 이때의 변수 (x_1, x_2)의 값은 위의 최종 행렬의 맨 아래의 목적함수 행의 (s_1, s_2)의 값과 같다. 즉, $(x_1, x_2) = (5/18, 1/3)$에서 최솟값 $X = 11/18$을 얻는다.

따라서 두 사람 모두 최적 전략을 사용할 때의 게임의 기댓값은 $E = 18/11$이고, 이때 player I의 최적 전략은 $\mathbf{p} = E\mathbf{x} = [5/11 \;\; 6/11]$, player II의 최적 전략은 $\mathbf{q} = E\mathbf{y} = [3/11 \;\; 8/11]$이다. ♦

연습문제 3.3.5 앞의 176쪽에서 행렬 $A = \begin{bmatrix} 3 & 6 \\ -2 & -3 \end{bmatrix}$로 주어진 게임은 안장점이 있는 strictly determined game이고, 따라서 각 참가자에게 유일한 순수전략이 있음을 살펴보았다. 이 게임의 최적 전략을 구하는 문제를 선형계획법 문제로 나타내고 심플렉스법으로 계산하여 해를 구하시오. 그리고 이 결과와 앞의 결과가 일치함을 확인하시오.

풀이

앞의 연습문제 3.3.4에서와 같이 player II의 최적 전략에 대한 LP문제를 식 (3.3)을 이용하여 나타낸 후, 각 부등식마다 여유 변수를 도입하여 나타낸 연립방정식의 좌변의 계수와 우변의 상수를 행렬로 나타내면 다음과 같다.

$$\begin{array}{ccccc|c} Y & y_1 & y_2 & s_1 & s_2 & \text{우변} \\ \end{array} \quad \text{기본 변수}$$

$$\left[\begin{array}{ccccc|c} 0 & 3 & 6 & 1 & 0 & 1 \\ 0 & -2 & -3 & 0 & 1 & 1 \\ 1 & -1 & -1 & 0 & 0 & 0 \end{array}\right] \quad \begin{array}{c} s_1 \\ s_2 \\ Y \end{array}$$

여기에서 pivot 열로 y_1 열을 택하면 목적함수 행 윗쪽의 양의 성분이 1행 뿐이므로 pivot 성분은

1행 y_1 열의 3이다. 이 성분으로 가우스 소거법을 시행한다.

$$\begin{array}{cccccc|c} Y & y_1 & y_2 & s_1 & s_2 & \text{우변} & \text{기본 변수} \end{array}$$
$$\left[\begin{array}{ccccc|c} 0 & 1 & 2 & 1/3 & 0 & 1/3 \\ 0 & 0 & 1 & 2/3 & 1 & 5/3 \\ 1 & 0 & 1 & 1/3 & 0 & 1/3 \end{array}\right] \quad \begin{array}{c} y_1 \\ s_2 \\ Y \end{array}$$

여기에서 맨 아래의 목적함수 행의 미지수의 계수 중에서 가장 작은 값이 영 이상이므로 프로세스를 끝내고, $(y_1, y_2) = (1/3,\ 0)$ 에서 최댓값 $Y = 1/3$ 을 얻는다.

이제 폰 노이만의 쌍대 원리에 의하여 player I의 최적 전략을 구하는 최솟값 LP문제의 X 의 최솟값은 지금 구한 Y 의 최댓값과 같고, 이때의 변수 (x_1, x_2) 의 값은 위의 최종 행렬의 맨 아래의 목적함수 행의 (s_1, s_2) 의 값과 같다. 즉, $(x_1, x_2) = (1/3,\ 0)$ 에서 최솟값 $X = 1/3$ 을 얻는다.

따라서 두 사람 모두 최적 전략을 사용할 때의 게임의 기댓값은 $E = 3$ 이고, 이때 player I의 최적 전략은 $\mathsf{p} = E\mathsf{x} = [1\ \ 0]$, player II의 최적 전략은 $\mathsf{q} = E\mathsf{y} = [1\ \ 0]$ 이다.

즉, player I은 항상 1행을 선택하고, player II는 항상 1열을 선택하며, 게임의 값은 3이다. 이 결과는 앞의 결과와 일치한다. ♦

3.4 미적분을 이용하는 최대·최소 문제

이 절에서는 미적분학에서 다루었던 함수의 그래프의 개형 그리기, 일변수함수의 극값의 극대·극소에 대한 대한 1계 도함수 판정법, 2계 도함수 판정법, 또 이변수함수의 극값의 극대·극소에 대한 2계 도함수 판정법과 라그랑즈 승수법, 그리고 최소자승법 등의 원리를 이용하여 해결할 수 있는 최대·최소 문제들을 살펴본다.

다음 문제는 2차함수의 그래프의 개형을 이용하는 최대·최소 문제의 한 예이다.

문제 3.4.1 (정사각형 안의 두 원에 대한 Malfatti 문제) 주어진 정사각형 안에 내부가 서로 겹치지않는 원 두 개를 그릴 때, 두 원의 넓이의 합이 최대가 되도록하는 방법을 구하시오.

풀이

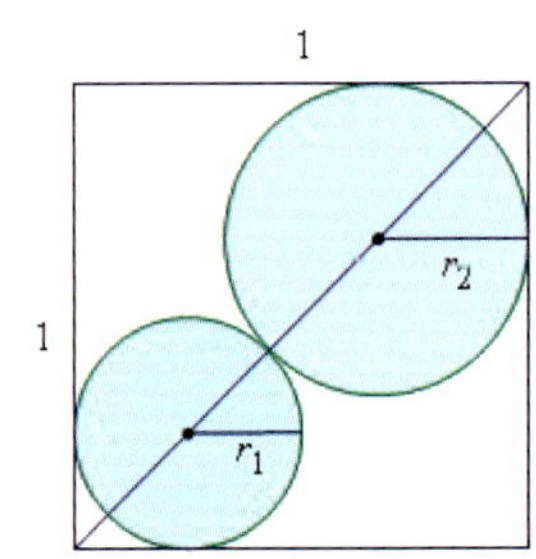

정사각형의 한 변의 길이를 1로 두고, 두 원의 반지름을 각각 r_1, r_2 $(r_1 \leq r_2)$라고 두자. 두 원의 넓이의 합이 최대가 되기 위해서는 두 원이 오른쪽 그림과 같이 놓여야 하므로

$$\sqrt{2}\,r_1 + r_1 + r_2 + \sqrt{2}\,r_2 = \sqrt{2},$$

즉 $r_1 + r_2 = 2 - \sqrt{2}$를 만족해야 한다. 그리고 $0 \leq r_1, r_2 \leq \frac{1}{2}$이어야 한다. 그러므로

$$r_1 = \frac{2-\sqrt{2}}{2} - x, \quad r_2 = \frac{2-\sqrt{2}}{2} + x, \quad 0 \leq x \leq \frac{\sqrt{2}-1}{2}$$

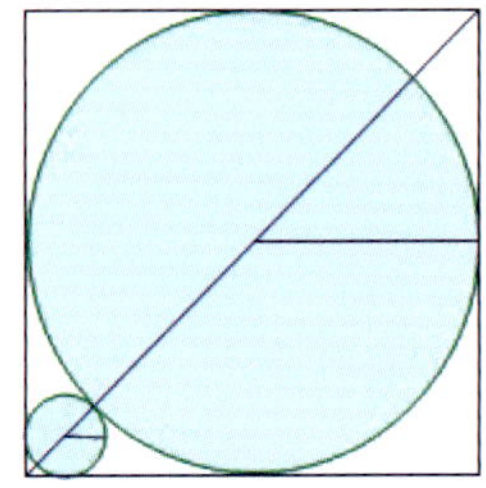

로 나타낼 수 있다. 이러한 조건 하에서

$$r_1^2 + r_2^2 = 2x^2 + \frac{(2-\sqrt{2})^2}{2}$$

이므로 $x = \frac{\sqrt{2}-1}{2}$ 일때 최대가 된다.
이때 $r_1 = \frac{3}{2} - \sqrt{2}$, $r_2 = \frac{1}{2}$이다. 따라서 두 원의 넓이의 합이 최대가 되는 것은 오른쪽 그림과 같은 경우이다. ♦

연습문제 3.4.1 한 변의 길이가 2인 정사각형 안에 내부가 서로 겹치지 않는 원 두 개를 그릴 때, 두 원의 넓이의 합의 최댓값을 구하시오.

이변수함수의 극값에 대한 2계 도함수 판정법: $f(x, y)$가 영역 $D \subset R^2$에서 두 번 미분가능하고, 점 $(a, b) \in D$에서 $\nabla f(a, b) = \langle f_x(a, b), f_y(a, b)\rangle = \langle 0, 0\rangle$을 만족한다고 하자. $D = f_{xx}f_{yy} - (f_{xy})^2\Big|_{(a,b)}$로 나타낼 때,

$D > 0$이고 $f_{xx}(a, b) < 0$이면 $f(x, y)$는 점 (a, b)에서 극댓값을 가지고,

$D > 0$이고 $f_{xx}(a, b) > 0$이면 $f(x, y)$는 점 (a, b)에서 극솟값을 가지며,

$D < 0$이면 $f(x, y)$의 그래프는 점 (a, b)에서 안장점을 가진다.

Lagrange multifliers method (**라그랑즈 승수법**): 두 함수 $f(x, y)$가 영역 $D \subset R^2$에서 미분가능할 때, 조건 $g(x, y) = k$하에서의 $f(x, y)$의 극값이 얻어지는 점 (a, b)는 다음 식들을 모두 만족한다.

$$g(a, b) = k, \qquad \nabla f(a, b) = \lambda \nabla g(a, b), \quad \exists \lambda \in \mathbb{R}$$

문제 3.4.2 어느 해저 유전 지역을 좌표평면으로 나타냈을 때, 세 점 $A(1, \sqrt{3})$, $B(0, 0)$, $C(4, 0)$에 해당하는 지점에 각각 시추공을 뚫고, 각 시추공에서 뽑아 올린 원유를 좌표평면 상의 직선 파이프 라인을 통해 모으는 중앙 저장소를 만들고자 한다. 각 직선 파이프 라인을 설치하는 데 드는 비용이 파이프 라인 길이의 제곱에 비례한다고 할 때, 다음 물음에 답하시오.

(1) 설치비용을 최소화하는 중앙 저장소의 위치 W를 좌표로 나타내시오.

(cf. 문제 3.1.7에서 구했던 페르마 점 P는 $\left(\frac{8}{7}, \frac{4\sqrt{3}}{7}\right) \approx (1.14, 0.99)$이었다.)

(2) 만일 중앙 저장소를 직선 $x + 3y = 3$ 위에 설치해야 한다면, 이때 설치비용을 최소화하는 중앙 저장소의 위치는 어디인가?

풀이

$f(x, y) = \left((x-1)^2 + (y-\sqrt{3})^2\right) + \left(x^2 + y^2\right) + \left((x-4)^2 + y^2\right)$으로 두면 $\nabla f(x, y) = 2\langle 3x - 5, 3y - \sqrt{3}\rangle$이다.

(1) $\nabla f(x, y) = \langle 0, 0\rangle$을 만족하는 유일한 해는 $(x, y) = \left(\frac{5}{3}, \frac{\sqrt{3}}{3}\right)$이다. 함수 $f(x, y)$에 대하여 $D = f_{xx}f_{yy} - (f_{xy})^2 = 36 > 0$이고, $f_{xx} = 6 > 0$이므로 $W(x, y) = \left(\frac{5}{3}, \frac{\sqrt{3}}{3}\right) \approx (1.67, 0.58)$는 $f(x, y)$의 최솟점이다.

(2) $g(x, y) = x + 3y$로 두면 $\nabla g(x, y) = \langle 1, 3\rangle$이다. 라그랑즈 승수법을 사용하여

$$x + 4y = 12, \qquad 3x - 5 = \lambda, \qquad 3y - \sqrt{3} = 3\lambda$$

를 풀면 $x = \frac{23-\sqrt{3}}{13} \approx 1.636,\quad y = \frac{16+\sqrt{3}}{39} \approx 0.455$ 이다. ♦

앞의 문제 3.2.1 에서는 직각삼각형의 경우, 직각을 낀 두 변의 길이가 a, b일 때, 직각삼각형 내부의 한 점 P에서 세 변까지의 수직거리의 제곱의 합의 최솟값이 $\frac{a^2b^2}{2(a^2+b^2)}$ 임을 코시-슈바르츠 부등식을 이용하여 보였다. 이때, 점 P의 위치인 대칭중선점(symmedian point)의 좌표를 구하지는 않았다. 다음의 연습문제 3.4.2에서 직각삼각형을 xy-평면 위에 놓고 이변수함수의 최솟값을 구하여 이 문제를 해결해보자.

연습문제 3.4.2 $\angle C = 90°$ 이고, $\overline{AC} = a$, $\overline{BC} = b$ 인 직각삼각형 ABC를 오른쪽 그림과 같이 xy-평면 위에 놓고, 그 내부의 한 점 $P(x,y)$ 에서 세 변 BC, CA, AB까지의 거리의 제곱의 합 $f(x,y)$ 의 최솟값을 구하시오.

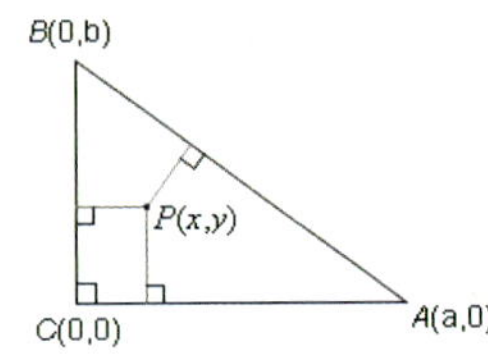

연습문제 3.4.3 자동차 부품을 제조하는 어느 회사에서 물류창고를 지으려 한다. 이 회사가 납품하는 세 개의 자동차 공장의 위치가 $A(4, 2\sqrt{3})$, $B(0,0)$, $C(10,0)$ 이라고 하자. 물류창고에서 각 공장으로의 수송비용이 거리의 제곱에 비례한다고 할 때, 다음 물음에 답하시오.

(1) 수송비용을 최소화하는 물류창고의 위치 W를 구하시오.

(2) 만일 물류창고를 직선 $y = \frac{1}{10}x + 2$ 위에 설치해야 한다면, 이때 수송비용을 최소화하는 물류창고의 위치는 어디인가?

Least Squares Method (**최소자승법**): 두 변량 x, y에 대하여 수집한 n개의 자료점 (x_i, y_i), $i = 1, 2, \cdots, n$ 의 분포에 근접하는 직선 $y = mx + b$를 구하는 방법으로 자료점에서 직선까지의 y축과 평행한 거리의 합 $\sum_{i=1}^{n} r_i^2$ 을 최소화는 미지수 m과 b를 찾고자 한다.

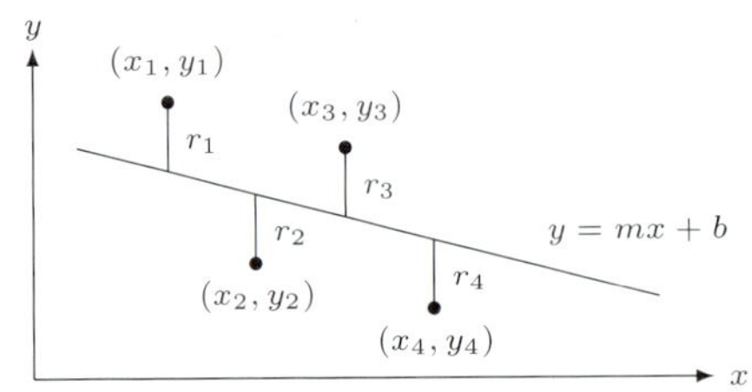

이때 $f(m,b)=\sum_{i=1}^{n} r_i^2=\sum_{i=1}^{n}(mx_i+b-y_i)^2$ 으로 두면

$$f(m,b)=m^2\sum_{i=1}^{n}x_i^2+nb^2+\sum_{i=1}^{n}y_i^2+2mb\sum_{i=1}^{n}x_i-2b\sum_{i=1}^{n}y_i-2m\sum_{i=1}^{n}x_iy_i$$

이므로

$$\nabla f(m,b)=2\left\langle m\sum_{i=1}^{n}x_i^2+b\sum_{i=1}^{n}x_i-\sum_{i=1}^{n}x_iy_i,\ nb+m\sum_{i=1}^{n}x_i-\sum_{i=1}^{n}y_i\right\rangle$$

이고, 식 $\nabla f(m,b)=\langle 0,0\rangle$ 을 풀어서 $f(m,b)$를 최소화하는 (m,b)를 찾을 수 있다. 이 식을 행렬을 이용하여 표현하면 다음과 같다.

$$\begin{bmatrix} x_1 & x_2 & \cdots & x_n \\ 1 & 1 & \cdots & 1 \end{bmatrix}\begin{bmatrix} x_1 & 1 \\ x_2 & 1 \\ \vdots & 1 \\ x_n & 1 \end{bmatrix}\begin{bmatrix} m \\ b \end{bmatrix}=\begin{bmatrix} x_1 & x_2 & \cdots & x_n \\ 1 & 1 & 1 & 1 \end{bmatrix}\begin{bmatrix} y_1 \\ y_2 \\ \vdots \\ y_n \end{bmatrix}$$

문제 3.4.3 다음 표는 어떤 제품의 가격에 따르는 공급량을 나타낸 것이다.

가격 x (천원)	3	5	6	7
공급량 y (천개)	10	13	15	16

(1) 최소자승법을 이용하여 자료값들의 분포에 근접하는 직선 $y=mx+b$를 구하시오.

(2) 직선 $y=mx+b$를 이용하여 가격이 8천원일 때의 공급량을 추정하시오.

풀이

(1) 최소자승법을 이용하여 주어진 자료값으로부터 다음의 행렬방정식을 세워서 해 (m, b)를 구한다.

$$\begin{bmatrix} 3 & 5 & 6 & 7 \\ 1 & 1 & 1 & 1 \end{bmatrix} \begin{bmatrix} 3 & 1 \\ 5 & 1 \\ 6 & 1 \\ 7 & 1 \end{bmatrix} \begin{bmatrix} m \\ b \end{bmatrix} = \begin{bmatrix} 3 & 5 & 6 & 7 \\ 1 & 1 & 1 & 1 \end{bmatrix} \begin{bmatrix} 10 \\ 13 \\ 15 \\ 16 \end{bmatrix}$$

$$\begin{cases} 119\,m + 21\,b &= 297 \\ 21\,m + 4\,b &= 54 \end{cases} \implies m = \tfrac{54}{35}, \quad b = \tfrac{27}{5}$$

따라서 최소자승 직선은 $y = mx + b = \frac{54}{35}x + \frac{27}{5}$ 이다.

(2) $y = mx + b = \frac{54}{35}x + \frac{27}{5}$ 에 $x = 8$을 대입하면 $y = \frac{54}{35}8 + \frac{27}{5} = \frac{621}{35} = 17.7429$ 천개 $\approx$ 17743개. ♦

연습문제 3.4.4 (Study Time vs. Performance) 아래에 주어진 표는 어떤 학생의 공부한 시간과 시험점수를 비교한 것이다.

Hours Studied x	Exam Score y
0	50
2	74
4	85
6	90
8	92

(1) 최소자승법을 이용하여 자료값들의 분포에 근접하는 직선 $y = mx + b$를 구하시오.

(2) 이 학생이 9시간 동안 공부한다면 몇 점을 얻겠는가?

3.5 변분법(the calculus of variations) 문제

어떤 양을 최대·최소화하는 하나의 값을 찾는 문제들을 지금까지 살펴보았고, 이 절에서는 어떤 양을 최대·최소화하는 하나의 함수를 찾는 문제들을 다루고자 한다. 이때, 함수들을 변수로 갖는 함수, 즉 범함수(functional)의 극값을 찾아야 한다. 그 방법의 하나인 변분법(the calculus of variations)에 대하여 다음과 같이 간단히 소개한다.

범함수 $T(y) = \int_a^b H(y, y')\, dx$ 가 곡선 $y_*(x)$ 에 대하여 극값을 갖는다고 하고, 곡선 $y = y_*(x)$ 를 약간 변화시킨 곡선들을 $y = y_*(x) + \epsilon\eta(x)$ 로 나타내자. 여기에서 함수 $\eta : [a, b] \to \mathbb{R}$ 은 $\eta(a) = \eta(b) = 0$ 인 임의의 smooth function(무한 번 미분가능한 함수)을 나타낸다.

범함수 $T(y)$ 가 $y = y_*(x)$ 일 때 극값을 갖는다고 하였으므로, 임의의 $\epsilon \in \mathbb{R}$ 에 대하여 $T(y_*) \leq T(y_* + \epsilon\eta)$ 가 성립한다. 따라서 $\frac{d}{d\epsilon}T(y_* + \epsilon\eta)\big|_{\epsilon=0} = 0$ 이어야 한다.

$$\begin{aligned}
0 &= \frac{d}{d\epsilon}T(y_* + \epsilon\eta)\Big|_{\epsilon=0} \\
&= \int_a^b \left[\frac{\partial H}{\partial y}(y_* + \epsilon\eta, y_*' + \epsilon\eta')\,\eta + \frac{\partial H}{\partial y'}(y_* + \epsilon\eta, y_*' + \epsilon\eta')\,\eta'\right]_{\epsilon=0} dx \\
&= \int_a^b \left(\frac{\partial H}{\partial y}(y_*, y_*')\,\eta + \frac{\partial H}{\partial y'}(y_*, y_*')\,\eta'\right) dx \\
&= \int_a^b \frac{\partial H}{\partial y}(y_*, y_*')\,\eta\, dx + \left[\frac{\partial H}{\partial y}(y_*, y_*')\,\eta\right]_a^b - \int_a^b \frac{d}{dx}\frac{\partial H}{\partial y'}(y_*, y_*')\,\eta\, dx \\
&= \int_a^b \frac{\partial H}{\partial y}(y_*, y_*')\,\eta\, dx + 0 - \int_a^b \frac{d}{dx}\frac{\partial H}{\partial y'}(y_*, y_*')\,\eta\, dx \\
&= \int_a^b \left(\frac{\partial H}{\partial y}(y_*, y_*') - \frac{d}{dx}\frac{\partial H}{\partial y'}(y_*, y_*')\right) \eta\, dx
\end{aligned}$$

위 식에서 η 는 $\eta(a) = \eta(b) = 0$ 인 임의의 smooth function을 나타내므로 함수 y_* 는 $\frac{\partial H}{\partial y}(y_*, y_*') - \frac{d}{dx}\frac{\partial H}{\partial y'}(y_*, y_*') = 0$ 을 만족한다. 즉, 범함수 $T(y)$ 를 최소화하는 함수 y_* 는 다음의 미분방정식의 해이다.

$$\text{Euler-Lagrange equation} \ : \ \frac{\partial H}{\partial y} - \frac{d}{dx}\frac{\partial H}{\partial y'} = 0$$

이 식을 또 다음과 같이 변형시킬 수 있다.

$$y'\frac{\partial H}{\partial y} - y'\frac{d}{dx}\frac{\partial H}{\partial y'} = 0 \ \Rightarrow \ \left[\frac{dH}{dx} - \frac{\partial H}{\partial y'}\frac{dy'}{dx}\right] - \left[\frac{d}{dx}\left(y'\frac{\partial H}{\partial y'}\right) - \frac{\partial H}{\partial y'}\frac{dy'}{dx}\right] = 0$$

$$\Rightarrow \frac{dH}{dx} - \frac{d}{dx}\left(y'\frac{\partial H}{\partial y'}\right) = 0 \Rightarrow H - y'\frac{\partial H}{\partial y'} = C \text{ (상수)}$$

$$\text{Beltrami equation} : H - y'\frac{\partial H}{\partial y'} = C$$

따라서 Euler-Lagrange equation이나 Beltrami equation으로 주어진 미분방정식의 해를 구하면 범함수 $T(y) = \int_a^b H(y, y')\,dx$를 최대화 또는 최소화하는 곡선 $y_*(x)$를 찾을 수 있다.

문제 3.5.1 두 점을 잇는 최단 거리의 경로는 직선임을 보이시오. 즉, 두 점 사이의 거리는 직선거리를 의미함을 보이시오.

풀이

xy-평면 위의 두 점 $P(a, b)$, $Q(c, d)$를 잇는 여러 가지 경로를 함수 $y = y(x)$로 나타내고, 곡선 y에 대한 길이범함수 $L(y) = \int ds = \int_a^c \sqrt{1 + (y')^2}\,dx$ 를 최소화하는 y를 찾기 위하여 $H(y, y') = \sqrt{1 + (y')^2}$ 에 대한 Euler-Lagrange equation의 해를 구하자.

$$0 = \frac{\partial H}{\partial y} - \frac{d}{dx}\frac{\partial H}{\partial y'} = 0 - \frac{d}{dx}\frac{y'}{\sqrt{1+(y')^2}}$$

으로부터 $\frac{y'}{\sqrt{1+(y')^2}} = C$ (C는 상수) 임을 얻는다. 따라서

$$(y')^2 = C^2 + C^2(y')^2, \qquad y' = \frac{C}{\sqrt{1-C^2}}$$

이다. 그러므로 두 점을 잇는 최단 거리의 경로는 기울기가 상수인 곡선, 즉 직선이다. ♦

문제 3.5.2 광학에서 페르마의 법칙은 "빛은 이동 시간를 최소화하는 경로로 진행한다"는 것이다. 균일한 매질에서는 빛의 속도가 일정하므로 페르마의 법칙에 의하여 빛은 최단거리인 직선 경로로 이동한다. 페르마의 법칙으로부터 다음의 원리를 증명하시오.

(1) (반사 법칙: Law of Reflection) 공기 중에서 빛이 어떤 평면에 닿고 반사될 때, 입사각(angle of incidence)과 반사각(angle of reflection)이 같다.

(2) (굴절 법칙: Law of Refraction, Snell's Law) 빛이 두 매질의 경계면을 통과할 때, 입사각을 α, 반사각을 β, 각 매질의 굴절률을 n_1, n_2, 각 매질에서의 빛의 속도를 v_1, v_2라고 하면 $\frac{\sin\alpha}{\sin\beta} = \frac{v_1}{v_2} = \frac{n_2}{n_1}$이 성립한다.

풀이

(1) xy-평면에서 점 $A(0,a)$ 에서 나온 빛이 점 $(x,0)$ 에 닿고 반사되어 점 $B(c,b)$ 까지 오는 동안 걸리는 시간을 최소화하는 반사지점 x 의 위치를 구해보자.

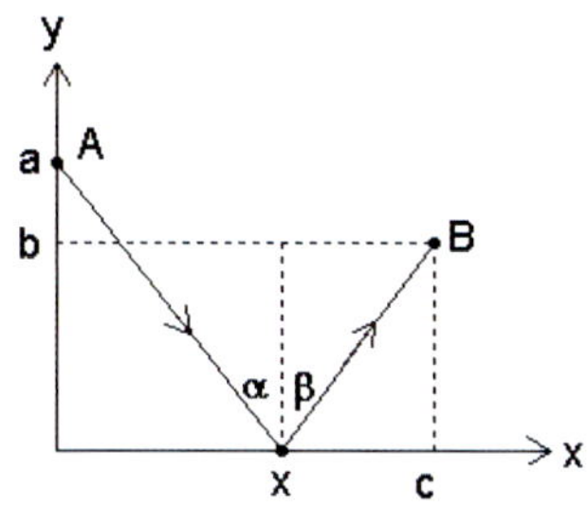

공기 중에서 빛의 속도가 일정하므로, 시간을 최소화하는 x 의 값은 거리

$$f(x)=\sqrt{a^2+x^2}+\sqrt{b^2+(c-x)^2}$$

를 최소화하는 x 이므로 다음 식을 만족한다.

$$f'(x)=\frac{x}{\sqrt{a^2+x^2}}-\frac{c-x}{\sqrt{b^2+(c-x)^2}}=0$$

그런데 위의 그림에서 입사각을 α, 반사각을 β 라고 하면, α, β 는 모두 예각이고, $\sin\alpha=\frac{x}{\sqrt{a^2+x^2}}$, $\sin\beta=\frac{c-x}{\sqrt{b^2+(c-x)^2}}$ 이다. 따라서 $f'(x)=0$ 으로부터 $\alpha=\beta$ 임을 얻는다.

(2) xy-평면에서 점 $A(0,a)$ 에서 나온 빛이 점 $(x,0)$ 을 지나 점 $B(c,b)$ 까지 오는 동안 걸리는 시간을 최소화하는 지점 x 의 위치를 구해보자.

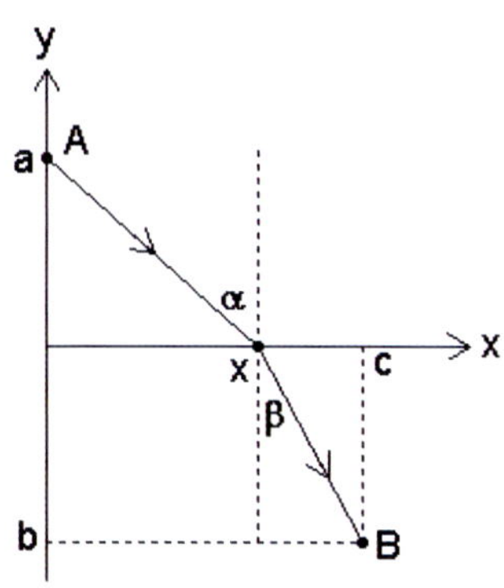

각 매질에서 빛의 속도가 일정하므로, 걸리는 시간은

$$g(x)=\frac{\sqrt{a^2+x^2}}{v_1}+\frac{\sqrt{b^2+(c-x)^2}}{v_2}$$

이다. 따라서 시간을 최소화하는 x 의 값은 다음 식을 만족한다.

$$g'(x)=\frac{x}{v_1\sqrt{a^2+x^2}}-\frac{c-x}{v_2\sqrt{b^2+(c-x)^2}}=0$$

그런데 왼쪽 그림에서 입사각을 α, 반사각을 β 라고 하면 $\sin\alpha=\dfrac{x}{\sqrt{a^2+x^2}}$, $\sin\beta=\dfrac{c-x}{\sqrt{b^2+(c-x)^2}}$ 이다.

따라서 $g'(x)=0$ 으로부터 $\dfrac{\sin\alpha}{\sin\beta}=\dfrac{v_1}{v_2}$ 임을 얻는다. 그리고 굴절률의 정의에 의하여 $\dfrac{v_1}{v_2}=\dfrac{n_2}{n_1}$ 이다. ♦

문제 3.5.3 (현수선(Catenary)) 두 기둥의 끝에 긴 케이블의 양 끝을 고정시켜 늘어뜨릴 때, 케이블이 늘어진 곡선 $y = y(x)$ 에 작용하는 위치에너지(potential energy)는 다음과 같다.

$$E = \int \rho g y \, ds = \rho g \int_a^b y\sqrt{1+(y')^2}\, dx$$

위 식에서 ρ는 케이블의 단위 길이당 질량, 즉 선밀도이고, g는 중력가속도이다.
케이블은 이 위치에너지를 최소화하는 곡선 모양으로 늘어진다. 케이블이 늘어지는 곡선의 식을 구하시오.

풀이

범함수 $E(y)$를 최소화하는 y를 찾기 위하여 $H(y, y') = y\sqrt{1+(y')^2}$ 에 대한 Beltrami equation 의 해를 구하자.

$$C_1 = H - y'\frac{\partial H}{\partial y'} = y\sqrt{1+(y')^2} - y'\frac{yy'}{\sqrt{1+(y')^2}}$$

으로부터 $C\sqrt{1+(y')^2} = y$를 얻는다. 따라서

$$(y')^2 = \frac{y^2}{C^2} - 1, \qquad y' = \frac{dy}{dx} = \pm\frac{1}{C}\sqrt{y^2 - C^2}$$

이다. 이 미분방정식은 다음과 같이 변수분리법으로 풀 수 있다.

$$\pm\int \frac{dy}{\sqrt{y^2-C^2}} = \int \frac{dx}{C} = \frac{x}{C} + C_2,$$

$$\begin{aligned}\int \frac{dy}{\sqrt{y^2-C^2}} &= \int \frac{C\sec\theta\,\tan\theta\, d\theta}{\sqrt{C^2\sec^2\theta - C^2}} = \int \sec\theta\, d\theta = \ln(\sec\theta + \tan\theta)\\ &= \ln\left(\frac{y}{C} + \sqrt{\frac{y^2}{C^2} - 1}\right) = \ln\left(\frac{y}{C} + \frac{1}{C}\sqrt{y^2 - C^2}\right)\end{aligned}$$

$$\begin{aligned}-\int \frac{dy}{\sqrt{y^2-C^2}} &= -\int \sec\theta\, d\theta = \ln(\sec\theta - \tan\theta)\\ &= \ln\left(\frac{y}{C} - \sqrt{\frac{y^2}{C^2} - 1}\right) = \ln\left(\frac{y}{C} - \frac{1}{C}\sqrt{y^2 - C^2}\right)\end{aligned}$$

$$\frac{y}{C} + \frac{1}{C}\sqrt{y^2 - C^2} = e^{\frac{x}{C}+C_2}, \qquad \frac{y}{C} - \frac{1}{C}\sqrt{y^2 - C^2} = e^{-\frac{x}{C}-C_2}$$

따라서 현수선 $y = \frac{C}{2}\left(e^{\frac{x}{C}+C_2} + e^{-\frac{x}{C}-C_2}\right) = \frac{C}{2}\cosh\left(\frac{x}{C} + C_2\right)$ 를 얻는다. ♦

사이클로이드(cycloid) 곡선은 다음의 두 가지 중요한 성질을 갖는다.

(1) 동시 강하 곡선(Tautochrone Problem) :

Cycloid의 어느 위치에서 시작해서 구슬을 굴려도 바닥에 도달하는 시간이 같다.

(2) 최단시간 강하 곡선(Brachistochrone Problem) :

한 점에서 다른 한 점으로 구슬이 미끄러져 내려올 때, cycloid를 따라 내려오는 시간이 다른 어떤 곡선을 따라 내려오는 시간보다 짧다(마찰이 없을 때).

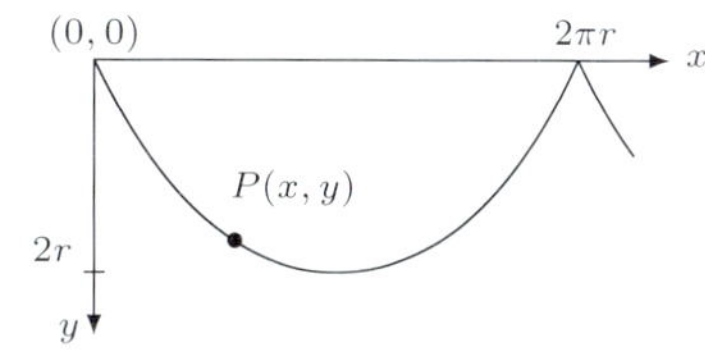

문제 3.5.4 (동시 강하 곡선(Tautochrone Problem)) 사이클로이드 곡선을 따라 최고점 $O(0,0)$ 으로부터 구슬을 굴려 최저점 $A(\pi r, 2r) = r(\pi - \sin\pi,\ 1-\cos\pi)$ 에 도달할 때까지의 시간 T와 점 O와 A 사이의 임의의 점 $P(x_0, y_0) = r(\theta_0 - \sin\theta_0,\ 1-\cos\theta_0)$ 로부터 구슬을 굴려 최저점 A 에 도달할 때까지의 시간 T_0 를 구하여 $T = T_0$ 임을 보이시오.

풀이

$O(0,0)$ 에서 구슬을 잡고 있다가 가만히 놓으면 (초기속도 = 0), 곡선을 따라 내려가면서 에너지보존법칙에 의하여 운동에너지와 중력에 의한 위치에너지가 같다. 즉, $\frac{1}{2}mv^2 = mgy$. 이 식에서 y 는 아래쪽으로 가면서 양수로 커지는, 내려온 높이를 나타낸다 (위의 세번째 그림 참조). 에너지 보존법칙 $\frac{1}{2}mv^2 = mgy$ 로 부터 $v = \sqrt{2gy}$ 이고, $v = \frac{ds}{dt}$ 이므로, $dt = \frac{1}{\sqrt{2gy}}ds$ 이다. 여기에서 s는 곡선의 길이를 나타내는 변수이고, $ds = \sqrt{(dx)^2+(dy)^2} = \sqrt{1+(\frac{dy}{dx})^2}\,dx$ 또는 $ds = \sqrt{(dx)^2+(dy)^2} = \sqrt{(\frac{dx}{d\theta})^2+(\frac{dy}{d\theta})^2}\,d\theta$ 로 나타낼 수 있다. 따라서 $O(0,0)$ 에서 구슬을 굴려 최저점 $A(\pi r, 2r) = r(\pi - \sin\pi,\ 1-\cos\pi)$ 에 도달할 때까지의 시간 T에 대하여 다음 식이 성립한다.

$$
\begin{aligned}
T &= \int dt = \int \frac{1}{\sqrt{2gy}}ds = \int_0^\pi \frac{\sqrt{(\frac{dx}{d\theta})^2+(\frac{dy}{d\theta})^2}}{\sqrt{2gy}}\,d\theta \\
&= \int_0^\pi \frac{\sqrt{r^2(1-\cos\theta)^2+r^2\sin^2\theta}}{\sqrt{2gr(1-\cos\theta)}}\,d\theta = \int_0^\pi \frac{\sqrt{r^2(1-2\cos\theta+\cos^2\theta)+r^2\sin^2\theta}}{\sqrt{2gr(1-\cos\theta)}}\,d\theta \\
&= \int_0^\pi \frac{\sqrt{2r^2(1-\cos\theta)}}{\sqrt{2gr(1-\cos\theta)}}\,d\theta = \int_0^\pi \sqrt{\frac{r}{g}}\,d\theta = \sqrt{\frac{r}{g}}\,\pi
\end{aligned}
$$

임의의 점 $P(x_0, y_0)$ 에서 구슬을 잡고 있다가 가만히 놓으면 (초기속도 = 0), 곡선을 따라 내려갈 때의 에너지보존법칙 $\frac{1}{2}mv^2 = mg(y-y_0)$ 으로 부터 $v = \sqrt{2g(y-y_0)}$ 이고, $v = \frac{ds}{dt}$ 이므로, $dt = \frac{1}{\sqrt{2g(y-y_0)}}ds$ 이다.

따라서 $P(x_0, y_0) = r(\theta_0 - \sin\theta_0,\ 1 - \cos\theta_0)$ 에서 구슬을 굴려 최저점 A 에 도달할 때까지의 시간 T_0 에 대하여 다음 식이 성립한다.

$$\begin{aligned}
T_0 &= \int dt = \int \frac{1}{\sqrt{2g(y-y_0)}}\,ds = \int_{\theta_0}^{\pi} \frac{\sqrt{(\frac{dx}{d\theta})^2+(\frac{dy}{d\theta})^2}}{\sqrt{2g(y-y_0)}}\,d\theta \\
&= \int_{\theta_0}^{\pi} \frac{\sqrt{r^2(1-\cos\theta)^2+r^2\sin^2\theta}}{\sqrt{2gr(1-\cos\theta-1+\cos\theta_0)}}\,d\theta = \int_{\theta_0}^{\pi} \frac{\sqrt{2r^2(1-\cos\theta)}}{\sqrt{2gr(\cos\theta_0-\cos\theta)}}\,d\theta \\
&= \sqrt{\frac{r}{g}} \int_{\theta_0}^{\pi} \frac{\sqrt{2\sin^2\frac{\theta}{2}}}{\sqrt{(2\cos^2\frac{\theta_0}{2}-1)-(2\cos^2\frac{\theta}{2}-1)}}\,d\theta = \sqrt{\frac{r}{g}} \int_{\theta_0}^{\pi} \frac{\sin\frac{\theta}{2}}{\sqrt{\cos^2\frac{\theta_0}{2}-\cos^2\frac{\theta}{2}}}\,d\theta \\
&= \sqrt{\frac{r}{g}}\frac{1}{|\cos\frac{\theta_0}{2}|} \int_{\theta_0}^{\pi} \frac{\sin\frac{\theta}{2}}{\sqrt{1-\frac{\cos^2\frac{\theta}{2}}{\cos^2\frac{\theta_0}{2}}}}\,d\theta = \sqrt{\frac{r}{g}} \int_1^0 \frac{-2}{\sqrt{1-u^2}}\,du \\
&= 2\sqrt{\frac{r}{g}}\left[\sin^{-1}u\right]_0^1 = 2\sqrt{\frac{r}{g}}\left(\frac{\pi}{2}-0\right) = \sqrt{\frac{r}{g}}\,\pi
\end{aligned}$$

이다. 그러므로 $T = T_0$ 이고, 어느 높이에서 구슬을 굴리더라도 cycloid를 따라 최저점까지 내려오는 시간은 같다. ♦

문제 3.5.5 (최단시간 강하 곡선(Brachistochrone Problem)) 지면과 수직인 평면의 한 점에서 다른 한 점을 연결하는 어떤 경로를 따라 구슬이 미끄러져 내려올 때, 시간을 최소화하는 경로의 식을 구하시오. (단, 구슬의 운동에 대하여 마찰력은 무시하고 중력만을 고려한다.)

풀이

두 점 $P_1(0,0)$ 과 $P_2(\pi r, 2r)$ 에 대하여, P_1 에서 P_2 까지 구슬이 굴러 내려오는 시간 T 를 최소화하는 곡선 $y = y_*(x)$ 를 구하고자 한다.

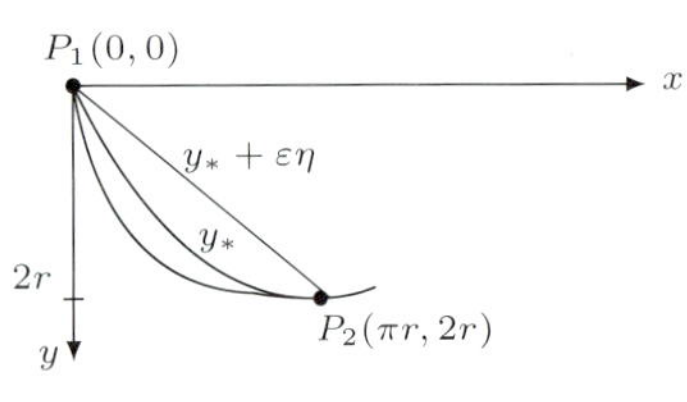

이를 위하여 다음의 시간범함수 $T(y)$ 를 최소화하는 함수 y_* 를 변분법을 이용하여 구한다.

$$T(y) = \int dt = \int \frac{1}{\sqrt{2gy}}\,ds = \int_0^{\pi r} \frac{\sqrt{1+(\frac{dy}{dx})^2}}{\sqrt{2gy}}\,dx = \int_0^{\pi r} \frac{\sqrt{1+(y')^2}}{\sqrt{2gy}}\,dx$$

Beltrami equation에 $H(y, y') = \frac{\sqrt{1+(y')^2}}{\sqrt{2gy}}$ 를 대입하여 다음과 같이 정리한다.

$$\begin{aligned}
C &= H - y'\frac{\partial H}{\partial y'} = \frac{\sqrt{1+(y')^2}}{\sqrt{2gy}} - y'\frac{y'}{\sqrt{2gy}\sqrt{1+(y')^2}} = \frac{\sqrt{1+(y')^2}}{\sqrt{2gy}} - \frac{(y')^2\sqrt{1+(y')^2}}{\sqrt{2gy}\,(1+(y')^2)} \\
&= \frac{\sqrt{1+(y')^2}}{\sqrt{2gy}\,(1+(y')^2)} = \frac{1}{\sqrt{2gy}\sqrt{1+(y')^2}}
\end{aligned}$$

이제 미분방정식 $\frac{1}{2gy\,(1+(y')^2)} = C^2$ 을 풀어 해를 구하면 T 를 최소화하는 함수 $y_*(x)$ 를 얻게 된다.

$$1+(y')^2 = \frac{1}{2C^2gy} \Rightarrow (y')^2 = -1+\frac{1}{2C^2gy} \Rightarrow \frac{dy}{dx} = \pm\sqrt{-1+\frac{1}{2C^2gy}}$$

$$\Rightarrow \int \frac{dy}{\sqrt{-1+\frac{1}{2C^2gy}}} = \pm\int dx \Rightarrow \int \frac{\sqrt{y}\,dy}{\sqrt{k^2-y}} = \pm(x+C_1)$$

위에서 $k^2 = \frac{1}{2C^2g}$ 이다.

그리고 $y = k^2\sin^2\frac{\theta}{2}\ (0 \le \theta \le \pi)$ 로 치환하면 $dy = k^2\sin\frac{\theta}{2}\,\cos\frac{\theta}{2}\,d\theta$ 이므로,

$$\int \frac{\sqrt{y}\,dy}{\sqrt{k^2-y}} = \int \frac{k\sin\frac{\theta}{2}\,k^2\sin\frac{\theta}{2}\,\cos\frac{\theta}{2}\,d\theta}{\sqrt{k^2-k^2\sin^2\frac{\theta}{2}}} = \int \frac{k\sin\frac{\theta}{2}k^2\sin\frac{\theta}{2}\,\cos\frac{\theta}{2}\,d\theta}{k\cos\frac{\theta}{2}}$$

$$= k^2\int\sin^2\frac{\theta}{2}\,d\theta = k^2\int\frac{1-\cos\theta}{2}\,d\theta = \frac{k^2}{2}(\theta-\sin\theta) \text{ 이다.}$$

따라서 $\frac{k^2}{2}(\theta-\sin\theta) = \pm(x+C_1)$ 이고, $x(0)=0$ 이므로, $x = x(\theta) = \frac{k^2}{2}(\theta-\sin\theta)$ 이다. 그리고 $y = k^2\sin^2\frac{\theta}{2}$ 이었으므로, $(x(\theta), y(\theta))$ 는 cycloid 를 이룬다는 것을 알 수 있다. ♦

문제 3.5.6 (등시 주기 운동 문제(Isochrone Problem)) 진자의 운동 주기가 일정하려면 추의 이동 궤적이 사이클로이드를 이루어야 한다.

풀이

한 점에서 출발한 진자가 그 궤적을 따라 t 초 동안 움직였을 때, 추의 이동거리를 $s(t)$, 추의 위치를 $(x(t), y(t))$, 추의 이동 궤적의 접선과 수평방향이 이루는 각을 $\alpha(t)$ 라고 하면, 다음 관계식이 성립한다.

(진자의 운동 에너지) $= m\frac{d^2s}{dt^2}$

$= -mg\sin\alpha$

$=$ (추의 궤적에 접하는 중력의 성분)

$$\frac{dy}{ds} = \sin\alpha, \qquad \frac{dx}{ds} = \cos\alpha$$

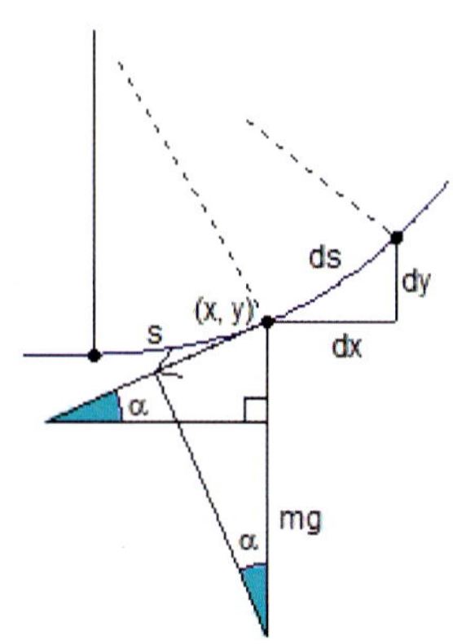

이때 진자의 운동주기가 일정하려면 미분방정식 $\frac{d^2s}{dt^2} + \omega^2 s = 0$ 도 성립해야한다. (이 식을 만족해야 초기조건 $s(0)=0$ 과 이 식을 만족하는 해로 주기함수 $s(t) = C\sin\omega t$ 를 얻을 수 있으므로)

따라서 $s = -\frac{1}{\omega^2}\frac{d^2 s}{dt^2} = \frac{g}{\omega^2}\sin\alpha, \qquad \frac{ds}{d\alpha} = \frac{g}{\omega^2}\cos\alpha$ 이므로

$$\begin{aligned} \frac{dx}{d\alpha} &= \frac{dx}{ds}\frac{ds}{d\alpha} = \cos\alpha \cdot \frac{g}{\omega^2}\cos\alpha = \frac{g}{\omega^2}\cos^2\alpha = \frac{g}{2\omega^2}(1+\cos 2\alpha) \\ \frac{dy}{d\alpha} &= \frac{dy}{ds}\frac{ds}{d\alpha} = \sin\alpha \cdot \frac{g}{\omega^2}\cos\alpha = \frac{g}{2\omega^2}\sin 2\alpha \end{aligned}$$

위의 식들을 α에 대하여 적분하고, $\alpha = 0$ 일 때 $(x, y) = (0, 0)$ 이라고 두면, $x = \frac{g}{4\omega^2}(2\alpha + \sin 2\alpha)$, $y = \frac{g}{4\omega^2}(1 - \cos 2\alpha)$ 이므로 추의 이동 궤적은 사이클로이드를 이룬다. ♦

문제 3.5.7 (Cycloid pendulum) 윗면을 이루는 사이클로이드가 매개변수 β에 대하여 다음 식으로 주어졌다고 하자.

$$\vec{r} = (f(\beta), g(\beta)) = (\beta - \sin\beta,\ 3 + \cos\beta)$$

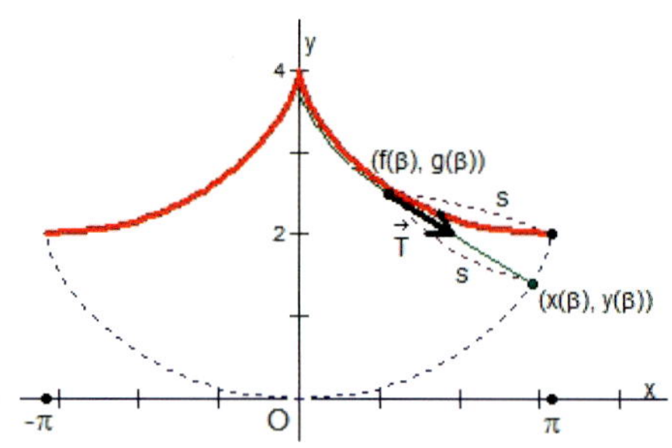

이때, 점 $(0, 4)$ 에 매달린 길이가 4인 진자의 추의 위치 $(x(\beta), y(\beta))$ 는 다음을 만족함을 보이시오.

$$x(\beta) = \beta + \sin\beta, \quad y(\beta) = 1 - \cos\beta$$

이 결과는 추의 운동 궤적도 사이클로이드임을 보여준다.

풀이

진자의 추의 위치는 다음과 같이 구해진다.

$$\begin{aligned} (x(\beta), y(\beta)) = \vec{r}_i = \vec{r} + s\vec{T} &= (f(\beta), g(\beta)) + \frac{s\big(f'(\beta), g'(\beta)\big)}{\sqrt{(f'(\beta))^2 + (g'(\beta))^2}} \\ &= (\beta - \sin\beta,\ 3 + \cos\beta) + \frac{s(1-\cos\beta,\ \sin\beta)}{\sqrt{(1-\cos\beta)^2 + (\sin\beta)^2}} \\ &= (\beta - \sin\beta,\ 3 + \cos\beta) + \frac{s(1-\cos\beta,\ \sin\beta)}{\sqrt{2}\sqrt{1-\cos\beta}} \end{aligned}$$

$$s = \int_{\beta}^{\pi} \sqrt{(f'(\beta))^2 + (g'(\beta))^2}\, d\beta = \int_{\beta}^{\pi} \sqrt{(1-\cos\beta)^2 + (\sin\beta)^2}\, d\beta$$

$$= \sqrt{2}\int_{\beta}^{\pi} \sqrt{1-\cos\beta}\, d\beta = \sqrt{2}\int_{\beta}^{\pi} \sqrt{2\sin^2\tfrac{\beta}{2}}\, d\beta = 2\int_{\beta}^{\pi} \sin\tfrac{\beta}{2}\, d\beta = 4\cos\tfrac{\beta}{2}$$

$$x(\beta) = \beta - \sin\beta + \tfrac{s}{\sqrt{2}}\sqrt{1-\cos\beta} = \beta - \sin\beta + \tfrac{4}{\sqrt{2}}\cos\tfrac{\beta}{2}\sqrt{1-\cos\beta}$$

$$= \beta - \sin\beta + 4\cos\tfrac{\beta}{2}\sin\tfrac{\beta}{2} = \beta - \sin\beta + 2\sin\beta = \beta + \sin\beta$$

$$y(\beta) = 3 + \cos\beta - \tfrac{s}{\sqrt{2}}\tfrac{\sin\beta}{\sqrt{1-\cos\beta}} = 3 + \cos\beta - \tfrac{4}{\sqrt{2}}\cos\tfrac{\beta}{2}\tfrac{\sin\beta\sqrt{1+\cos\beta}}{\sin\beta}$$

$$= 3 + \cos\beta - 4\cos^2\tfrac{\beta}{2} = 1 - \cos\beta$$

♦

참고 문헌

[1] M. Gardner, Tilings with Convex Polygons Ch. 13 in Time Travel and Other Mathematical Bewilderments, New York: W. H. Freeman, pp. 162-176, 1988

[2] K. Reinhardt, K, Uber die Zerlegung der Ebene in Polygone (Inaugural-Disstertation, Univ. Frankfurt a.M.) R. Noske, Borna and Leipzig, 1918

[3] P. Hall, On representatives of subsets J. London Math. Soc. 10, pp. 26-30, 1935

[4] M. Gardner, Tilings with Convex Polygons Ch. 13 in Time Travel and Other Mathematical Bewilderments, New York: W. H. Freeman, pp. 162-176, 1988

[5] J. Nash, Equilibrium points in n-person games, Proceedings of the National Academy of Sciences 36(1), pp. 48-49, 1950

[6] T. Raghavan, Zero-Sum Two Person Games, computational complexity 2, 2009

[7] K. Reinhardt, K, Uber die Zerlegung der Ebene in Polygone (Inaugural-Disstertation, Univ. Frankfurt a.M.) R. Noske, Borna and Leipzig, 1918

찾아보기

ㄱ

가능한 해 166
가우스 소거법 167
갈로아 필드 135
거울 대칭 문제 140
게임값 176
게임이론 162
게임행렬 176
공액 88
공액분할 88
교정된 다면체 62
구면 76
굴절 법칙 192
그래프 이론 75
그레코-라틴방진 133
기본라틴방진 130
기하분포 92

ㄴ

내쉬 균형 179
내심 52
님 게임 115

ㄷ

다면체 59
대칭중선점 188
동시 강하 곡선 195
등시 주기 운동 문제 197
등위곡선 30

ㄹ

라그랑즈 승수법 187
라틴방진 125

ㅁ

마방진, 魔方陣 125
모듈로 95
무게 비교 116
무게중심 52
민코프스키 부등식 154

ㅂ

반사 법칙 192
반사각 39
반사법칙, 빛의 39
반사초면 38
방심 52
범함수 191

변분법 191
분할수 87
비누막 148
비둘기집의 원리 75

ㅅ

사이클로이드 24
산술의 기본원리 74
산술평균과 기하평균 부등식 153
삼각부등식 155
삼각형의 중심 52
생성함수 87
선형 모델 162
선형계획법 162
수심 52
수학적 귀납법 I 74
수학적 귀납법 II 75
순수전략 176
스털링 수 89
스트링아트 29
시어핀스키 삼각형 19
시어핀스키 카펫 20

ㅇ

안장점 176
에셔 1
에피트로코이드 25
역 님게임 115
영(Young)의 부등식 152
오일러 공식 76
오일러 공식, 다면체의 5
오일러 공식, 볼록다면체에 대한 59
오일러 지표 76
외심 52
운용 과학 162
원환면 76
유사 소수 101
유클리드의 원론 96
유클리드의 호제법 96
이산로그 103
이항분포 92
입사각 39

ㅈ

자연수의 분할 87
자연수의 정렬성 73
잘린 정다면체 61
전치행렬 170
정규 마방진 125
정다면체 59
종이접기 기하학의 공리 65
준정다면체 59
중복순열 86
중복조합 86
직교라틴방진 133
집합의 분할 89

ㅊ

초기하분포 92
초면, 焦面 38
최단시간 강하 곡선 195
최소 곡면 148

최소자승법 188
최적화 139

ㅋ

코시-슈바르츠 부등식 151
코흐 16

ㅌ

태극기 11
테셀레이션 1
테셀레이션, 정규 6
테셀레이션, 준정규 6
트로코이드 24

ㅍ

패러스 다이어그램 87
페르마 점 52, 143
페르마의 원리 140
페아노 곡선 21
평면 그래프 75
평면 연결 그래프 75
평면연결그래프 59
포락선 30
포락선 정리 30
포락선, cardioid 형 45
포락선, nephroid 형 45
폰 노이만의 쌍대 원리 170
폴리아 항아리 모델 92
프랙털 15
프랙털 차원 15
프랙털, 눈송이 16
프랙털, 피타고라스 나무 23
프랙털. 시어핀스키 삼각형 19

ㅎ

하노이 탑 82
하이포트로코이드 26
헤론의 문제 140
현수선 194
혼합전략 176
횔더 부등식 154

기타

$GF(4)$ 135
$GF(8)$ 135
$L(n)$ 130
$R(n)$ 130
$S(n,k)$ 89
$\left\{ {n \atop k} \right\}$ 89
$p(n,k)$ 87
2인 영합게임 176
9점 중심 52

ElGamal public key 100
심플렉스법 164

A

AKS primality test 101
Archimedean Solid 59

ASK 소수 판별법 101

B

Beltrami equation 192
Binomial distribution 92
Brachistochrone Problem 195

C

capacity dimension 15
cardioid 45
Catenary 194
Cauchy-Schwarz Inequality 151
Caustic 38
centroid 52
circumcenter 52
Clark Kimberling's Encyclopedia of Triangle Centers 52
conjugate 88
cycloid 24
Cycloid pendulum 198

D

Diffie-Hellman key exhange 100
Diffie-Hellman key exhange 암호체계 105
Discrete Logarithm 103
Dragon curve 21

E

ElGamal public key 암호체계 106
envelope 30
Envelope Theorem 30
epitrochoid 25
Eshcer, M.C. 1
Euclid's Elements 74, 96
Euclidean algorithm 96
Euler chracteristic 5
Euler-Lagrange equation 191
Euler의 정리 100
excenters 52

F

feasible solution 166
Fermat point 52, 143
Fermat의 작은 정리 100
Ferrers diagram 87
Feuerbach point 52
fractal dimension 15
fractal, snowflake 16
fractals 15
functional 191
fundamental principle of Arithmetic 74

G

Galois Field 135
game matrix 176
geometric distribution 92
Gergonne point 52
Graeco-Latin square 133
GSP 1

H

Hölder's Inequality 154
Hypergeometric distribution 92
hypotrochoid 26

I

incenter 52
Isochrone Problem 197

K

Koch, Helge von 16

L

Lagrange multifliers method 187
Latin square 125
Law of Reflection 192
Law of Refraction 192
Least Squares Method 188
level curves 30
Linear model 162
Linear Programming 162

M

magic square 125
Malfatti 문제 186
minimal surface 148
Minkowski's Inequality 154
miseére Nim game 115
mixed strategy 176
modulo 95

N

Nash equailibrium 179
nephroid 45
Nim game 115
nine-point center 52
non-strictly determined game 176

O

Operation Reserch 162
optimization 139
orthocenter 52
orthogonal Latin square 133

P

Pòlya's urn model 92
partition number 87
Peano curve 21
planar connected graph 75
planar graph 75
Platonic Solid 59
polyhedra 59
psuedoprimes 101
pure strategy 176
Pythagoras tree 23

R

rectified polyhedra 62
reduced Latin squares 130
reflective caustic 38

RSA public key 100
RSA public key 암호체계 107

S

saddle point 176
Schwarz 삼각형 문제 141
Sierpinski carpet 20
Sierpinski triangle 19
simplex method 164
Snell's Law 192
sphere 76
Stirling number 89
Straight tetromino tiling 111
Straight tromino tiling 110
strictly determined game 176
string art 29
symmedian point 52, 188

T

Tautochrone Problem 195
tessellation 1
tessellation, regular 6
tessellation, semi-regular 6
the calculus of variations 191
torus 76
Tower of Hanoi 82
transpose 170
Triangle center 52
trochoid 24
truncated polyhedra 61
Two-person zero-sum games 176

V

value of game 176
Von Neumann Dulaity Principle 170

W

well ordering axiom 73

수학적 문제해결 방법론

실제적인 문제 해결과 실습을 중심으로

지은이 심성아
펴낸이 조경희
펴낸곳 경문사
펴낸날 2023년 3월 31일 1판 1쇄
2024년 3월 4일 1판 2쇄
등 록 1979년 11월 9일 제1979-000023호
주 소 04057, 서울특별시 마포구 와우산로 174
전 화 (02)332-2004 팩스 (02)336-5193
이메일 kyungmoon@kyungmoon.com

값 21,000원

ISBN 979-11-6073-621-2